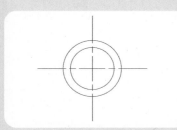

调整灯具图形的线型

绘制台灯平面

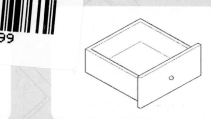

绘制抽屉三维模型

更改默认的视觉样式

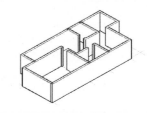

绘制三维墙体

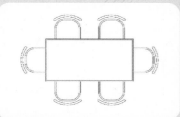

拉伸餐桌图形

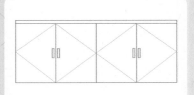

绘制橱柜立面图

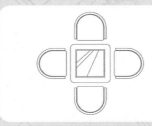

完善组合桌椅平面

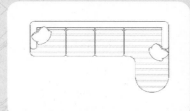

绘制多人沙发图形

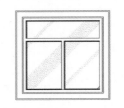

创建窗图块

创建洗菜池模型

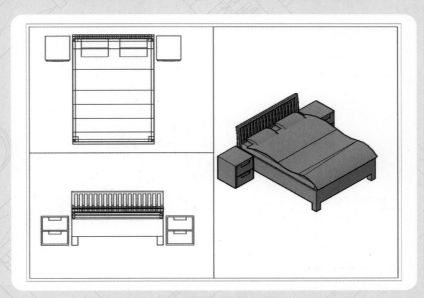

为图纸创建布局视口

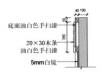

底面油白色手扫漆
20×30木条
油白色手扫漆
5mm白镜

背景墙详图A-A 1：100

SOHO公寓背景墙详图

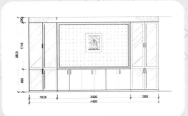

标注办公室立面图尺寸

为平面图添加立面指向标识

SOHO公寓地面铺装图

SOHO公寓顶面布置图

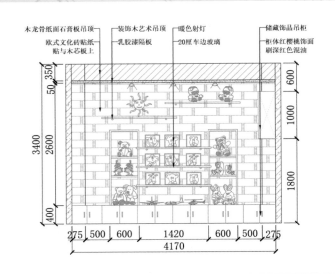

木龙骨纸面石膏板吊顶　装饰木艺术吊顶　暖色射灯　储藏饰品吊柜
欧式文化砖贴壁纸　乳胶漆隔板　20厘米车边玻璃　柜体红樱桃饰面
贴与木芯板上　　　　　　　　　　　　　　　刷深红色混油

饰品店A立面图

SOHO公寓平面布置图

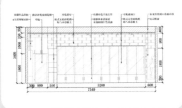

饰品店B立面图

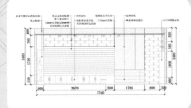

饰品店C立面图

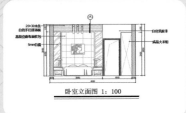

20×30木条
白色手扫漆饰面
高阳砂面漆白色
5mm白镜

白色乳胶漆
装饰大木柜

卧室立面图 1：100

SOHO公寓卧室立面图

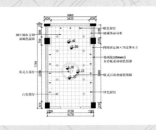

饰品店顶面布置图

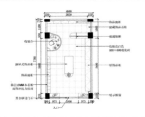

饰品店平面布置图

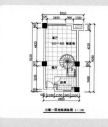

跃层公寓一层地面铺装图

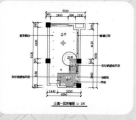

跃层公寓一层顶棚图

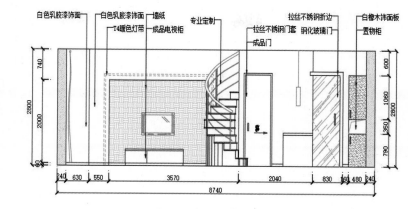

客餐厅A立面图 1∶100

跃层公寓客餐厅立面图

跃层公寓一层户型图

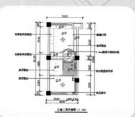

跃层公寓二层顶棚图

跃层公寓二层户型图

跃层公寓二层平面图

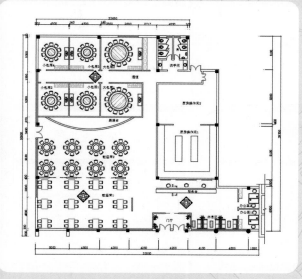

中餐厅平面布置图

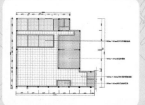

中餐厅地面铺装图

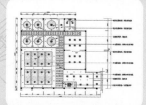

中餐厅顶面布置图

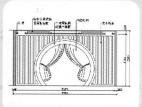

中餐厅入口玄关立面图

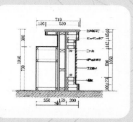

中餐厅总服务台剖面图

本书案例同步学习视频展示（部分）

标注办公室立面图尺寸

创建洗菜池模型

绘制多人沙发图形

绘制客餐厅立面图

绘制三维墙体

绘制室内平面墙体图

将设计图纸保存为JPG图片

快速选择墙体图形

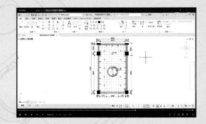

饰品店顶面布置图

完善一居室户型图

完善组合桌椅平面

为吊顶剖面添加图名

为两居室地面进行填充

为平面图添加立面指向标识

为图纸创建布局视口

清华电脑学堂

AutoCAD室内设计
从基础到进阶标准教程

实战微课版　赵莹琳 吴蓓蕾◎编著

清华大学出版社
北京

内 容 简 介

本书以理论知识作铺垫，以实际应用为指向，从易教、易学的角度出发，用通俗的语言、合理的结构对实际工程案例进行细致的剖析。全书包括AutoCAD技能操作和实战案例两部分，第1～8章以介绍室内绘图技能为主，内容包括室内设计相关的基本知识、二维图形的绘制与编辑、图形特性的设置与图块管理、文字注释与尺寸标注的创建，以及图形的输出与打印等知识。第9～12章对实战案例进行剖析，案例包括跃层空间、小户型空间、饰品专卖店空间，以及中餐厅空间图纸的绘制，以巩固之前所学的绘图知识。

本书结构清晰，思路明确，内容丰富，语言简练，解说详略得当，既可作为高等院校相关专业的学生用书，也可作为室内设计从业人员的参考用书。同时，还可以作为社会各类AutoCAD培训班的教材。

图书在版编目（CIP）数据

AutoCAD室内设计从基础到进阶标准教程：实战微课版 / 赵莹琳，吴蓓蕾编著. —北京：清华大学出版社，2024.6
（清华电脑学堂）
ISBN 978-7-302-66135-1

Ⅰ.①A… Ⅱ.①赵… ②吴… Ⅲ.①室内装饰设计—计算机辅助设计—AutoCAD软件 Ⅳ.①TU238.2-39

中国国家版本馆CIP数据核字（2024）第085663号

责任编辑：袁金敏
封面设计：阿南若
责任校对：胡伟民
责任印制：沈　露

出版发行：清华大学出版社
　　　　　网　　　址：https://www.tup.com.cn，https://www.wqxuetang.com
　　　　　地　　　址：北京清华大学学研大厦A座　　邮　　编：100084
　　　　　社 总 机：010-83470000　　　　　　　　邮　　购：010-62786544
　　　　　投稿与读者服务：010-62776969，c-service@tup.tsinghua.edu.cn
　　　　　质 量 反 馈：010-62772015，zhiliang@tup.tsinghua.edu.cn
　　　　　课 件 下 载：https://www.tup.com.cn，010-83470236
印 装 者：三河市人民印务有限公司
经　　销：全国新华书店
开　　本：185mm×260mm　　印　张：18.75　　插　页：2　　字　数：472千字
版　　次：2024年6月第1版　　　　　　　　　印　次：2024年6月第1次印刷
定　　价：69.80元

产品编号：105625-01

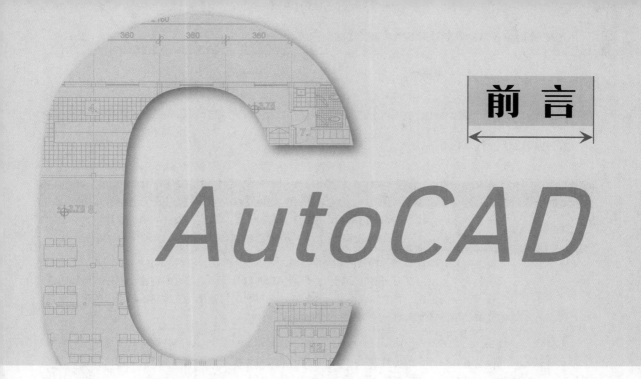

前 言

AutoCAD软件对于室内设计行业的人来说，简直是再熟悉不过了。此软件可以理解为设计师手中的"画笔"，通过软件强大的功能和灵活的操作，可帮助设计师将构思转化成详细的设计方案。同时，该软件具有很强的通用性，可以根据设计者的需求，将图纸导入3ds Max、SketchUp、Photoshop等各类设计软件中进行加工、完善，以便展示出更加完美的设计作品。可以说，熟练掌握AutoCAD软件的应用是一名合格的室内设计师最基本的技能素养。

本书以敏锐的角度、简练的语言，结合室内设计行业的特点，运用大量的室内设计实例对AutoCAD软件进行全方位的讲解，其目的是让读者能在短时间内掌握软件操作，并应用到实际工作中。

✛选择本书的理由

本书采用行业分析 + 理论讲解 + 实战演练 + 拓展练习的结构进行编写，内容由浅入深，循序渐进。读者可以带着疑问去学习知识，并从实战应用中激发学习兴趣。

（1）专业性强，知识覆盖面广

本书主要围绕室内设计行业的相关知识点展开讲解，并对不同类型的案例制作进行解析，让读者了解并掌握该行业的一些设计原则与绘图要点。

（2）理论结合实际，加强实战练习

从第2章起，每章结尾通过一个完整的实战案例对本章所学的知识点进行巩固练习，让读者能够快速理解并消化各工具的使用方法，提升学习效率。此外，本书所有案例都经过了精心设计，读者可将这些案例应用到实际工作中。

（3）拓展练习，让知识融会贯通

本书在部分章节结尾安排"拓展练习"板块，旨在帮助读者掌握了相关技能后，能够独立绘制出其他相关图形，从而起到举一反三、开拓思维的作用。

✤内容概述

全书共12章，各章内容见表1。

表1

章　序	内　　　容
第1章	主要介绍室内设计行业的入门知识，包括室内设计分类、风格、设计原则、设计内容、设计制图内容与规范、室内设计与施工的流程、室内设计协同工具，以及AIGC技术及应用等内容
第2～8章	主要介绍AutoCAD二维绘图技能和三维建模的基本操作知识，包括AutoCAD入门基础、图形捕捉与定位、室内平面图形的绘制、图形的编辑与修改、图案填充的创建、图形特性和图层管理、图块的创建、文字与表格、尺寸标注、图形打印与输出、三维建模环境、创建三维基本模型、编辑三维模型、渲染三维模型等内容
第9～12章	主要介绍常见室内空间设计与绘制的方法，包括跃层户型空间、小户型空间、饰品专卖店空间以及餐厅空间。在讲解过程中，对各空间的设计原则、设计技巧、经典案例欣赏等内容进行全面剖析

✤本书的读者对象

- 从事室内设计的工作人员
- 高等院校相关专业的师生
- 培训班中学习辅助设计的学员
- 对室内设计有着浓厚兴趣的爱好者
- 想通过知识改变命运的有志青年
- 希望掌握更多技能的办公室人员

　　本书的配套素材和教学课件可扫描下面的配套素材和教学课件二维码获取。如果在下载过程中遇到问题，请联系袁老师，邮箱：yuanjm@tup.tsinghua.edu.cn。书中重要的知识点和关键操作均配备高清视频，读者可扫描正文中的二维码边看边学。

　　作者在写作过程中虽力求严谨细致，但由于时间与精力有限，疏漏之处在所难免。如果读者在阅读过程中有任何疑问，请扫描下面的技术支持二维码，联系相关技术人员解决。教师在教学过程中有任何疑问，请扫描下面的教学支持二维码，联系相关技术人员解决。

配套素材　　　　教学课件　　　　技术支持　　　　教学支持

目 录

某学校食堂实景图

某健身会所实景图

某住宅公寓实景图

第2章　AutoCAD软件入门基础

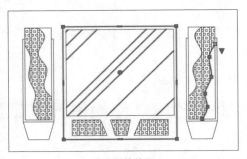

电器图块效果

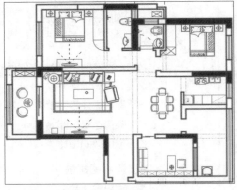

三居室平面图

系统选项设置界面

第3章　绘制室内平面图形

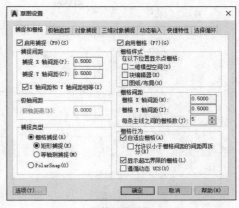

栅格设置界面

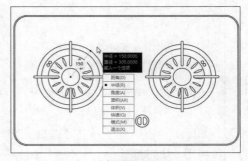

半径测量工具

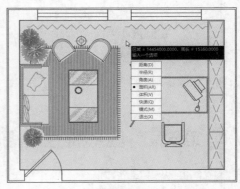

面积测量工具

第4章 编辑室内平面图形

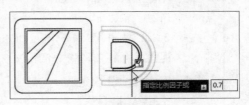

图形缩放工具

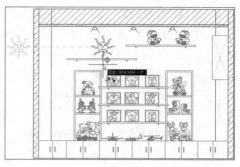

移动工具

室内地面铺装图

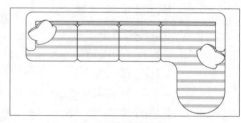

多人沙发图块

第5章　图形特性与图块管理

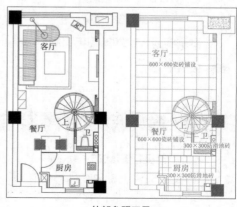

外部参照工具

图层工具

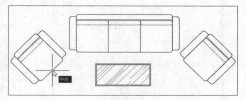

图块创建工具

第6章 文字与尺寸标注

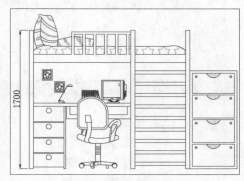

线性标注工具

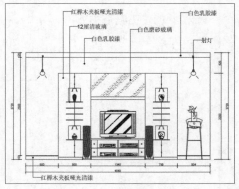

引线标注工具

第7章　打印与输出图形

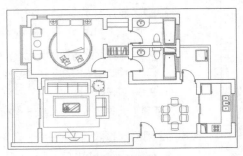

图形输出工具

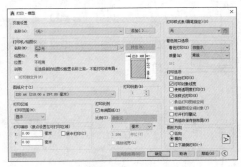

图形打印工具

第8章　从二维绘图到三维建模

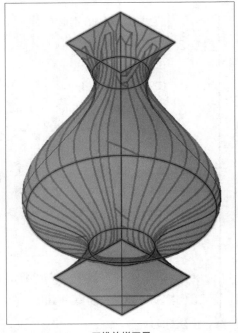

三维放样工具

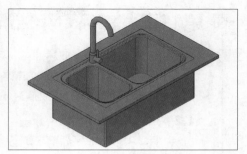

洗菜池三维模型

✛ 第9章 跃层空间设计方案图

名师效果欣赏1

✛ 第10章 小户型空间设计方案图

名师效果欣赏2

名师效果欣赏3

名师效果欣赏4

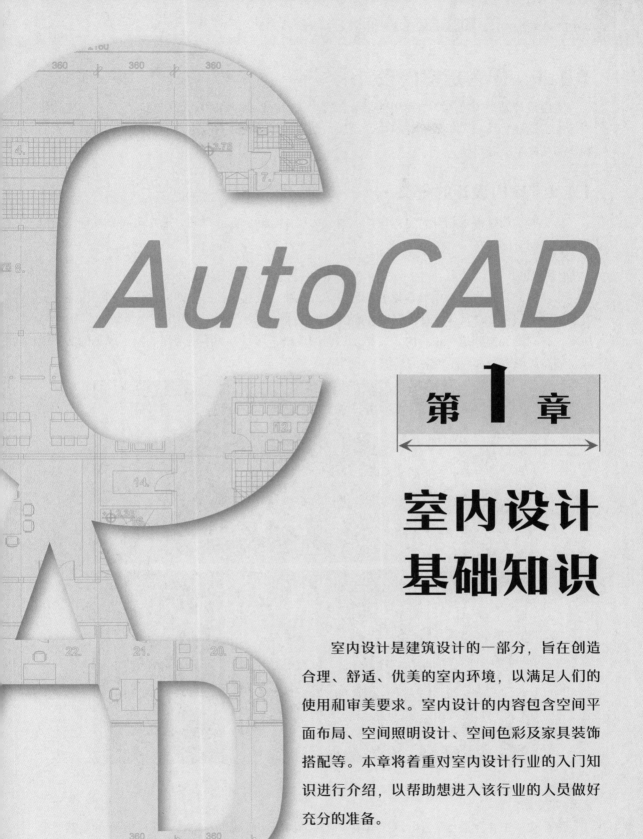

AutoCAD

第 **1** 章

室内设计
基础知识

　　室内设计是建筑设计的一部分，旨在创造合理、舒适、优美的室内环境，以满足人们的使用和审美要求。室内设计的内容包含空间平面布局、空间照明设计、空间色彩及家具装饰搭配等。本章将着重对室内设计行业的入门知识进行介绍，以帮助想进入该行业的人员做好充分的准备。

1.1　什么是室内设计

室内设计是一项将美学与实用性相结合的艺术，它根据建筑物的使用性质、所处环境和相应标准，运用物质技术手段和建筑设计原理，创造既舒适又具有吸引力的空间，从而满足人们物质和精神生活需要。

1.1.1　室内设计的分类

从空间功能性需求划分，室内设计主要分为居住空间、商业空间、医疗空间、教育空间以及公共空间5种类型。

1. 居住空间

居住空间是室内设计中最常见的一个领域，主要涉及居民住房空间的设计，例如住宅、公寓和宿舍空间设计。具体设计内容包含起居室、餐厅、书房、卧室、厨房、卫生间等，如图1-1所示。在对这类空间进行设计时，应结合房屋的风格、居住者的生活习惯、家庭成员的活动模式，创造出既温馨又实用的空间环境。

图 1-1

2. 商业空间

商业空间主要涉及行政办公区、餐馆、酒店、商场、便利店等领域。图1-2所示的是某健身场所室内实景。这类空间设计的关键点在于营造一个能够提升品牌形象，同时又满足商业运作需求的环境。商业空间不仅要考虑到顾客的体验，也要注意到员工的工作效率和舒适度。

图 1-2

3. 医疗空间

医疗空间主要涉及医院、诊所、康复中心等健康护理类空间领域，具体内容包含诊疗室、检查室、手术室、病房、急诊室以及公共休息区等。图1-3所示的是某医院诊室及病房实景。一个好的医疗空间设计应考虑到是否能舒缓病患的情绪，同时又满足医护人员的工作需求。在这个领域，设计的功能性格外重要，必须确保所有的布局与设计都遵循医疗安全标准和行业规范。

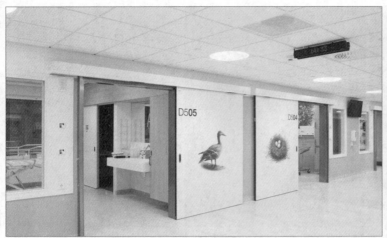
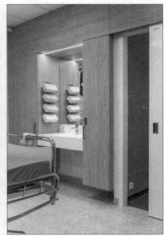

图 1-3

4. 教育空间

　　教育空间涉及的领域有学校、图书馆、实验室等，其内容包含教室、过厅、中庭、操场、食堂、宿舍等。图1-4所示的是某实验学校实景。设计时要创建有利于学生学习和探索的环境，同时也要保证空间的安全性和灵活性。

图 1-4

5. 公共空间

　　公共空间涉及的领域有博物馆、展览馆、体育馆、候车（机）厅、港口、售票厅等。图1-5所示的是某机场航站楼空间实景。这类空间设计既要满足不同人群的需求，又要表达出该空间的公共属性。

图 1-5

工程师点拨 除以上几种主要空间领域外，还有一些比较常见的空间，例如各类工业厂房及车间空间区域、各类农业用房空间（如种植暖房、饲养房）等都属于室内设计范畴。

1.1.2 室内设计的风格

不同的设计风格能够赋予居住空间不同的个性和情感，使人们的生活变得多姿多彩。目前，较为主流的室内设计风格有现代轻奢风格、新中式风格、北欧风格、东南亚风格、极简风格及混搭风格6种。

1. 现代轻奢风格

现代轻奢风格是现代风格与轻奢风格的集合体，兼有两种风格的特点，是在时代发展之下融合产生的产物。该风格多以简约为主，无论是空间布局还是与软装搭配，它摒弃了复杂的装饰和繁复的图案，用简单的设计体现出高级感，如图1-6所示。

该风格类似于北欧风格，线条优美，优雅整洁，具有强烈的线条设计感。此外，在色彩选择上，一般选择具有高级感觉的中性色，如米色、象牙白、奶油咖啡色、黑色和炭灰色，演绎出"低调奢华"的氛围感受，让空间感觉更充实饱满。

2. 新中式风格

新中式风格摆脱了古典中式的沉闷感，以其典雅、复古、宁静的特质成为室内设计中炙手可热的风格。该风格大多采用简洁硬朗、横平竖直的线条。简洁的线条，会让空间更加纯粹，更富现代感，如图1-7所示。

图 1-6

图 1-7

在空间色彩选择上，新中式风格多以白色、米色或浅灰色为主基调，搭配深色中式家具，以及复古饰品的点缀，传统文化的氛围感也就慢慢显现出来了。

3. 北欧风格

北欧风格是欧式风格的一种，其以简单、实用而温馨的家居特点著称。这种风格强调自然光线的利用，使用明亮的颜色和木材元素，以及舒适而不失时尚感的家具设计，给人一种贴近自然、舒适的居住体验，如图1-8所示。

图 1-8

工程师点拨 欧式风格除北欧风格外，还有其他几种常见的风格，例如地中海风格、巴洛克风格、新古典风格、美式风格等。这类风格着重体现在家具和装饰上，华贵而不失典雅、浪漫。空间常以白色为主调，装修材料的图案和造型都比较复古。

4. 东南亚风格

东南亚风格以其自然、温馨、异国情调的特点受到了人们的喜爱。该风格源自于泰国、菲律宾、马来西亚、印度尼西亚等热带雨林的国家，所以在设计中常常会借用大量的天然材料，例如竹子、藤条、硬木等来做家具或饰品。在颜色的选择上，常以温暖的土色调、深棕色、亚麻色以及绿色等自然色为主色调，营造出一种宁静放松、回归自然本真的生活氛围，如图1-9所示。

图 1-9

5. 极简风格

极简风格可以看作是现代简约风格的一种极端形式，它追求的是更为彻底的简洁与空间的极致纯粹。这种风格下的室内空间几乎没有多余的装饰，色彩搭配极尽简化，家具的选择严格考量实用与美学平衡，如图1-10所示。

图 1-10

6. 混搭风格

混搭风格也是一种日益流行的设计风格，它超越了严格遵守单一风格的界限，将不同的设计元素、家具和配饰巧妙地结合在一起，创造出独特而具有个性的居住空间。它不局限于任何特定的设计流派，这种自由性和灵活性是最吸引人的。

在色彩的运用上，混搭风格常常用色大胆且富有创意。很多看似不可调和的颜色搭配在一起（如粉红和绿色），却可以和谐共存。这种不拘一格的色彩运用，给整个空间带来活力和趣味，如图1-11所示。

图 1-11

1.1.3　室内设计的原则

用户除了要了解以上的设计风格外，还要掌握5项基本设计原则。

- **功能性原则**。在室内空间中，不同的区域空间的作用是不同的，当然使用的功能也就不一样。设计者要深入理解各空间，尽力做到满足这些空间的功能使用。
- **安全性原则**。无论起居、交往、工作、学习等，都需要在室内空间中进行，所以在室内空间设计时，要考虑它的安全性。我们做的设计不是艺术，一切的室内空间设计都要以人为本。
- **可行性原则**。室内空间设计要具有可行性。不能为了艺术效果把室内空间搞成艺术展览，丢失了可行性。
- **经济性原则**。在室内空间设计时，还要考虑业主的消费能力，只有设计方案在业主的消费能力之内，设计才能真正地实现，不然设计只是一张纸而已。在设计时每个物品都应具有实用性。
- **艺术审美性原则**。室内环境营造的目标之一，就是根据人们对于居住、工作、学习、交往、休闲、娱乐等行为和生活方式的要求，不仅在物质层面上满足其对实用性及舒适程度的要求，同时还要求最大程度地与视觉审美方面的要求相结合，这就是室内设计的艺术审美性要求。

1.2　室内设计内容

室内设计的内容一般会涉及室内空间布局、装饰构件、家具陈设、色彩搭配、室内照明等，下面分别对这几个部分进行介绍。

1.2.1 室内空间布局设计

空间布局设计是室内设计中较为关键的一个环节，可以说是设计的基础，其他设计内容都需要在此基础上进行细化。它不仅仅是一个简单的摆放家具和装饰的过程，更是一种融合艺术与功能的综合性设计。

合理的空间布局能够提高居住者的生活质量。在设计过程中，对居住人群的生活习惯、活动规律进行细致考量，例如餐饮、休息、娱乐等生活中的每个细节，都需要谨慎规划其在居住空间中的位置与布局。通过对空间的功能划分与合理组织，使室内环境的使用更加流畅，极大地提升居住者的舒适度。图1-12所示的是四室两厅平面布局图。

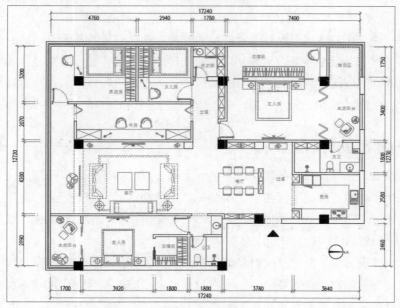

图 1-12

此外，科学的空间布局有利于空间效能的发挥。在有限的空间内，如何最大化地利用每一寸土地是设计师需要解决的问题。通过合理的规划，能够有效避免空间浪费，实现空间的多功能性。例如，在小户型住宅中，通过墙体嵌入式家具或者可移动隔断等设计，既能实现空间的开放性，又能在需要的时候创造私密空间。

1.2.2 室内装饰构件设计

装饰构件的设计不仅能够体现业主的审美品位，还是提升生活品质的关键所在。它在室内设计中扮演着不可或缺的角色。室内装饰构件包括墙面、地面、天花板的装饰，以及门窗、楼梯等装置设计。

1. 墙面和地面设计

墙面的设计不仅限于色彩的搭配，还应包括瓷砖、壁纸、涂料等材料的选择，以及造型装饰、装饰线条等元素的运用。地面设计要兼顾美观和耐用，材料可从木质、石材到具有特殊图案的地砖等多样选择。墙面与地面的协调统一是创造宜人室内环境的基础。

2. 天花板设计

天花板的设计和装饰也能极大影响空间的整体感觉。通过灯光设计、吊顶造型、彩绘等手段，可以增加空间的层次感，甚至在一定程度上改变人们对空间大小的心理感受。

3. 门窗设计

作为室内与室外的交界，门窗设计在保持美观的同时，还应考虑到隔音、保温、防盗等功能。材质应选用耐用且便于维护的木材、金属或塑料等，款式和颜色应与室内装饰风格相协调。

4. 楼梯设计

在多层住宅空间中，楼梯不只是连接不同楼层的通道，也是室内装饰的重要组成部分。设计楼梯时，需要结合整体风格进行设计，同时考虑其安全、舒适的使用功能。

室内装饰构件设计能够体现设计师对细节的处理程度，对于线条的流畅度、色彩的匹配度和材质的选用等都需要精细考量。例如，边角的处理是否平滑，装饰线条是否和谐，都直接关系到最终效果的完美展现。总之，一个小小的拉手、一个精巧的挂钩，抑或是一个风格独特的开关面板，每一个看似微不足道的元素都可能成为点睛之笔，提升整个室内装修的档次。

1.2.3 室内家具与陈设设计 ←——————————————→

家具与陈设设计会涉及家具的选材、颜色、形状、尺寸、风格，以及摆放位置的考量与整合。设计师首先会考虑空间的实际需求，哪些是必需的功能区，例如卧室、客厅、餐厅、工作区等，以及每个区域所需要的基本家具种类。然后确立整个空间的设计风格，现代还是传统，简约还是奢华，风格的统一是提升空间品位的重要手段。

在家具选材方面，设计师还要考量环境因素和用户喜好。例如，对于需要温馨感的卧室，木质家具可能更为合适；如果需要严肃、专业氛围的办公室，则金属、玻璃等材质能提供现代感。此外，颜色的搭配亦是陈设设计中不可忽视的一环，它直接影响到空间的氛围，温暖或冷静的色调都应与空间用途和居住者情绪相协调。

在家具尺度关系方面，设计师需要根据空间关系进行合理布置。例如，客厅中沙发与茶几的高度要相匹配，餐椅与餐桌的高度差需要适中，以确保使用时的舒适性。图1-13所示为家具常规尺度关系示意图。形状的选择则着重于家具与空间的契合程度，例如流线型的家具通常更适合小面积或不规则的空间，方形或矩形家具则适合规划有序、宽敞的环境。

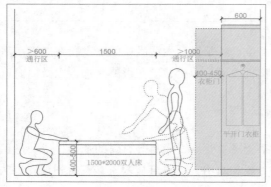
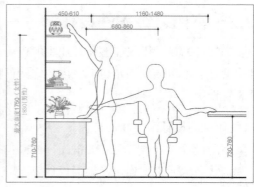

图 1-13

室内家具陈设设计不仅影响到空间的实用性和美观度，还直接关联到居住者的生活质量和工作效率。

1.2.4 室内色彩设计

色彩是室内设计的另一个基本要素，不仅是创造视觉形式的主要媒介，而且兼有实际的机能作用。换句话说，室内色彩具有美学和适用的双重标准。

1. 了解空间色彩的主次关系

室内色彩按照其面积和重要程度可以分为4类：背景色、主体色、配角色、点缀色。

- **背景色：** 通常是指室内地面、墙面、天花板等大块面积的颜色，它决定了整个空间的基本色调。
- **主体色：** 通常是由一些大型家具和室内陈设所形成的大面积颜色。在室内配色中占有一定的分量，如沙发、衣柜或大型雕塑装饰等。如果要形成对比效果，应选用背景色的对比色或补色作为主体色；如果要达到协调，应选用同背景色色调相近的颜色作为主体色。
- **配角色：** 该颜色的存在是为了更好地映衬主体色，通常可以使空间显得更为生动、鲜明。配角色与主体色搭配在一起，构成空间的基本色。配角色若与主体色呈现对比，会显的主体色更为鲜明、突出。
- **点缀色：** 室内小型且易于变化的物体色，目的是为了打破单调的环境，如灯具、织物、艺术品或其他软装饰的颜色。点缀色常选用与背景色形成对比的颜色，如果运用得当可以造成戏剧化的效果。

2. 室内配色通用原则

从宏观上说，色彩可分为无色彩和有色彩两种系列。无色彩系列指的是黑、白、灰三种色调；有色彩系列指的是用户常说的红、橙、黄、绿、青、蓝、紫7种色相。在实际应用中，无非就是这两种系列搭配着使用。

（1）单独使用无彩色

黑、白、灰三种颜色搭配在一起，往往比那些丰富多彩的颜色更具有感染力，如图1-14所示。

图 1-14

注意事项 黑白搭配的空间很有现代感，是时尚人士的首选。但如果等比例使用黑白两色就会显得太花哨，人长期在这种环境中，会眼花缭乱、紧张、烦躁、无所适从。最好的搭配是以白色为主，辅以黑色和其他色彩作为点缀，空间会显得明亮舒畅，同时兼具品位与趣味。同时黑色是相当沉寂的色彩，切忌大面积运用黑色。

（2）无彩色搭配有彩色

黑、白、灰可谓是经典百搭款，它与任何一种色彩搭配，都会很出彩，用户可以放心大胆地去搭配，如图1-15所示。

图 1-15

（3）无彩色搭配多彩色

无彩色是一种很知性的颜色，可用于调和色彩的搭配或凸显其他颜色。在一个场景中色彩种类较多时，无彩色可以起到中和的作用，使本来杂乱的色彩统一到一个整体中，如图1-16所示。

图 1-16

1.2.5 室内照明设计 ←————————————————————————→

室内照明设计在室内空间中的角色不容小觑，它能够影响人们的情绪和空间氛围的营造。具体来说，室内照明设计的内容包括但不限于光源的选择、照明方式的规划、光线的强度与色温控制，以及光影效果的营造。

1. 选择合适的光源

选择合适的光源是照明设计中的首要任务。市面上常见的光源有白炽灯、荧光灯、卤素灯和LED灯等，每种灯具都有其特定的光线特性和能耗表现。例如，LED灯以其高效节能、寿命长、无汞等优点成为现代照明设计的首选。其中，不同的色温也满足了从温暖到冷光的不同需求。

2. 照明方式规划

室内照明大体可分为基础照明、任务照明和重点照明三种类型。基础照明如吸顶灯和吊灯，负责提供基本的光线，照亮整个空间。任务照明侧重于读写或工作区域，例如桌灯和立地灯，保证足夜光线强度。重点照明则用于突出空间的某些特定元素或营造某种氛围，如轨道灯和射灯。

3. 光线强度与色温控制

过于强的光线会造成眩光，光线太弱则会令人感到压抑，影响视觉上的舒适度和作业效率。现代照明多采用可调光功能，以满足不同时间段和场合的需求。

4. 光影效果的营造

光与影的交互游戏亦是照明设计中不可或缺的部分。设计师通过合理布置光源的位置和选择适宜的照明器具，用光线塑造形体感和层次感，如墙面洗墙灯和筒灯可以增加墙面的纹理感。

1.3 室内设计制图概述

好的设计理念必须通过规范的制图来实现最终效果。下面针对室内设计相关图纸内容以及制图要求和规范来进行讲解。

1.3.1 室内设计制图内容

一套完整的室内设计图包括施工图和效果图。施工图一般包括图纸目录、设计说明、原始户型图、平面布置图、顶棚布置图、立面图、剖面图、设计详图及其他配套图纸、设计效果图等。

1. 图纸目录

图纸目录是了解整个设计整体情况的目录，从其中可以了解图纸数量及出图大小和工程号，还有设计单位及整个建筑物的主要功能，如果图纸目录与实际图纸有出入，必须核对情况。

2. 设计说明

设计说明对结构设计是非常重要的，因为设计说明中会提到很多做法及许多结构设计中要使用的数据。看设计说明时不能草率，这是结构设计正确与否非常重要的一个环节。

3. 原始户型图

设计师在量房之后需要将测量结果用图纸表示出来，包括房型结构、空间关系、尺寸等，这是进行室内装潢设计的第一张图，即原始户型图，如图1-17所示。

4. 平面布置图

在不考虑门、窗、洞口的情况下将房屋沿水平方向剖切去掉上面部分后，画出的水平投影图为平面布置图。平面布置图是室内装饰施工图中的关键图样，它能让业主非常直观地了解设计师的设计理念和设计意图。平面布置图是其他图纸的基础，可以准确地对室内设施进行定位和确定规格大小，从而为室内设施设计提供依据。另外还体现了室内各空间的功能划分，如图1-18所示。

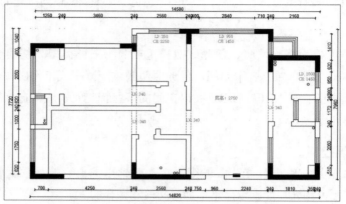

图 1-17

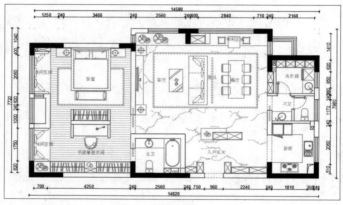

图 1-18

5. 顶棚布置图

顶棚布置图主要用来表示天花板的各种装饰平面造型以及藻井、花饰、浮雕和阴角线的处理形式、施工方法，还有灯具的类型、安装位置等内容，如图1-19所示。

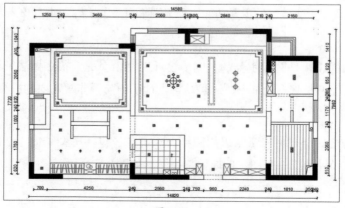

图 1-19

6. 立面图

平面布置图是展现家具、电器的平面空间位置，立面图则是反映竖向的空间关系，立面图应绘制出对墙面的装饰要求，墙面上的附加物，如家具、灯、绿化、隔屏等要表现清楚，如图1-20所示。

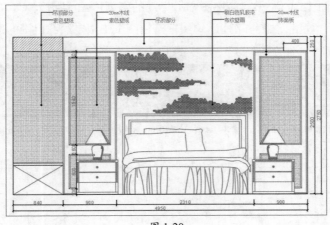

图 1-20

7. 剖面图

剖面图是通过对有关的图形按照一定剖切方向所展示的内部构造图例，是假想用一个剖切平面将物体剖开，移去介于观察者和剖切平面之间的部分，对于剩余的部分向投影面所做的正投影图，如图1-21所示。

8. 设计详图及其他配套图纸

设计详图是根据施工需要，将部分图纸进行放大，并绘制出其内部结构，以及施工工艺的图纸，如图1-22所示。一个工程需要画多少张详图、画哪些部位的详图，要根据设计情况、工程大小以及复杂程度而定。详图指局部详细图样，由大样图、节点图和断面图三部分组成。其他配套图纸包括电路图、给排水图等专业设计图纸。

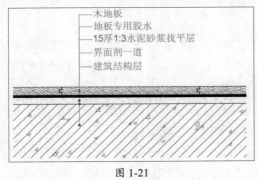

图 1-21

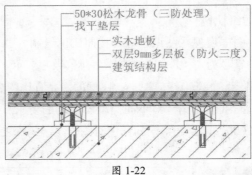

图 1-22

9. 设计效果图

设计效果图是室内设计师表达创意构思，并通过3D效果图制作软件，将创意构思进行形象化再现的形式。它通过对物体的造型、结构、色彩、质感等诸多因素的忠实表现，真实地再现设计师的创意，使人们更清楚地了解设计的各项性能、构造、材料。

1.3.2 室内设计制图要求与规范

在绘制图纸时，设计人员应按照其绘制规范进行，以便绘制出符合要求的设计图。

1. 图纸规范

图纸幅面指的是图纸的大小，简称图幅。标准的图纸以A0号图纸（841mm×1189mm）为幅面基准，共分为5种规格，如表1-1所示。图框是在图纸中限定绘图范围的边界线。

表1-1

尺寸代号	幅面代号				
	A0	A1	A2	A3	A4
b×L	841mm×1189mm	594mm×841mm	420mm×594mm	297mm×420mm	210mm×297mm
C	10			5	
A	25				

b为图幅短边尺寸，L为图幅长边尺寸，A为装订边尺寸，其余三边尺寸为C。图纸以短边作垂直边称横式，以短边作水平边称立式。一般A0～A3图纸宜横式使用，必要时也可立式使用。一张专业的图纸不适宜用多于两种的幅面，目录及表格所采用的A4幅面不在此限制。

加长尺寸的图纸只允许加长图纸的长边，短边不得加长，如表1-2所示。

表1-2

幅面尺寸	长边尺寸（单位mm）	长边加长后尺寸（单位mm）
A0	1189	1486、1635、1783、1932、2080、2230、2378
A1	841	1051、1261、1471、1682、1892、2102
A2	594	743、891、1041、1189、1338、1486、1635、1783、1932、2080
A3	420	603、841、1051、1261、1471、1682、1892

2. 图纸比例

图样表现在图纸上应当按照比例绘制，比例能够在图幅上真实地体现物体的实际尺寸。比例的符号为"："，比例应以阿拉伯数字表示，如1：1、1：2、1：100等，比例宜注写在图名的右侧，字的基准线应取平；比例的字高宜比图名的字高小一号或二号。

图纸的比例针对不同类型有不同的要求，如总平面图的比例一般采用1：500、1：1000、1：2000。同时，不同的比例对图样绘制的深度也有所不同，如表1-3所示。

表1-3

常用比例	1：1	1：2	1：5	1：25	1：50	1：100
	1：200	1：500	1：1000	1：2000	1：5000	1：10000
可用比例	1：3	1：15	1：60	1：150	1：300	1：400
	1：600	1：1500	1：2500	1：3000	1：4000	1：6000

3. 标题栏

图纸的标题栏简称图标，是将工程图的设计单位名称、工程名称、图名、图号、设计号及设计人、绘图人、审批人的签名和日期等集中罗列的表格。根据工程需要选择确定其尺寸。

4. 会签栏

会签栏是为各种工种负责人签字所列的表格，栏内应填写会签人员所代表的专业、姓名、日期；一个会签栏不够时，可另加一个，两个会签栏应并列；不需会签的图纸可不设会签栏。

5. 图线

工程图样是由图线组成的，为了表达工程图样的不同内容，并能够分清主次，需使用不同的线型和线宽的图线，如表1-4所示。

表1-4

名称	形式	用途	
		相对关系	
粗实线	▬▬▬▬▬	b（0.5~2mm）	图框线、标题栏外框线
细实线	——————	b/3	尺寸界线、剖面线、重合剖面的轮廓线、分界线、辅助线
虚线	– – – – – –	b/3	不可见轮廓线、不可见过渡线
细点画线	–·–·–·–·–	b/3	轴线、对称中心线、轨迹线、节线
双点画线	–··–··–··–	b/3	相邻辅助零件的轮廓线、极限位置的轮廓线
折断线	～✗～	b/3	断裂处的分界线
波浪线	～～～	b/3	断裂处的边界线、视图和剖视的分界线

同时，在绘制图线时应注意以下几个方面。

- 相互平行的图线，其间隙不宜小于其中的粗线宽度，且不宜小于0.7mm。
- 虚线、单点长画线或双点长画线的线段长度和间隔宜各自相等。
- 单点长画线或双点长画线的两端不应是点，应当是线段。点画线与点画线交接或点画线与其他图线交接时，应是线段交接。
- 较小图形中绘制单点长画线或双点长画线有困难时，可用实线代替。
- 图线不得与文字、数字或符号重叠、混淆，不可避免时，应首先保证文字的清晰，断开相应图线。

6. 字体

在绘制设计图和设计草图时，除了要选用各种线型来绘出物体，还要用最直观的文字把它表达出来，表明其位置、大小以及说明施工技术要求。文字与数字，包括各种符号的注写是工程图的重要组成部分，因此，对于表达清楚的施工图和设计图来说，适合的线条质量加上漂亮的注字才是必需的。

- 文字的高度，选用3.5、5、7、10、14、20mm。

- 图样及说明中的汉字，宜采用长仿宋体，也可以采用其他字体，但要容易辨认。
- 汉字的字高，应不小于3.5mm，手写汉字的字高一般不小于5mm。
- 字母和数字的字高应不小于2.5mm。与汉字并列书写时其字高可小一至二号。
- 拉丁字母中的I、O、Z，为了避免同图纸上的1、0和2相混淆，不得用于轴线编号。
- 分数、百分数和比例数的注写，应采用阿拉伯数字和数字符号，例如，四分之一、百分之二十五和一比二十应分别写成1/4、25%和1：20。

7. 尺寸标注

图样除了画出物体及其各部分的形状外，还必须准确地、详尽地和清晰地标注尺寸，以确定其大小，作为施工时的依据。图样上的尺寸由尺寸界线、尺寸线、尺寸起止符号和尺寸数字组成。

- **尺寸线：** 应用细实线绘制，一般应与被注长度平行。图样本身任何图线不得用作尺寸线。
- **尺寸界限：** 也用细实线绘制，与被注长度垂直，其一端应离开图样轮廓线不小于2mm，另一端宜超出尺寸线2～3mm。必要时图样轮廓线可用作尺寸界线。
- **尺寸起止符号：** 一般用中粗斜短线绘制，其倾斜方向应与尺寸界线成顺时针45°角，长度宜为2～3mm。
- **尺寸数字：** 图样上的尺寸应以数字为准，不得从图上直接取量。

8. 制图符号

施工图具有一个严格的符号使用规则，这种专用的行业语言是保证不同的施工人员能够读懂图纸的必要手段。下面简单介绍一些施工图的常用符号。

（1）索引符号

在工程图样的平、立、剖面图中，由于采样比例较小，对于工程物体的很多细部（如窗台、楼地面层等）和构配件（如栏杆扶手、门窗等）的构造、尺寸、材料、做法等无法表示清楚，因此为了施工的需要，常将这些在平、立、剖面图上表达不出的地方用较大比例绘制出图样，这些图样称为详图。详图可以是平、立、剖面图中的某一局部放大（大样图），也可以是某一断面、某一建筑的节点（节点图）。

为了在图面中清楚地对这些详图编号，需要在图纸中清晰、有条理地标识出详图的索引符号和详图符号。详图索引符号的圆及直径均应以细实线绘制，圆的直径应为10mm。

索引得出的详图，若与被索引的详图同在一张图纸内，则应在索引符号的上半圆内用阿拉伯数字注明该详图的编号，并在下半圆中间画一段水平粗实线。

索引得出的详图，若与被索引的详图不在同一张图纸内，则应在索引符号的上半圆中用阿拉伯数字注明该详图的编号，并在下半圆中用阿拉伯数字注明该详图所在图纸的编号。数字较多时可加文字标注，如图1-23所示。

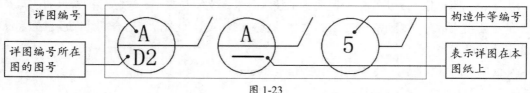

图 1-23

（2）详图符号

被索引详图的位置和编号，应以详图符号表示。圆用粗实线绘制，直径为14mm，圆内横线用细实线绘制。详图与被索引的图样在一张图纸内时，应在详图符号内用阿拉伯数字注明详图编号。详图与被索引的图样不在一张图纸内时，应用细实线在详图符号内画一水平直径，在上半圆中注明详图编号，在下半圆中注明被索引的图纸的编号，如图1-24所示。

图 1-24

（3）室内立面索引符号

为表示室内立面在平面上的位置，应在平面图中用内视符号注明视点位置、方向及立面的编号。立面索引符号由直径为8~12mm的圆构成，以细实线绘制，并以三角形为投影方向共同组成。圆内直线以细实线绘制，在立面索引符号的上半圆内用字母标识，下半圆标识图纸所在位置，如图1-25所示。

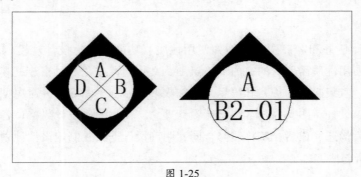

图 1-25

（4）标高符号

室内及工程形体的标高符号应以直角等腰三角形表示，用细实线绘制，一般以室内一层地坪高度为标高的相对零点位置。需要注意的是，相对标高以m为单位，标注到小数点后三位，如图1-26所示。

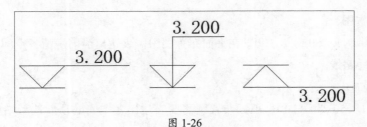

图 1-26

（5）引出线

引出线用细实线绘制，宜采用水平方向的直线，以及与水平方向成30°、45°、60°、90°的直线，或经上述角度再折为水平线。文字说明宜注写在水平线的上方，也可写在端部，索引详图的引出线，应与水平直径线相连接。同时引出几个相同部分的引出线，宜互相平行，也可以画成集中于一点的放射线，如图1-27所示。

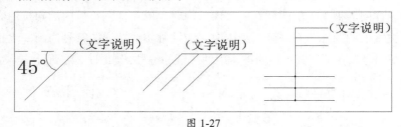

图 1-27

1.4 室内设计与施工流程

在对某室内空间进行设计时，需经过两个阶段：方案设计阶段和现场施工阶段。下面对这两个阶段的大致流程进行介绍。

1.4.1 方案设计阶段流程

设计师在接到设计任务后，通常要经历以下3个阶段。

1. 设计准备阶段

首先明确设计任务和客户要求，例如使用性质、功能特点、设计规模、等级标准、总造价、根据任务的使用性质需创造的室内环境氛围、文化内涵或艺术风格等；其次熟悉设计有关规范和定额标准，收集必要的资料和信息，例如收集原始房型图纸，并对房型进行现场尺寸勘测；再次绘制简单设计草图，并与客户交流设计理念，例如明确设计风格、各空间的布局及其使用功能等；最后沟通完成后，签订装修合同，明确设计期限并制定设计计划进度安排，考虑各有关工种的配合与协调。

2. 设计方案阶段

准备工作基本完成后，接下来进入方案设计阶段。设计师应在现有的资料和信息的基础上进一步收集、分析、运用与设计任务有关的资料与信息，构思立意，进行初步方案设计，深入设计，进行方案的分析与比较。确定初步设计方案，并出具设计图纸。设计图纸通常包括以下几项。

（1）平面布置图

图纸比例通常为1：50或1：100。在平面布置图中需表达出当前房型各空间的布局情况、家具陈设、人流交通路线。

（2）顶棚布置图

图纸比例为1：50或1：100。顶棚布置图需要表达出各空间的顶面造型结构、顶面标高及灯具摆放位置。

（3）立面图

图纸比例为1：20或1：50。立面图需根据平面布置图的布局以及顶棚布置图的吊顶造型来绘制其立面效果。一般只绘制有装饰造型的墙面。

（4）结构详图

结构详图需根据设计的装饰墙或家具，绘制出其结构图，包括安装工艺说明、材料说明等，让施工人员按照该结构图能够进行施工。

（5）水、电路布置图

水路布置图需表达出冷、热水管的走向。电路布置图需表达出各空间电线、插座、开关的走向。

（6）室内效果图

根据设计的空间环境，并参照其平面、立面图，绘制出其立体效果图。通常每个空间至少要绘制1张效果图。

（7）施工预算

一整套施工图纸完成后，需对整个工程做出大概的预算，该预算包含所有的材料费以及人工费。

3. 设计方案实施

设计方案实施阶段也是工程的施工阶段。室内工程在施工前，设计师应向施工单位进行设计意图说明及图纸的技术交底；工程施工期间需按图纸要求核对施工实况，有时还需根据现场实况提出对图纸的局部修改或补充；施工结束时，会同质检部门和建设单位进行工程验收。

为了使设计取得预期效果，设计师必须抓好设计各环节，充分重视设计、施工、材料、设备等方面，并熟悉、重视与原建筑物的建筑设计、设施设计的衔接，同时还需协调好与建设单位和施工单位之间的相互关系，在设计意图和构思方面取得沟通与共识，以期取得理想的设计工程成果。

1.4.2　现场施工阶段流程

项目设计方案通过后，接下来进入现场施工阶段。该阶段主要是将设计师的设想变为现实。施工人员会以设计图纸为依据，根据工程项目内容和工艺技术特点，在规定的期限内进行施工。施工阶段大致流程如图1-28所示。

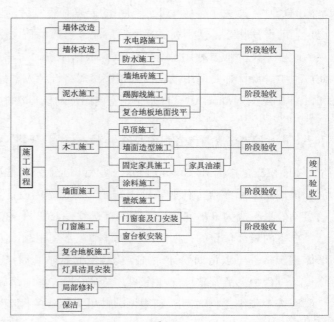

图 1-28

1.5 室内设计协同工具

想要成为一名合格的室内设计师，除了具备专业的设计知识外，还需要有过硬的绘图技能，这样才能将自己的创意设想转变为现实。下面对一些常用的绘图工具进行介绍。

1.5.1 AutoCAD软件

AutoCAD软件在室内设计中扮演了不可或缺的角色。从初步的设计概念到最终的施工图纸，该软件都能提供强大的技术支持。其绘图精度高、功能全面且易于修改，大大提高了设计师的工作效率与设计准确度，帮助他们实现创意到现实的转化，如图1-29所示。

图 1-29

尺寸测量是室内设计中的一项重要工作，准确的尺寸对于空间布局至关重要。AutoCAD具备的尺寸标注功能简化了人工量尺寸的过程，使设计师能够直接在计算机上按比例绘制和调整室内的尺寸，避免了传统手工绘图中的误差和重复劳动。软件中的快照功能能够让设计师快速记录当前设计状态，便于在客户反馈后能够迅速调整设计方案。

此外，设计师要利用AutoCAD软件根据业主的需求来对房屋空间进行合理的布局规划，在此过程中，设计师要使用该软件的相关功能将设计方案具体地落实到图纸中，以方便方案的展示和讨论。可以说AutoCAD软件是绘制室内图纸的核心软件，也是室内设计行业入门必学软件。

1.5.2 3ds Max软件与V-Ray渲染器

3ds Max全称为3D Studio Max，是Autodesk公司推出的一款专业三维建模、动画和渲染软件，被广泛应用在众多行业领域中，尤其是在室内设计领域，它凭借高效的建模工具和真实感的渲染效果，成为许多室内设计师的首选软件，如图1-30所示。

在室内设计项目的初期阶段，设计师经常利用3ds Max进行空间创意的快速构思。软件中的形体编辑工具可以帮助设计师轻松构建空间基本几何结构，参数化建模的特性则能够让设计师在设计过程中灵活调整尺寸和比例，确保设计方案的精确性。

当进一步细化方案时，利用该软件可为创建的模型赋予材质和灯光，让设计师能够在模拟的空间中直观地预览设计效果。

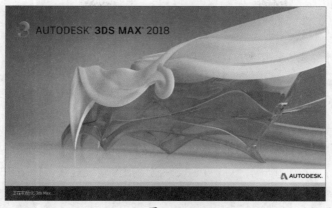

图 1-30

除了模型和材质的处理，3ds Max在渲染技术上同样展现出色。借助高级的渲染器（V-Ray）来得到接近于摄影级别的渲染图像。这些高质量的图像不仅有助于设计师更好地理解和修正设计方案，而且在展示和沟通设计想法时也能给客户留下深刻印象。

1.5.3　草图大师

草图大师（SketchUp）作为一款3D建模软件，在室内设计领域中也占有一席之地。因其用户界面友好、上手容易、功能丰富等特点，它被广泛应用于家居、办公空间以及商业场所的室内设计中，如图1-31所示。

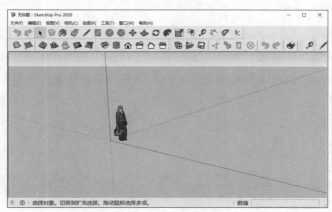

图 1-31

草图大师的核心在于它的建模功能，设计师可以通过拉伸、推拉等操作快速创建精确的三维模型，创建过程灵活、简单，创建出来的模型可以随时进行修改编辑，以达到满意的效果。此外，草图大师拥有一个庞大的组件库，设计师可以直接从库中选取沙发、桌椅、橱柜等模型，节省了从零开始建模的时间。而且这些模型都是可以编辑的，设计师可以根据设计需求对其形状、尺寸进行调整，或者改变材质和颜色，以达到个性化的效果。

草图大师还提供了简单的材质编辑和渲染工具，设计师可以为模型配上木材、玻璃、金属等不同的材质效果。配合渲染器（V-Ray）创建出逼真的灯光和阴影效果，从而展示出在不同光照条件下空间的氛围。

虽然草图大师的功能强大，但它亦有局限性，例如对于高度复杂或细节精细的室内设计，可能需要配合其他专业软件使用。但对于大多数室内设计项目而言，草图大师提供了快速高效的设计体验，是设计师用以将创意变为现实的强有力工具。

1.5.4　Photoshop软件

借助Photoshop软件，设计师可以对方案效果图进行细致编辑，以更好地展示设计意图。设计师通常先利用建模软件绘制出最终的方案效果，然后再通过Photoshop软件对效果图中的模型材质、色彩、光影等进行准确调整，从而使效果图更加生动、直观，如图1-32所示。

图 1-32

在呈现装饰细节时，Photoshop软件的重要性不言而喻。无论是墙面的纹理创造、家具布艺的花色搭配，还是装饰品的添加，Photoshop都可以进行瞬间更换和调整，无须再通过修改模型来实现。此外，Photoshop在设计呈现上的高度自由度还体现在视觉效果的创新上。设计师可以运用滤镜和特效制作出前卫的视觉风格，或是模拟复古、未来等多元化的室内氛围。

随着VR（虚拟现实）技术的发展，Photoshop在室内设计中的运用也将变得更加广泛和深入，成为连接现实与想象的桥梁。

1.6　AIGC与室内设计

随着人工智能生成内容（Artificial Intelligence Generated Content，AIGC）技术的不断发展和完善，在室内设计中的人工智能的应用已越来越普遍、深入。人工智能生成内容（AIGC）正推动着设计流程的自动化、个性化和智能化，同时也为设计师和客户提供了新的工具和可能性。

1.6.1　AIGC的定义

人工智能生成内容（AIGC）是指通过人工智能技术，尤其是机器学习和深度学习，自动生成图像、文本、音频和视频等内容。它的核心是利用大数据和算法，模仿人类的创造力，打破传统内容创作的局限性。在室内设计领域，AIGC可以帮助设计师快速生成设计草图、效果图或者模拟不同设计方案的视觉效果，从而提高设计效率和创意的多样性。

AIGC技术的发展与人工智能的进步紧密相连。早期的技术侧重于简单的图案和颜色生成，现代AIGC技术则可以创建复杂的三维模型和真实感环境。随着技术的不断进步，AIGC在室内设计中的应用也在不断扩大，从最初的辅助工具发展成为设计师创作过程中不可或缺的"伙伴"。

1.6.2 AIGC与室内设计的关系

人工智能生成内容（AIGC）技术对室内设计行业的影响深远。它不仅改变了设计师的工作方式，还为客户提供了更为丰富和个性化的设计选择。通过AIGC，设计师可以在更短的时间内探索更多的设计可能性，同时也能够通过算法优化设计方案，满足功能性和审美性的需求。

在室内设计领域，设计师与AIGC的协作模式通常包括互动式设计和自动生成方案两种方式。互动式设计允许设计师实时调整AIGC的建议，以达到最佳设计效果；自动生成方案则让AIGC根据特定提示与参数独立产出设计方案。无论哪种模式，AIGC都在提高设计流程的效率，并在创新性、个性设计方面发挥着重要作用。

（1）设计辅助与创新

AIGC作为室内设计师的强大辅助工具，可以帮助设计师在设计过程中进行快速的方案迭代和优化。它利用人工智能的算法来生成设计灵感，提供设计模拟，并实现高效的空间规划。此外，AIGC还能够挖掘新的设计趋势和风格，推动室内设计的创新发展。

（2）客户体验与互动

通过AIGC技术，设计师能够为客户提供更加直观和互动的设计体验。例如，客户可以通过虚拟现实（VR）技术预览未来的室内空间，或者通过参数化设计工具直接参与到设计的定制化过程中。这种参与性和体验性的提升，能够让客户更加满意，并增强他们对最终设计成果的认同感。

（3）效率提升与成本控制

AIGC通过自动化的设计流程，可以帮助设计师在更短的时间内完成更多的工作，从设计概念的生成到详细的施工图纸的制作。这种效率的提升不仅降低了设计的时间成本，也使室内设计服务更加经济化，从而为设计公司和客户都带来成本上的节约。

（4）个性化与定制化服务

AIGC能够分析客户的偏好，通过提示词自动生成符合个人风格和需求的室内设计方案。这种个性化服务能够满足日益增长的消费者对于独特性和个性化的需求，使室内设计不再是千篇一律的模板式服务，而是能够给每位客户提供独一无二的居住环境。

（5）持续学习与进步

AIGC系统通常具备自我学习的能力，能够通过不断的数据输入和反馈进行优化。这意味着它能够随着时间的推移而不断进步，为室内设计师提供更加精准和高质量的设计建议。随着系统的学习和进步，室内设计的品质和水平也将不断提升。

总体来说，AIGC与室内设计的关系是互补和融合的。AIGC不仅为室内设计师提供了强大的技术支持和新的工作方式，还极大地丰富了客户的设计体验，同时推动了室内设计行业的整体发展和进步。

1.6.3　AIGC在室内设计流程中的角色参与

人工智能生成内容（Artificial Intelligence Generated Content，AIGC）技术在室内设计流程中扮演多种角色，从概念到项目实施各阶段提供各种设计辅助，潜力巨大。

（1）设计灵感和创意生成

在设计灵感和概念阶段，AIGC可以通过分析大量的室内设计案例，根据用户的喜好、风格偏好、空间功能需求等条件，生成设计灵感和创意方案。这些方案可以是平面布局、色彩搭配、材料选择等不同方面的建议。同时，AIGC系统可以基于现有的设计趋势、风格和用户的偏好来生成室内设计概念和灵感，通过分析大量的图片和设计案例来提出新颖的设计思路。

（2）3D可视化和渲染

通过AIGC技术，设计师能够快速生成室内空间的三维模型，并进行高质量的渲染，从而为客户提供更加直观的设计效果预览。AIGC技术可以自动化这一过程，并根据设计师的草图或描述，智能生成3D室内场景的可视化图像或视频。

（3）定制化设计

AIGC能够根据用户的特定偏好和需求，例如根据用户喜欢的颜色、材料或者风格来创建独特的定制化设计方案。同时，可以考虑到空间尺寸、用户生活习惯、预算限制等因素，提出一系列合适的设计选项。

（4）家具和装饰匹配

AIGC可以帮助设计师在海量的产品和材料库中，通过分析家具和装饰元素的风格、色彩、尺寸等属性，筛选出最合适的选项，从而节省时间，并保证设计的整体协调性。

（5）空间规划与优化

AIGC可以根据房间的尺寸和用户的要求，自动排布家具和装饰物，快速生成多种室内布局方案，提供可行的布局选项，从而提高空间的功能性和舒适性。

（6）客户沟通与反馈

AIGC还可以辅助设计师通过图像识别和自然语言处理技术与客户进行更有效的沟通。例如，客户可以上传一些他们喜欢的室内设计图片，AIGC分析这些图片后生成相似风格的设计方案。同时，AIGC平台可以提供一种交互式的方式让客户参与设计过程，通过虚拟现实（VR）或增强现实（AR）技术让客户在早期阶段就能体验设计效果。

（7）项目管理和文档生成

在项目管理方面，AIGC可以帮助设计师自动生成设计说明书、材料清单、成本预算等文档，提高工作效率。

（8）持续学习与改进

随着越来越多的设计项目完成，AIGC系统可以不断学习和改进，进行自我迭代，通过学习最新的室内设计趋势与技术，根据反馈和结果持续改进设计质量和准确性，从而提供更加精准和高质量的设计建议。

（9）市场研究和趋势分析

AIGC能够分析市场趋势，为设计师提供即将流行的设计元素和风格的预测。

目前，AIGC在室内设计中的应用还在初级阶段，但随着技术的发展，其角色和参与内容将会越来越广泛，未来可能彻底改变室内设计行业的工作方式。因此，在使用AIGC的过程中，室内设计师的角色可能会从手工绘图和概念开发，转变为更多地监督和指导AIGC生成的内容，确保设计符合客户的需求和预期。设计师必须具备一定的技术知识并有效、高效地使用AIGC工具，以及维持设计的创意和个性化。

1.6.4　AIGC对室内设计的影响

人工智能生成内容（AIGC）技术对室内设计行业的影响是深远的，其不仅可以提升设计效率，还能改变设计师与客户的互动方式。

（1）加速设计进程

AIGC可以快速生成设计方案和可视化效果图，这大大缩短了从概念到最终方案实施的时间。设计师可以利用这一优势快速迭代和完善设计。

（2）降低成本

通过自动化某些设计环节，AIGC有助于降低设计成本，特别是对于初步方案的生成和3D模型的渲染，这些通常是劳动密集型且耗时的任务。

（3）提高个性化水平

AIGC能够根据客户提供的个性化数据（如喜好、习惯、预算等）生成定制化的设计方案，为每个客户提供更加个性化的服务。

（4）提升设计质量

利用AIGC的算法和数据分析，设计师可以获得关于当前流行趋势、材料创新以及可持续设计实践的见解，从而提升设计的质量和创新性。

（5）改变客户参与方式

客户可以通过更加动态和交互式的方式参与设计过程。例如，他们可以上传喜欢的图片，AIGC分析后生成类似风格的方案，从而提高客户满意度。

（6）促进教育和培训

AIGC技术可以作为室内设计教育的工具，帮助学生快速学习和模拟各种设计方案，加深他们对设计理念的理解。

（7）竞争力提升

随着AIGC在室内设计中的应用成为可能，采用这项技术的设计公司可能会获得竞争优势，因为它们能以更快的速度、更低的成本和更高的客户满意度提供服务。

（8）职业角色转变

AIGC可能导致室内设计师的角色发生变化，他们需要更多地成为项目协调者和创意指导者，同时需要学习如何有效地使用这些新工具来提升工作效率。

（9）数据隐私和安全性

随着个性化服务的增加，对客户数据的收集和分析也越来越多。这就要求设计师和公司在使用AIGC时必须重视数据的隐私和安全性问题。

（10）可持续设计的推广

AIGC可以帮助设计师更容易地考虑和整合可持续设计元素，如环保材料的选择、能源效率的优化等，推动室内设计向更加环保的方向发展。

1.6.5 AIGC在室内设计中的实际应用

AIGC将不断改变室内设计的工作流程和业务模式，它不仅仅是一个工具，更是推动行业创新和提升价值的关键驱动力。

1. 常用 AIGC 绘图软件

AIGC绘图软件是指利用人工智能技术来辅助或增强绘图能力的软件。这些软件利用深度学习和机器学习算法来理解用户的指令、风格或者图像内容，并据此创造出新的图像、模拟特定的艺术风格或者自动完成图像编辑任务。比较常用的AIGC绘图软件如下。

（1）Midjourney（MJ）

Midjourney 是一个新的独立研究实验室，致力于探索人类和机器如何协作创造未来，并提供了一个同名的AI图像生成系统。用户可以通过简单的文字描述，即所谓的提示词（prompts）来指导AI生成独特的艺术作品。Midjourney 通常通过邀请制在Discord服务器上运行，用户可以在特定的频道发送命令，让AI创作出图像。

（2）Stable Diffusion（SD）

Stable Diffusion 是一个开源的AI图像合成模型，由Stability AI、EleutherAI以及其他合作者开发。它能够基于文本提示生成高分辨率的图像，并且开源特性使得它可以被广泛地用于各种应用程序。Stable Diffusion 因其易于访问和自定义而受到开发者和艺术家的青睐。

（3）DALL·E3

DALL·E3是由OpenAI开发的一个最先进的AI图像生成模型，它是DALL·E2的升级版。DALL·E3能够从文本描述中生成高质量、创意丰富的图像，并且在细节和真实感方面有显著的提升。它的名字来源于著名画家萨尔瓦多·达利（Salvador Dalí）和动画角色"WALL·E"。DALL·E3的能力不仅包括根据描述创造新图像，还能进行图像编辑，如添加、移除和修改图像中的元素。

这些AI绘图软件都利用了复杂的机器学习技术，特别是生成对抗网络（GANs）和变分自编码器（VAEs），创建出令人印象深刻的视觉作品。这些工具能够以全新的方式扩展创意边界，并在艺术和设计领域开辟新的可能性，故广受设计师和创意从业者的欢迎。随着AI技术的不断进步，我们可以期待更多创新的AI绘图软件出现在市场上。

2. 常用 AI 绘图方式

（1）文生图

在AI绘图领域，"文生图"是用来指导AI生成图像的文本描述。用户通过编写一系列文字，告诉AI他们想要生成什么样的图像。这些文本提示可以包含各种信息，例如场景描述、物体、风格、颜色等，帮助AI理解用户想要创造的内容。

例如，用户想要生成一张"宋代服装、服饰博物馆，展示空间设计"的图像，就可以给AI提供如下文本提示，如图1-33和图1-34所示。

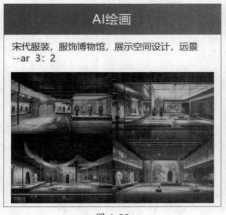

图 1-33   图 1-34

AIGC绘图模型，例如Midjourney、Stable Diffusion、DALL·E3，会分析这些文本提示，然后结合其训练数据，生成与描述相匹配的图像。值得注意的是，AIGC的生成过程是在概率性的基础上工作的，这意味着每次基于相同的文本提示生成的图像都可能有所不同。

"文生图"在AI绘图软件中是非常关键的，因为它直接影响AIGC生成图像的结果。用户需要学习如何有效地编写文本提示，以便让AIGC更准确地理解并实现他们的创意想法。随着用户对特定AIGC绘图模型的深入理解，他们可以通过精心设计的文本提示创作出更加精细和符合预期的艺术作品。

（2）图生图

"图生图"是建立在"文生图"的基础之上，除了上述"提示词"的撰写，可以搭配上传一些甲方认可的室内设计图片，AIGC分析这些图片后极大概率生成相似风格的设计方案，并快速、高效地生成多种方案，以供设计师与甲方交流、沟通，提高设计效率，节约设计成本。图1-35和图1-36所示便是在之前图片的基础上生成的场景方案。

图 1-35   图 1-36

AIGC与室内设计的结合为设计领域带来了革新性的变化。AIGC技术能够分析当前的设计趋势和用户偏好，生成个性化设计方案，加速创意过程，并提供快速原型制作。帮助设计师通过高效的自动化工具和先进的可视化技术，提升工作效率，同时，保障设计的精确性与可行性。然而，AIGC虽然强大，但它只能补充而非替代人类设计师的创造力和审美，两者的融合为打造更加人性化、更加富有创意的室内空间提供了无限可能。

AutoCAD

第 2 章

AutoCAD
软件入门基础

　　熟练使用AutoCAD软件是室内设计师必备的技能之一，该软件可以精准地绘制出各设计领域的方案图，以协助设计师提高制图效率。本章将介绍AutoCAD版本的新增功能、基本操作、命令的调用、系统选项的设置及图形文件的管理等知识。

2.1 了解AutoCAD软件

AutoCAD软件具有绘制二维图形、三维图形、标注图形、协同设计、图纸管理等功能，并被广泛应用于室内建筑、环境园林、机械电子、工程管道等领域，是目前工业设计领域中较为主流的绘图软件。

2.1.1 AutoCAD的工作界面

启动AutoCAD软件后，将会进入AutoCAD默认的"草图与注释"工作空间的界面，如图2-1所示。该界面主题色是经过设置的，默认为蓝黑色界面。

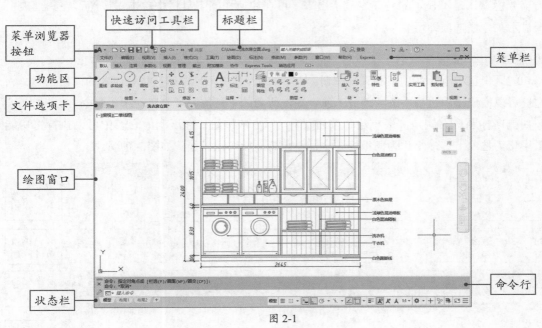

图 2-1

1. 菜单浏览器按钮

菜单浏览器按钮位于工作界面的左上角，单击该按钮可以打开快捷菜单。主要由新建、打开、保存、另存为、输入、输出、发布、打印、图形实用工具及关闭命令组成。选择所需命令选项，便会执行相应的操作。

2. 快速访问工具栏

快速访问工具栏位于标题栏左侧。右击该工具栏，会弹出一个快捷菜单。通过该快捷菜单可执行删除工具、添加分隔符、自定义快速访问工具栏等操作，如图2-2所示。单击工具栏右侧的 按钮，在打开的列表中显示了常用的工具选项，勾选相关工具选项，即可将其添加至快速访问工具栏中。

图 2-2

31

3. 标题栏

标题栏位于工作界面的最上方，由菜单浏览器按钮、快速访问工具栏、当前图形标题、搜索、登录、窗口控制等组成。右击标题栏，或按Alt+空格组合键，将弹出窗口控制菜单，从中可执行窗口的还原、移动、最小化、最大化、关闭等操作。

4. 菜单栏

菜单栏位于标题栏下方，包括文件、编辑、视图、插入、格式、工具、绘图、标注、修改、参数、窗口、帮助、Express扩展工具13个主菜单。用户只需在菜单栏中单击任意一个选项，即可在其下方打开与其相对应的功能列表。

菜单栏默认是不显示的，如需显示出来，可在快速访问工具栏中单击 ▼ 按钮，在其列表中选择显示菜单栏选项即可。

5. 功能区

功能区由选项卡、选项组和工具按钮3大类组成，其中工具按钮是代替命令的简便工具，利用它们可以完成绘图过程中的大部分工作，单击所需的工具按钮可以启动相关命令。

功能区标题最右侧是"最小化"按钮 ▲ ▼，单击该按钮，在展开的列表中可以执行将功能区最小化为选项卡、最小化为面板标题、最小化为面板按钮操作，如图2-3所示。

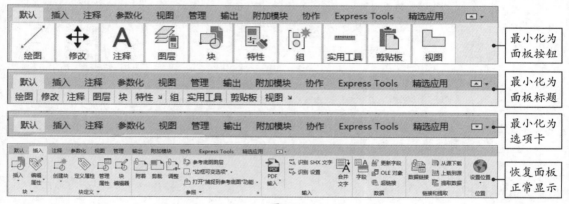

图 2-3

6. 文件选项卡

文件选项卡位于功能区下方，默认新建选项卡会以Drawing1*的形式显示。单击"新图形"按钮 + ，可快速创建一份空白文件，如图2-4所示。新文件的名字会命名为Drawing2*。右击该标签，在弹出的快捷菜单中可以选择新建、打开、保存、关闭等选项，如图2-5所示。

图 2-4

图 2-5

7. 绘图窗口

绘图窗口位于文件选项卡下方、命令行上方。它是用于绘图和编辑图形对象的主要窗口。在该窗口中除了显示当前的绘图对象外，还会显示当前使用的绘图坐标、十字光标、视图控件工具、三维视角切换工具，以及视图缩放工具栏功能命令，以辅助用户绘制图形，如图2-6所示。

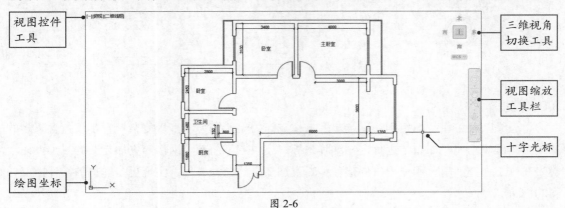

图 2-6

8. 命令行

命令行位于绘图窗口下方，它是通过键盘输入命令的方式来辅助用户绘图的。用户可以使用光标拖动命令行，使其处于浮动状态，也可以随意更改命令行的大小。

9. 状态栏

状态栏用于显示当前的状态。在状态栏的最左侧有"模式"和"布局"两个绘图模式，单击可进行模式的切换。状态栏包括显示光标的坐标轴、控制绘图的辅助功能按钮、控制图形状态的功能按钮等。

2.1.2　切换AutoCAD的工作空间

AutoCAD软件提供了三种工作空间，分别为"草图与注释""三维基础""三维建模"，其中"草图与注释"为默认工作空间。通过以下几种方法切换工作空间。

- 执行"工具"|"工作空间"命令，在其级联菜单中选择所需的空间类型即可。
- 单击快速访问工具栏的"工作空间"下拉按钮 草图与注释 。
- 单击状态栏右侧的"切换工作空间"按钮 。

1. 草图与注释

草图与注释工作空间是AutoCAD默认的工作空间，也是最常用的工作空间。主要用于绘制二维草图。该空间是以XY平面为基准的绘图空间，可以提供所有二维图形的绘制，并提供常用的绘图工具、图层、图形修改等各种功能面板，如图2-7所示。

图 2-7

2. 三维基础

三维基础工作空间主要是利用简单的三维命令来创建或编辑一些基础的三维实体。与三维建模空间相比，该工作空间的三维功能相对较少，如图2-8所示。

图 2-8

3. 三维建模

与三维基础工作空间相比，三维建模工作空间的功能较为丰富且复杂。它不仅包含更多的三维实体编辑功能，如布尔运算、三维阵列等，还引入了曲面、网格等更加复杂的三维操作功能。在该工作空间里，用户可以创建和编辑更加复杂的三维模型，实现更多样化的设计图，如图2-9所示。

图 2-9

📌 2.2 管理图形文件

图形文件的操作是进行高效绘图的基础，包括新建图形文件、打开已有的图形文件、保存图形文件和关闭图形文件等。在该软件的文件菜单和快捷工具栏中提供了以上管理图形文件所必需的操作工具。要提高设计效率，首先应当熟悉这些图形文件的操作方法。

2.2.1 新建与打开图形文件 ◄──────────────────►

启动AutoCAD软件后，系统默认会打开"开始"界面。在此可以新建图形文件、打开图形文件、打开图纸集、快速打开最近使用的文件等，如图2-10所示。

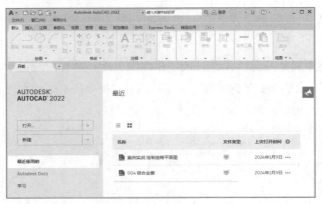

图 2-10

1. 新建文件

通过以下方法可新建文件。

- 单击"菜单浏览器"按钮，执行"新建"|"图形"命令。
- 在菜单栏中执行"文件"|"新建"命令，或按Ctrl+N组合键。
- 单击快速访问工具栏的"新建"按钮 📄。
- 在文件选项卡右侧单击"新图形"按钮。
- 在命令行输入NEW并按回车键。
- 在"开始"界面中选择"新建"选项。

执行以上任意一种操作后，会打开"选择样板"对话框，从文件列表中选择需要的样板，单击"打开"按钮即可创建新的图形文件。

2. 打开文件

通过以下几种方法打开图形文件。

- 单击"菜单浏览器"按钮，在弹出的列表中执行"打开"|"图形"命令，打开"选择文件"对话框，选择需要打开的图形文件。
- 在快速访问工具栏单击"打开"按钮 📂。
- 在菜单栏执行"文件"|"打开"命令，或按Ctrl+O组合键。
- 在命令行输入OPEN，按回车键。
- 按Ctrl+O组合键。
- 直接双击AutoCAD图形文件。
- 在"开始"界面选择"打开"选项。

在"选择文件"对话框中选择需要打开的文件，在对话框右侧的"预览"区可以预先查看所选择的图像，确认后单击"打开"按钮，如图2-11所示。

图 2-11

2.2.2 保存图形文件

绘制或编辑完图形后，要对文件进行保存操作，以避免因失误导致没有保存文件。用户可以直接保存文件，也可以执行另存为文件操作。

1. 保存新文件

首次进行文件保存时，可通过以下方法来操作。

- 单击"菜单浏览器"按钮，在弹出的菜单中执行"保存"|"图形"命令。
- 在菜单栏中执行"文件"|"保存"命令，或按Ctrl+S组合键。
- 单击快速访问工具栏的"保存"按钮。
- 在命令行输入SAVE并按回车键。
- 右击文件选项卡，在弹出的快捷菜单中选择"保存"选项。

执行以上任意一种操作后，将会打开"图形另存为"对话框，如图2-12所示。命名图形文件后单击"保存"按钮即可保存文件。

工程师点拨 首次保存时系统都会自动打开"图形另存为"对话框，以确定文件的保存位置和名称。进行第二、三次保存时，系统将自动保存并覆盖第一次所保存的文件。

图 2-12

2. 另存为文件

如果需要重新命名文件名称或者更改保存路径，就需要进行文件另存为操作。通过以下方法可以执行另存为文件操作。

- 单击"菜单浏览器"按钮，在弹出的列表中执行"另存为"|"图形"命令。
- 在菜单栏中执行"文件"|"另存为"命令。
- 单击快速访问工具栏的"另存为"按钮。
- 右击文件选项卡，在弹出的快捷菜单中选择"另存为"选项。

执行以上操作后同样会打开"图形另存为"对话框，在此设置文件保存路径或文件名，并根据需要设置文件保存的格式，单击"保存"按钮即可。

动手练 将图形文件存为低版本 ◀────────────────────────►

为了便于在早期版本中能够打开高版本的图形文件，在保存图形文件时，可以对其格式类型进行设置。如果是已经保存过的高版本图形文件，则可以将其另存为低版本格式。

步骤01 打开"三居室平面图"素材文件。

步骤02 执行"文件"|"另存为"命令，打开"图形另存为"对话框，设置文件存储路径，输入文件名。再打开"文件类型"下拉列表，从列表中选择"AutoCAD 2004/LT2004图形（*.dwg）"选项，如图2-13所示。

步骤03 设置完成后单击"保存"按钮，此时该文件即可在AutoCAD 2004及以上版本打开。

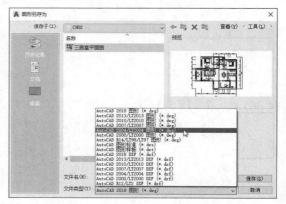

图 2-13

⊹2.3 绘图环境的设置

通常用户都是在系统默认的工作环境下进行绘图操作的。用户可以根据绘图习惯来对该默认环境进行修改设置，从而提高绘图效率。

2.3.1　设置绘图单位

默认情况下，AutoCAD的图形单位为十进制，主要用于显示尺寸参数。在菜单栏中选择"格式"选项，在其列表中选择"单位"选项即可打开"图形单位"对话框，在此可对"长度""角度"以及"插入时的缩放单位"的类型及精度参数进行设置。

通常用户只需将长度"类型"设置为"小数"，将"精度"设置为0，将"插入时的缩放单位"设置为"毫米"，其他均为默认即可。在该对话框中单击"方向"按钮可打开"方向控制"对话框，在此可设置"基准角度"参数，无特殊要求的话一般不用设置，如图2-14所示。

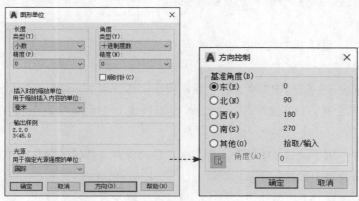

图 2-14

2.3.2　设置绘图界限

绘图界限又称为绘图范围，主要用于限定绘图工作区和图纸边界。这个界限是一个假想的矩形绘图区域，相当于用户选择的图纸大小。在实际绘图过程中，如果不做任何设置，系统对作图范围不进行限制。一旦设置了图形界限也就确定了可绘图的区域范围。

通过以下方法可以执行设置绘图界限操作。

● 在菜单栏中执行"格式"|"图形界限"命令。

● 在命令行输入LIMITS并按回车键。

命令行提示信息如下：

```
命令：'_limits
重新设置模型空间界限：
指定左下角点或 [开(ON)/关(OFF)] <1024,794>：0,0（以坐标原点为界限的起点，按回车键）
指定右上角点 <4110,2289>：420,297（输入图纸的长和宽，按回车键结束设置）
```

输入图纸尺寸时需注意，两个尺寸值之间需用英文逗号隔开。

2.3.3　设置系统配置

系统的默认设置往往不完全符合用户的绘图习惯，因此，要想绘制出规范的工程图样，绘图之前的系统参数设置是非常必要的。用户可通过以下方式对系统配置进行优化设置。

- 在菜单栏执行"工具"|"选项"命令。
- 单击"菜单浏览器"按钮，在弹出的列表中选择"选项"选项。
- 在命令行输入OP，再按回车键。
- 在绘图窗口中右击空白处，在弹出的快捷菜单中选择"选项"选项。

执行以上任意一种操作后，系统将打开"选项"对话框，在该对话框中设置所需要的系统配置，如图2-15所示。

下面对"选项"对话框中的各选项卡进行简单说明。

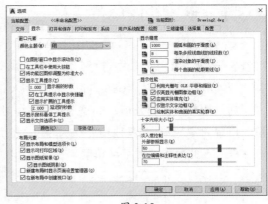

图 2-15

- **文件：**用于确定系统搜索支持文件、驱动程序文件、菜单文件和其他文件。
- **显示：**用于设置窗口元素、显示精度、显示性能、十字光标大小和参照编辑的颜色等参数。
- **打开和保存：**用于设置系统保存文件类型、自动保存文件的时间及维护日志等参数。
- **打印和发布：**用于设置打印输出设备。
- **系统：**用于设置三维图形的显示特性、定点设备以及常规等参数。
- **用户系统配置：**用于设置系统的相关选项，包括"Windows标准操作""插入比例""坐标数据输入的优先级""关联标注""超链接"等参数。
- **绘图：**用于设置绘图对象的相关操作，例如"自动捕捉""捕捉标记大小""AutoTrack设置"以及"靶框大小"等参数。
- **三维建模：**用于创建三维图形时的参数设置，例如"三维十字光标""三维对象""视口显示工具"以及"三维导航"等参数。
- **选择集：**用于设置与对象选项相关的特性，例如"拾取框大小""夹点尺寸""选择集模式""夹点颜色""选择集预览"以及"功能区选项"等参数。
- **配置：**用于设置系统配置文件的置为当前、添加到列表、重命名、删除、输入、输出以及配置等参数。

动手练 设置绘图比例

系统默认的比例是1∶1，如果需要对其比例值进行更改，可通过以下方法进行设置。

步骤01 单击状态栏右侧的"注释比例"下拉按钮，在打开的下拉列表中选择所需比例值，如图2-16所示。

步骤02 如果列表中没有合适的比例值，可选择"自定义"选项，打开"编辑图形比例"对话框，单击"添加"按钮，如图2-17所示。

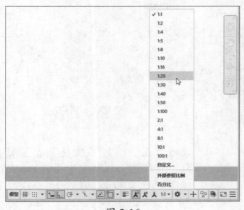

图 2-16　　　　　　　　　　　　　　　　　　　图 2-17

步骤 03 打开"添加比例"对话框，输入"比例名称"和"比例特性"数值，如图2-18所示。

步骤 04 单击"确定"按钮，返回"编辑图形比例"对话框，在此可以看到添加的比例值，如图2-19所示。

步骤 05 设置完成后，再单击"注释比例"下拉按钮，在打开的下拉列表中选择刚添加的比例值，如图2-20所示。

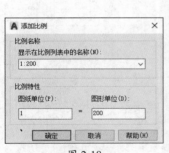

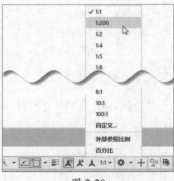

图 2-18　　　　　　　　　　图 2-19　　　　　　　　　　图 2-20

工程师点拨 在"编辑图形比例"对话框中选择不需要的比例值，单击"删除"按钮，可将其删除。如果需要对该比例值进行修改，可单击"编辑"按钮，在打开的"编辑比例"对话框中修改比例值。

2.4　命令执行方式

命令是AutoCAD中人机交互最重要的内容，在操作过程中有多种调用命令的方法，如通过命令行调用、通过功能区面板调用、通过菜单栏调用等。用户在绘图时，应根据实际情况选择最佳的执行方式，以提高工作效率。

2.4.1　命令行调用

对于精通AutoCAD软件的人来说，通过命令行调用命令的方式是最便捷的。在命令行中只需输入命令名，按回车键即可调用该命令。例如需要执行"直线"命令，只需输入LINE或者L（命令缩写），再按回车键。

命令行提示如下：

```
命令：L（输入"直线"命令名，按回车键）
LINE
指定第一个点：（在绘图区中指定线段的起点）
指定下一点或 [放弃 (U)]：（指定线段的端点，按回车键，结束"直线"命令）
指定下一点或 [退出 (E) / 放弃 (U)]：
```

在命令行中，无论是输入快捷命令、尺寸数字或其他字母，在输入完成后都需要按回车键或者空格键确认，否则输入的内容无效。

2.4.2 功能区面板调用

对于AutoCAD初学者来说，使用命令行会有些困难。那么可以在功能区中调用相关的命令。同样以调用"直线"命令来说，只需在功能区中的"默认"选项卡的"绘图"面板中单击"直线"命令按钮即可调用，如图2-21所示。

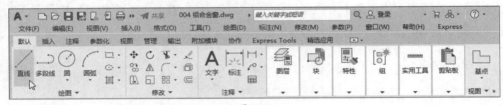

图 2-21

2.4.3 菜单栏调用

除以上两种方式外，用户还可以使用菜单栏进行命令的调用。在菜单栏中执行"绘图"|"直线"命令，同样也可调用该命令，如图2-22所示。

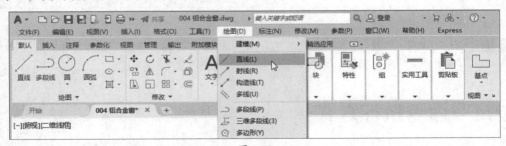

图 2-22

命令使用过程中，用户可以按Esc键终止当前命令操作。命令终止后，按空格键或者回车键，可重复执行上一次命令。

2.5 应用坐标系

AutoCAD软件是根据绘图坐标来确定图形位置的，所以掌握坐标系统的设置操作还是很有必要的。下面对坐标系的应用进行简单说明。

2.5.1 认识坐标

坐标（X轴、Y轴、Z轴）是表示点的基本方法。在AutoCAD中坐标系分为世界坐标（WCS）和用户坐标（UCS）。

1. 世界坐标

世界坐标（World Coordinate System，WCS）由三个垂直并相交的坐标轴（X轴、Y轴和Z轴）构成，一般显示在绘图窗口的左下角，如图2-23所示。在世界坐标中X轴和Y轴的交点就是坐标原点O（0,0），X轴正方向为水平向右，Y轴正方向为垂直向上，Z轴正方向为垂直于XOY平面，指向操作者。在二维平面状态下，Z轴是不可见的。世界坐标是一个固定不变的坐标系，其坐标原点和坐标轴方向都不会改变，它是软件默认的坐标体系。

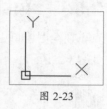

图 2-23

2. 用户坐标

相对于世界坐标，用户坐标则会灵活一些。它可根据需要创建无限多的坐标，以辅助绘图。在创建三维造型时，固定不变的世界坐标已经无法满足绘图需要，故而定义一个可以移动的用户坐标（User Coordinate System，UCS），用户可以在需要的位置设置原点和坐标轴的方向，便于绘图。

在默认情况下，用户坐标和世界坐标完全重合，但是用户坐标的图标少了原点处的小方格，如图2-24所示。

图 2-24

2.5.2 创建坐标

在绘图时经常需要通过输入坐标值来确定线条或图形的位置、大小和方向。用户可通过以下方法来输入新的坐标值。

1. 绝对坐标

绝对坐标又分为绝对直角坐标和绝对极坐标两种。绝对直角坐标是指相对于坐标原点的坐标，可以输入（X,Y）或（X,Y,Z）坐标来确定点在坐标系中的位置。如在命令行中输入（40,15,32），表示在X轴正方向距离原点40个单位，在Y轴正方向距离原点15个单位，在Z轴正方向距离原点32个单位。

绝对极坐标是通过坐标原点的距离和角度来定义点的位置。在输入极坐标时，距离和角度之间用"<"符号隔开。如在命令行中输入（15<30），表示该点距离原点15个单位，与X轴成30°角。在默认情况下，AutoCAD以逆时针旋转为正，顺时针旋转为负。

2. 相对坐标

相对坐标是指相对于上一个点的坐标，相对坐标以前一个点为参考点，用位移增量确定点的位置。在输入相对坐标时，要在坐标值的前面加上一个"@"符号。如上一个操作点的坐标是（20,15），输入（5,30），则表示该点的绝对直角坐标为（25,45）。

⊹2.6 快速选择图形

在进行图形编辑操作时，免不了要选择图形。AutoCAD软件有很多图形选择的方法，如单击选择、框选选择、快速批量选择等。

2.6.1 单击选择 ←————————————————————————————————————→

在绘图窗口中单击所需的图形，当被选图形呈蓝色亮显，并显示图形夹点时，即被选中，如图2-25所示。当然，也可连续单击多个图形进行多选，如图2-26所示。

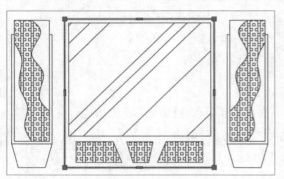 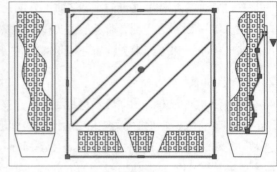

图 2-25　　　　　　　　　　　　　　　　　　　图 2-26

如果出现误选或多选，可按住Shift键，此时光标右上角会显示"-"图标，然后单击误选的图形即可取消选择状态。

2.6.2 框选选择 ←————————————————————————————————————→

除了逐个选择的方法外，还可以进行框选选择。框选的方法较为简单，在绘图区，按住鼠标左键，拖动光标，直到所选择图形对象已在虚线框内，放开鼠标左键，即可完成框选。

框选方法分为两种：从右至左框选和从左至右框选。当从右至左框选时，在图形中所有被框选到的对象以及与框选边界相交的对象都会被选中，如图2-27所示。

图 2-27

当从左至右框选时，所框选图形全部被选中，但与框选边界相交的图形不会被选中，如图2-28所示。

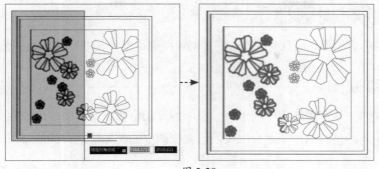

图 2-28

2.6.3 快速批量选择

当需要选择大量具有某些相同属性的图形
时，可利用"快速选择"功能进行选择，如选
择相同的颜色、线型、线宽等。在绘图窗口空
白处右击，在弹出的快捷菜单中选择"快速选
择"选项，可打开"快速选择"对话框进行快
速选择的设置，如图2-29所示。

图 2-29

动手练 快速选择墙体图形

下面使用"快速选择"命令快速选择两居室户型图中的墙体图形。

步骤 01 打开"两居室"素材文件，右击绘图窗口任意处，在弹出的快捷菜单中选择"快速
选择"选项，打开"快速选择"对话框，将"特性"设置为"图层"，将"值"设置为"墙
线"，其他选项为默认，如图2-30所示。

步骤 02 单击"确定"按钮，关闭对话框。此时，图形中所有门窗图形都已被选中，如图2-31
所示。

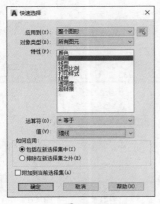

图 2-30

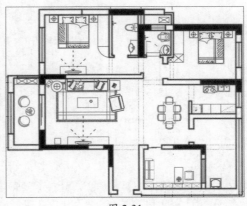

图 2-31

2.7 控制视图显示

在绘图过程中为了更好地观察视图，需要对视图进行平移、缩放、重画、重生成等操作。

2.7.1 平移视图

使用平移视图工具可重新定位图形在视图中的显示位置，以便于对图形的其他部分进行浏览或绘制。需注意的是，该命令不会改变图形在视图中的实际位置，仅改变当前绘图区中的显示位置。

用户可按住鼠标中键，此时光标会显示为"🖐"状，拖动光标即可执行平移视图操作，如图2-32所示。

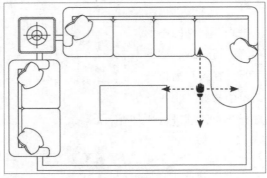

图 2-32

此外，用户还可通过以下方式进行平移操作。

● 在菜单栏执行"视图"|"平移"命令，在展开的列表中根据需要选择相应的平移命令。
● 在绘图区右侧导航栏中单击"平移"按钮🖐。
● 在命令行输入PAN，按回车键。

2.7.2 缩放视图

在绘制过程中若想放大视图，则向上滚动鼠标中键。若向下滚动鼠标中键，则为缩小视图。图2-33所示的是视图放大效果，图2-34所示的是视图缩小效果。

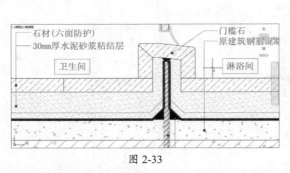

图 2-33

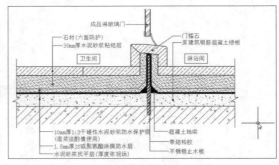

图 2-34

工程师点拨 放大或缩小视图后，想要将视图设置为自适应屏幕大小，只需双击鼠标中键，或在菜单栏中执行"视图"|"缩放"|"范围"命令。

此外，用户还可以通过缩放工具进行更加精确的操作。在绘图窗口右侧的视图显示工具栏中单击"范围缩放"下拉按钮，在打开的下拉列表中选择所需的缩放命令即可，如图2-35所示。

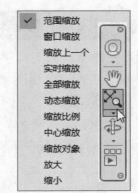

图 2-35

- **范围缩放**：缩放以显示图形范围并使所有对象最大化显示。
- **窗口缩放**：缩放显示由两个角点定义的矩形窗口框定的区域。
- **缩放上一个**：缩放显示上一个视图，最多可恢复前10个视图。
- **实时缩放**：利用定点设备，在逻辑范围内交互缩放。
- **全部缩放**：当前视口中缩放显示整个图形。
- **动态缩放**：缩放显示在视图框中的部分图形。
- **缩放比例**：以指定的比例因子缩放显示。
- **中心缩放**：缩放显示由中心点和放大比例所定义的窗口。高度值较小时增加放大比例，高度值较大时减小放大比例。
- **缩放对象**：尽可能大地显示一个或多个选定的对象并使其位于绘图区域的中心。
- **放大**：默认将图形按照比例因子为2的数值放大视图。
- **缩小**：默认将图形按照比例因子为2的数值缩小视图。

2.7.3　全屏显示

"全屏显示"功能将会隐藏功能区面板，将绘图窗口在整个桌面上进行平铺，这会使绘图窗口变得更加宽敞，如图2-36所示。对于大型图纸来说，该功能能够帮助使用者更加全面地观察图纸的整体布局。通过以下几种方式启用"全屏显示"功能。

- 在菜单栏执行"视图"|"全屏显示"命令即可进入全屏显示模式。
- 在状态栏单击"全屏显示"按钮■。
- 在命令行中输入CLEANSCREENON按回车键。
- 按Ctrl+0（数字0，非字母O）组合键即可。

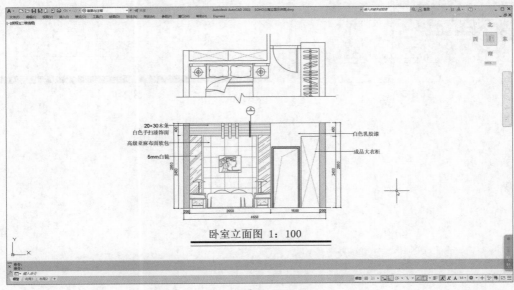

图 2-36

案例实战：将设计图纸保存为JPEG图片

绘制好图纸后，为了方便别人查看，可将图纸保存成其他格式，例如PDF、JPEG等。下面以居室平面优化图为例，将其保存为JPEG图片格式。

步骤01 打开"平面优化"素材文件，如图2-37所示。

步骤02 在命令行中输入JPGOUT，按回车键后打开"创建光栅文件"对话框，文件名保持默认，设置文件存储路径，如图2-38所示。

图 2-37

图 2-38

步骤03 设置完成后，单击"保存"按钮返回绘图窗口，框选图纸，如图2-39所示。

步骤04 按回车键即可完成JPEG图片的保存，图片效果如图2-40所示。

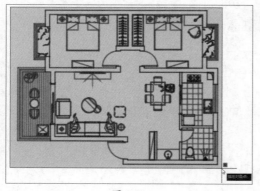

图 2-39

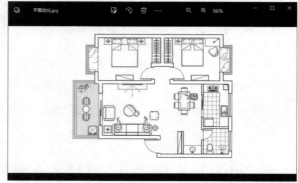

图 2-40

拓展练习

本章介绍了AutoCAD软件的基础入门知识。下面通过两个小练习来对所学的知识点进行巩固。

1.调整文件默认保存格式

将软件默认的保存格式调整为"AutoCAD 2004/LT2004图形（*.dwg）"格式，如图2-41所示。

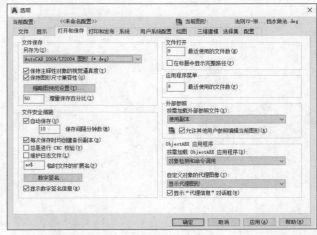

操作提示 打开"选项"对话框，在"打开和保存"选项卡中将"另存为"设置为"AutoCAD2004/LT2004图形（*.dwg）"即可。

图 2-41

2.调整十字光标的大小

将默认的十字光标的大小调整为30，如图2-42所示。

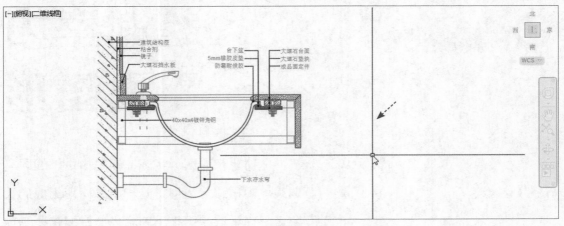

图 2-42

操作提示 打开"选项"对话框，在"显示"选项卡中将"十字光标大小"参数设置为30，单击"确定"按钮。

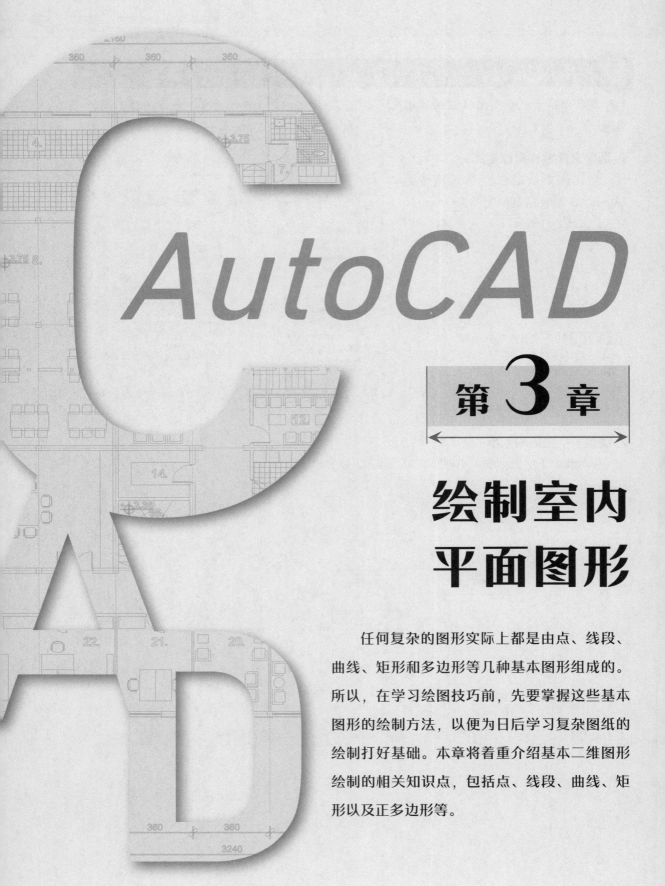

AutoCAD

第 3 章

绘制室内
平面图形

任何复杂的图形实际上都是由点、线段、
曲线、矩形和多边形等几种基本图形组成的。
所以，在学习绘图技巧前，先要掌握这些基本
图形的绘制方法，以便为日后学习复杂图纸的
绘制打好基础。本章将着重介绍基本二维图形
绘制的相关知识点，包括点、线段、曲线、矩
形以及正多边形等。

3.1 绘制点

点可用于捕捉图形的节点或参照点。在绘图过程中，用户可利用这些点并结合绘图工具来绘制出需要的图形。

3.1.1 设置点样式

默认绘制的点几乎是看不见的，只有使用捕捉工具才能捕捉到它。如果需要确定点的位置，那么可以通过"点样式"对话框设置点的样式。通过以下两种方式可打开"点样式"对话框。

● 在菜单栏执行"格式"|"点样式"命令。
● 在"默认"选项卡的"实用工具"面板中单击"点样式"按钮☑。

执行"点样式"命令后，可打开"点样式"对话框，在此选择点的样式以及设置点大小，如图3-1所示。

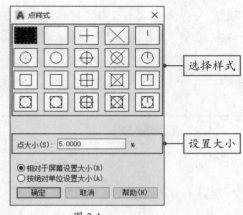

图 3-1

工程师点拨 在设置点大小时，如选中"相对于屏幕设置大小"单选按钮，则点的显示大小会随着视图窗口的缩放而改变；如选中"按绝对单位设置大小"单选按钮，则点的大小以实际单位的形式显示。

3.1.2 单点与多点

在AutoCAD中包括单点和多点两种类型，执行"单点"命令一次可以指定一个点，执行"多点"命令一次可以指定多个点，直到按Esc键结束操作为止。通过以下几种方式可调用"单点（或多点）"命令。

● 在菜单栏执行"绘图"|"点"|"单点（或多点）"命令。
● 在"默认"选项卡的"绘图"面板中，单击"多点"按钮⠂⠂。
● 在"绘图"工具栏中单击"点"按钮。

执行"单点（或多点）"命令后，在绘图窗口中指定点的位置即可，如图3-2所示。

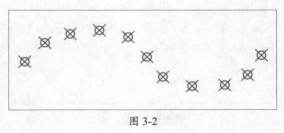

图 3-2

3.1.3 创建等分点

在实际绘图过程中，一般不会专门去绘制某个点，而是通过"定距等分"和"定数等分"两个命令自动生成点，以辅助绘图。

1. 定距等分

定距等分是从某一端点按照指定的距离划分的点。被等分的线段在不可以被整除的情况下，等分线段的最后一段要比之前的距离短。通过以下方式调用"定距等分"命令。

● 在菜单栏中执行"绘图"|"点"|"定距等分"命令。

● 在"默认"选型卡"绘图"面板中，单击"定距等分"按钮。

执行"定距等分"命令后，根据需要选择所需的线段，并输入等距长度值，按回车键即可，如图3-3所示。

命令行提示如下：

命令：_measure

选择要定距等分的对象：（选择需要等分的对象）

指定线段长度或 [块(B)]：400（输入等分距离）

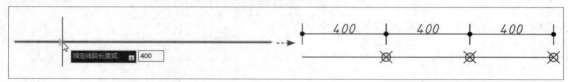

图 3-3

2. 定数等分

定数等分是指将线段按指定的数量进行等分，并创建等分点。通过以下几种方式调用"定数等分"命令。

● 在菜单栏执行"绘图"|"点"|"定数等分"命令。

● 在"默认"选项卡的"绘图"面板中，单击"定数等分"按钮。

● 在命令行输入DIV并按回车键。

执行"定数等分"命令后，根据命令行提示，先选择等分线段，再输入等分数即可，如图3-4所示。

命令行提示如下：

命令：_divide

选择要定数等分的对象：（选择需等分线段）

输入线段数目或 [块(B)]:4（输入等分数，按回车键）

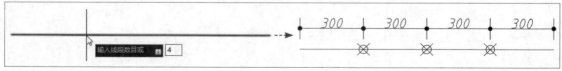

图 3-4

注意事项 使用"定距等分"命令时，如果线段的长度是等分值的倍数，那么该线段可实现等分；反之则无法实现真正的等分。此外，无论是用"定数等分"或"定距等分"命令进行操作，并非是将线段分成独立的几段，而是在相应的位置上创建等分点，以辅助其他图形的绘制。

3.2 绘制线段

线是图形中最基本的图形，许多复杂的图形都是由线组成的。根据用途不同可分为直线、射线、样条曲线等。下面对这些线型的绘制方式进行介绍。

3.2.1 直线

直线是最简单，也最常用的图形对象。它既可以作为独立的一条线段，也可以作为一组首尾相连的线段。通过以下方式可调用"直线"命令。

● 在菜单栏中执行"绘图"|"直线"命令。
● 在"默认"选项卡"绘图"面板中单击"直线"按钮。
● 在命令行输入L按回车键即可。

执行"直线"命令后，根据命令行的提示，指定线段的起点，移动光标并输入线段长度，按两次回车键即可完成该线段的绘制，如图3-5所示。

命令行提示如下：

```
命令：_line
指定第一个点：（指定线段的起点）
指定下一点或 [放弃(U)]：200（移动光标，输入线段长度，按回车键）
指定下一点或 [放弃(U)]：（按回车键，结束绘制）
```

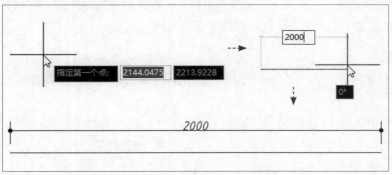

图 3-5

3.2.2 辅助线

辅助线指辅助绘图的参考线，例如射线、构造线等。其中射线是一端固定而另一端能够无限延伸的直线。它有起点无终点。构造线是两端无限延长的直线，没有起点和终点。

1. 射线

用户可以通过以下方式调用"射线"命令。

● 在菜单栏执行"绘图"|"射线"命令。
● 在"默认"选项卡的"绘图"面板中单击"射线"按钮。

执行"射线"命令后，先指定射线的起点，然后指定射线方向上的一点，即可绘制射线，如图3-6所示。

命令行提示如下：

```
命令：_ray 指定起点：（指定射线起点）
指定通过点：（指定射线方向上的一点）
```

2. 构造线

用户可以通过以下方式调用"构造线"命令。

● 在菜单栏执行"绘图"|"构造线"命令。

● 在"默认"选项卡的"绘图"面板中单击"构造线"按钮✍。

执行"构造线"命令后，先指定构造线位置，然后指定构造线方向上的一点，即可绘制构造线，如图3-7所示。

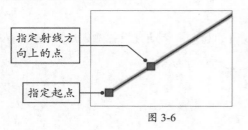

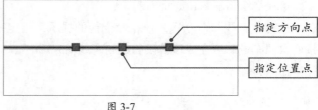

图 3-6   图 3-7

3.2.3 多段线 ←─────────────────────────→

多段线是由首尾相连的直线或圆弧曲线组成的，在直线和圆弧曲线之间可自由切换。用户可设置多段线的宽度，也可以在不同的线段中设置不同的线宽。

1. 绘制多段线

多段线具有多样性，它可在一条线段中显示不同的线宽。通过以下方式调用"多段线"命令。

● 在菜单栏中执行"绘图"|"多段线"命令。

● 在"默认"选项卡"绘图"面板中单击"多段线"按钮◻。

● 在命令行输入PL，并按回车键。

执行"多段线"命令，在绘图窗口中指定多段线的起点，移动光标，指定多段线下一点的位置，直到最后一点，按回车键即可完成这一组线段的绘制。

命令行提示如下：

```
命令：_pline
指定起点：
当前线宽为 0.0000
指定下一个点或 [圆弧 (A) / 半宽 (H) / 长度 (L) / 放弃 (U) / 宽度 (W)]：（下一点距离值，直到最后一点）
指定下一点或 [圆弧 (A) / 闭合 (C) / 半宽 (H) / 长度 (L) / 放弃 (U) / 宽度 (W)]：
```

直线和多段线都可以绘制首尾相连的线段。它们的区别在于，直线绘制的是独立的线段；多段线则可在直线和圆弧曲线之间切换，并且绘制的线段是一组完整的线段。图3-8所示的是多段线与直线绘制的图形对比效果。

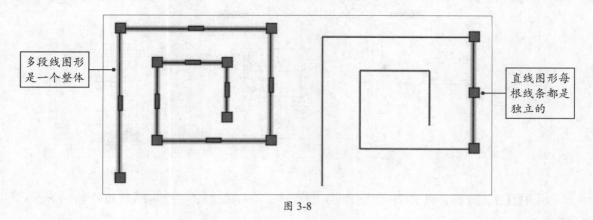

多段线图形
是一个整体

直线图形每
根线条都是
独立的

图 3-8

2. 编辑多段线

在绘制过程中可以通过闭合、打开、移动、添加或删除单个顶点等功能来对多段线进行编辑操作。通过以下方式可编辑多段线。

● 在菜单栏中执行"修改"|"对象"|"多段线"命令。
● 在"默认"选项卡的"修改"面板中单击"编辑多段线"按钮 。
● 双击多段线图形。

执行"编辑多段线"命令后，选择要编辑的多段线，会弹出多段线编辑列表，在此根据需要选择编辑的选项即可。例如，选择"宽度"选项后，用户输入新的多段线宽度，即可更改当前多段线的线宽，如图3-9所示。此外，在该列表中使用"合并"命令可将多条直线合并成一条多段线。

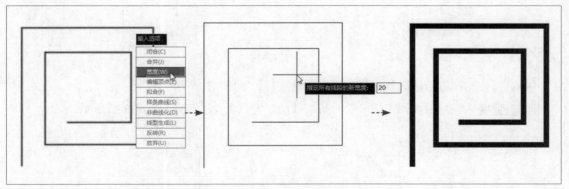

图 3-9

动手练 绘制图形折断符号

下面通过"多段线"命令为立柱添加折断符号。

步骤 01 打开"立柱"素材文件。执行"多段线"命令，指定多段线的起点，向下移动光标，输入线段长度为1200mm，如图3-10所示。

步骤 02 按回车键，向左移动光标，输入线段长度为240mm，并按回车键，如图3-11所示。

步骤 03 按F8键，关闭正交模式。向左移动光标，并绘制长度为400mm的线段，如图3-12所示。

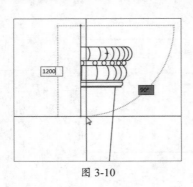 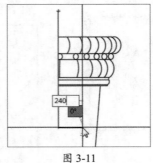 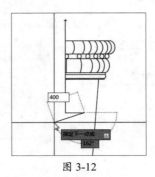

图 3-10　　　　　　　　　图 3-11　　　　　　　　　图 3-12

步骤 04 按回车键，再次按F8键，开启正交模式。向右移动光标，并输入线段长度为140mm，如图3-13所示。

步骤 05 按回车键后，将光标向下移动，直到结束，再次按回车键，完成该折断线的绘制，如图3-14所示。

步骤 06 双击绘制完成的折断线，在打开的快捷列表中选择"宽度"选项，如图3-15所示。

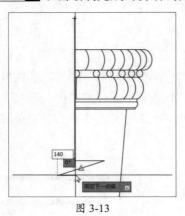 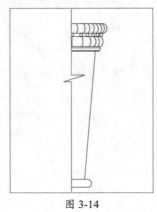 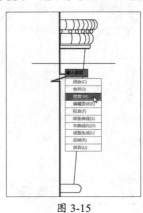

图 3-13　　　　　　　　　图 3-14　　　　　　　　　图 3-15

步骤 07 按回车键后输入新宽度值，这里输入15，如图3-16所示。

步骤 08 输入完成后按回车键。这时折断线的线宽已发生了变化，如图3-17所示。

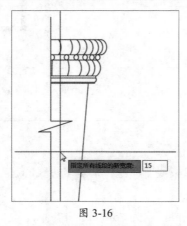 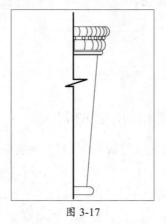

图 3-16　　　　　　　　　　　图 3-17

工程师点拨 在多段线绘制过程中，如果需要改变线段的线型，可在命令行中选择相应的线型。例如将直线改变成弧线，只需在命令行中输入A，按回车键，即可改变当前线型。

3.2.4 多线

多线是一种由多条平行线组成的图形对象，可以由1～16条平行线组成，平行线之间的距离也是可以设置的。多线在工程设计中的应用非常广泛，如建筑平面图中的墙体、规划设计图纸中的道路以及管道工程图纸中的管道剖面等。

1. 设置多线样式

多线样式需通过"多线样式"对话框进行设置。系统默认的多线样式为STANDARD样式，由两条直线组成。单击"修改"按钮可对默认的样式进行修改，单击"新建"按钮可根据需要重新创建样式，如图3-18所示。用户可在菜单栏中执行"格式"|"多线样式"命令，打开"多线样式"对话框。

图 3-18

系统默认的平行线间距为0.5和-0.5，用户可对其进行设置。在"图元"选项组中选择0.5参数后，在"偏移"方框中输入所需值，例如输入120。再选择-0.5，并在"偏移"方框中输入-120即可，如图3-19所示。如果要添加其他平行线，可单击"添加"按钮进行添加。

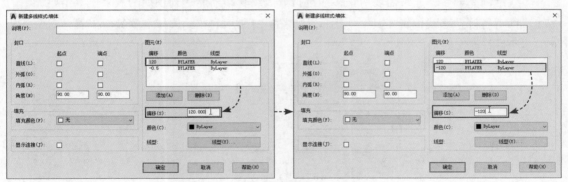

图 3-19

设置完成后，单击"确定"按钮，返回上一层对话框，单击"置为当前"按钮，将其样式设置为当前使用样式。

2. 绘制多线

多线样式创建完成后，接下来可使用多线命令绘制图形。通过以下方式调用"多线"命令。

- 在菜单栏执行"绘图"|"多线"命令。
- 在命令行输入ML并按回车键。

执行"多线"命令后，根据命令行中的提示，设置好多线的对正方向、比例参数。然后指定多线的起点来绘制多线，如图3-20所示。

命令行提示如下：

```
命令：_mline 当前设置：对正 = 上，比例 = 1.00，样式 = 墙体
指定起点或 [对正(J)/比例(S)/样式(ST)]：  J（选择多线对齐方式）
输入对正类型 [上(T)/无(Z)/下(B)] <上>：  Z（选择"无"）
当前设置：对正 = 无，比例 = 1.00，样式 = 墙体
指定起点或 [对正(J)/比例(S)/样式(ST)]：（指定多线的起点）
指定下一点：（移动光标，绘制多线）
指定下一点或 [放弃(U)]：（按回车键，结束绘制）
```

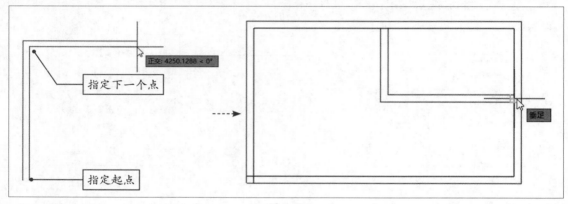

图 3-20

3. 编辑多线

多线绘制完毕后，通常需要对该多线进行修改编辑，才能达到预期的效果。双击要编辑的多线，即可打开"多线编辑工具"对话框，如图3-21所示。在此选择一款编辑工具，对两条相交的多线进行编辑即可。

图 3-21

56

动手练 绘制室内平面墙体图

下面使用多线命令绘制平面户型图，具体操作如下。

步骤01 打开"轴网"素材文件，如图3-22所示。

步骤02 执行"多线样式"命令，打开"多线样式"对话框。单击"新建"按钮，打开"创建新的多线样式"对话框，输入"新样式名"为"墙体"，如图3-23所示。

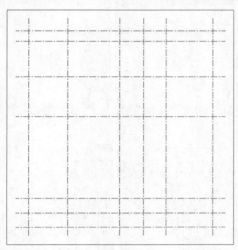

图 3-22

图 3-23

步骤03 打开"新建多线样式"对话框，勾选"封口"选项组中的"起点"和"端点"复选框，并在"图元"选项组设置"偏移"参数，如图3-24所示。

步骤04 单击"确定"按钮关闭对话框，返回"多线样式"对话框。将"墙体"多线样式置为当前，如图3-25所示。

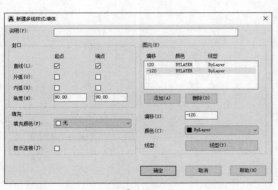

图 3-24

图 3-25

步骤05 执行"多线"命令，在指定多线起点之前，先输入j，如图3-26所示。

步骤06 按回车键后根据动态提示选择"无"对正类型，如图3-27所示。

步骤07 继续输入s，按回车键后根据动态提示输入多线比例数值1，如图3-28所示。

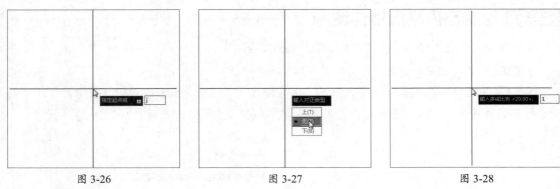

图 3-26　　　　　　　　　　图 3-27　　　　　　　　　　图 3-28

步骤 08 捕捉轴线起点，并沿着轴线绘制主墙体，如图3-29所示。

步骤 09 继续执行"多线"命令，将其比例设置为0.5，其他参数不变，绘制隔墙墙体，如图3-30所示。

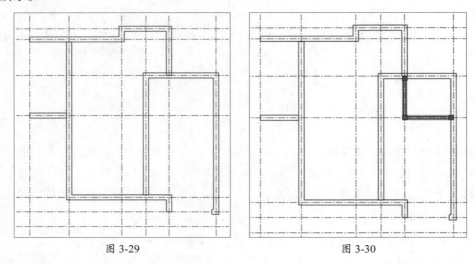

图 3-29　　　　　　　　　　　　　　　　图 3-30

步骤 10 双击多线，打开"多线编辑工具"对话框。选择"T形打开"工具后，分别选择两条相交的墙线，对其进行修改，如图3-31所示。

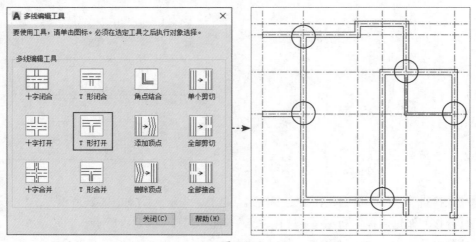

图 3-31

3.3 绘制矩形与多边形

矩形和多边形是基本的几何图形，其中多边形包括三角形、四边形、五边形和其他多边形等。

3.3.1 矩形

矩形就是通常说的长方形，分为普通矩形、倒角矩形和圆角矩形。在使用该命令时，用户可指定矩形的两个对角点来确定矩形的大小和位置，也可指定矩形的长和宽来确定矩形。通过以下几种方式调用"矩形"命令。

● 在菜单栏执行"绘图"|"矩形"命令。
● 在"默认"选项卡"绘图"面板中单击"矩形"按钮▱。
● 在命令行中输入REC并按回车键。

1. 普通矩形

执行"矩形"命令，根据命令行提示，指定矩形一个对角点后，在命令行中输入D，按回车键，指定矩形的长度和宽度，按回车键，单击即可。图3-32所示的是200mm×300mm的矩形。

命令行提示如下：

```
命令：_rectang
指定第一个角点或 [倒角(C)/标高(E)/圆角(F)/厚度(T)/宽度(W)]：(指定矩形起点)
指定另一个角点或 [面积(A)/尺寸(D)/旋转(R)]：d(选择"尺寸"选项)
指定矩形的长度 <800.0000>:300(输入长度值)
指定矩形的宽度 <300.0000>: 200(输入宽度值)
指定另一个角点或 [面积(A)/尺寸(D)/旋转(R)]：(单击任意点即可)
```

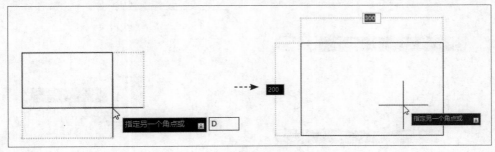

图 3-32

2. 圆角矩形

执行"矩形"命令后根据提示输入F，将圆角半径设置为100，然后指定矩形的长、宽值即可完成圆角矩形的绘制，如图3-33所示。

命令行提示如下：

```
命令：_rectang
指定第一个角点或 [倒角(C)/标高(E)/圆角(F)/厚度(T)/宽度(W)]：f(选择"圆角"选项)
指定矩形的圆角半径 <0.0000>: 30(设置圆角半径值)
```

指定第一个角点或 [倒角(C)/标高(E)/圆角(F)/厚度(T)/宽度(W)]：（指定矩形起点）
指定另一个角点或 [面积(A)/尺寸(D)/旋转(R)]：（指定矩形对角点）

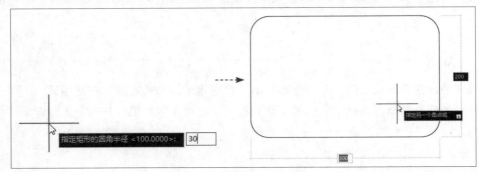

图 3-33

3. 倒角矩形

执行"矩形"命令后，先在命令行中输入C，设定两个倒角距离值，然后指定矩形的长度和宽度，单击即可绘制倒角矩形，如图3-34所示。

命令行提示如下：

```
命令：_rectang
当前矩形模式： 倒角=80.0000 x 60.0000
指定第一个角点或 [倒角(C)/标高(E)/圆角(F)/厚度(T)/宽度(W)]：c（选择"倒角"选项）
指定矩形的第一个倒角距离 <80.0000>：80（输入两个倒角距离）
指定矩形的第二个倒角距离 <60.0000>：80
指定第一个角点或 [倒角(C)/标高(E)/圆角(F)/厚度(T)/宽度(W)]：（指定矩形起点）
指定另一个角点或 [面积(A)/尺寸(D)/旋转(R)]：（指定矩形对角点）
```

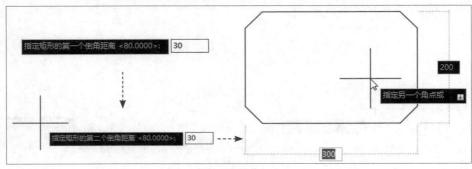

图 3-34

3.3.2 多边形 ←━━━━━━━━━━━━━━━━━━━→

多边形是指三条或三条以上长度相等的线段组成的闭合图形。默认情况下，多边形的边数为4。多边形分内接圆和外接圆，内接圆是多边形在一个虚构的圆内，外接圆是多边形在一个虚构的圆外。通过以下方式可调用"多边形"命令。

● 在菜单栏中执行"绘图"|"多边形"命令。

● 在"默认"选项卡"绘图"面板中单击"矩形"下拉按钮□·，在打开的下拉列表中单击
"多边形"按钮◇。

1. 内接于圆

执行"多边形"命令后，根据命令行的提示设置多边形的边数、内切和半径。设置完成后的效果如图3-35所示。

命令行提示如下：

命令：_polygon 输入侧面数 <4>：5（输入边数值）
指定正多边形的中心点或 [边(E)]：（执行圆心点）
输入选项 [内接于圆(I)/外切于圆(C)] <I>：I（选择"内接于圆"选项）
指定圆的半径：300（输入内接于圆半径值，按回车键）

2. 外切于圆

多边形外切于圆的绘制方法与绘制内接于圆相似，只是在选择"输入选项"时，选择"外切于圆"选项即可，如图3-36所示。

命令行提示如下：

命令：_polygon 输入侧面数 <4>：5（输入边数值）
指定正多边形的中心点或 [边(E)]：（执行圆心点）
输入选项 [内接于圆(I)/外切于圆(C)] <I>：C（选择"外切于圆"选项）
指定圆的半径：300（输入内接于圆半径值，按回车键）

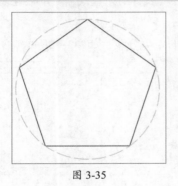
图 3-35

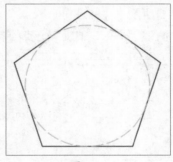
图 3-36

动手练 绘制橱柜立面图 ←————————————————————————————→

下面使用直线、定数等分和矩形命令绘制橱柜图形。

步骤01 执行"直线"命令，绘制长为2000mm、宽为800mm的长方形，如图3-37所示。

步骤02 执行"偏移"命令，将上边线向下偏移40mm的距离，如图3-38所示。

偏移的命令行提示如下：

命令：_offset
当前设置：删除源=否 图层=源 OFFSETGAPTYPE=0
指定偏移距离或 [通过(T)/删除(E)/图层(L)] <通过>：40（输入偏移距离，按回车键）
选择要偏移的对象，或 [退出(E)/放弃(U)] <退出>：（选择长方形上边线）

指定要偏移的那一侧上的点，或 [退出(E)/多个(M)/放弃(U)] <退出>：（向下移动光标并单击）
选择要偏移的对象，或 [退出(E)/放弃(U)] <退出>：*取消*

图 3-37

图 3-38

步骤03 执行"定数等分"命令，选择要等分的边线，如图3-39所示。

步骤04 选择边线后再根据提示输入等分线段数目4，如图3-40所示。

图 3-39

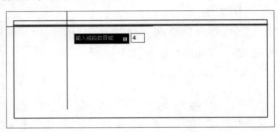

图 3-40

步骤05 按回车键后即可完成定数等分操作。可以看到该直线上自动创建了三个点，将直线等分为4份，如图3-41所示。

步骤06 执行"直线"命令，捕捉等分点绘制3条等分线，如图3-42所示。

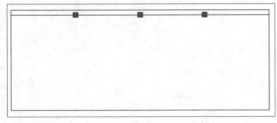

图 3-41

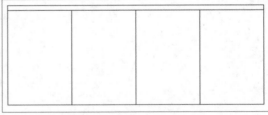

图 3-42

步骤07 执行"多段线"命令捕捉等分线的两侧端点，绘制门板装饰斜线，如图3-43所示。

步骤08 执行"矩形"命令，绘制长为120mm、宽为25mm的矩形作为柜门拉手。执行"复制"命令，将其复制到其他柜门上，如图3-44所示。

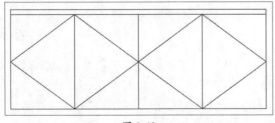

图 3-43

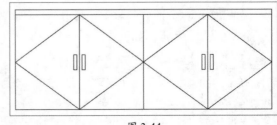

图 3-44

3.4 绘制曲线

曲线的类型有很多，其中圆、圆弧、样条曲线、修订云线这4种曲线较为常用。下面对这些曲线的绘制方法进行介绍。

3.4.1 圆

在AutoCAD中绘制圆的方法有很多种，比较常用的是通过制定圆形半径来绘制圆。通过以下方式调用"圆"命令。

- 在菜单栏中执行"绘图"|"圆"命令的子命令。
- 在"默认"选项卡"绘图"面板中单击"圆"按钮⊙，通过单击下拉按钮▾，在打开的下拉列表中选择绘制圆的方式。
- 在命令行输入C并按回车键。

执行"圆"命令后，根据命令行提示，指定圆心点和半径距离即可绘制圆，如图3-45所示。

命令行提示如下：

```
命令：_circle
指定圆的圆心或 [三点(3P)/两点(2P)/切点、切点、半径(T)]：(指定圆心点)
指定圆的半径或 [直径(D)]：200 (输入半径参数)
```

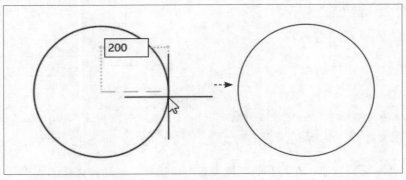

图 3-45

单击"圆"下拉按钮，在打开的下拉列表中可选择其他几种圆的创建方式，如图3-46所示。

- **圆心、半径/直径**：圆心、半径方式是先确定圆心，然后输入半径或者直径值即可。
- **两点/三点**：在绘图区随意指定两点或三点或者捕捉图形的点即可绘制圆。
- **相切、相切、半径**：选择图形对象的两个相切点，再输入半径值即可绘制圆。
- **相切、相切、相切**：选择图形对象的三个相切点，即可绘制一个与图形相切的圆。

图 3-46

3.4.2 圆弧

绘制圆弧的方法也有很多种。默认情况下，绘制圆弧需要指定三点：圆弧的起点、圆弧上的点和圆弧的端点。用户可以通过以下方式调用"圆弧"命令。

- 在菜单栏中执行"绘图"|"圆弧"命令。
- 在"默认"选项卡"绘图"面板中单击"圆弧"按钮，通过单击下拉按钮▼，在打开的下拉列表中选择绘制圆弧的方式。
- 在命令行输入A并按回车键。

执行"圆弧"命令后，根据命令行中的提示，指定圆弧的三个点即可绘制一段圆弧，如图3-47所示。

命令行提示如下：

```
命令：_arc
指定圆弧的起点或 [圆心(C)]：（指定起点）
指定圆弧的第二个点或 [圆心(C)/端点(E)]：（指定第2个点）
指定圆弧的端点：（指定终点）
```

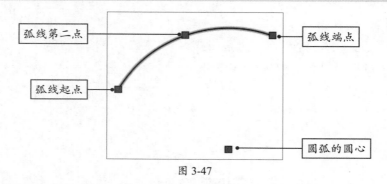

图 3-47

注意事项 圆弧的方向有顺时针和逆时针之分。默认情况下，系统按逆时针方向绘制圆弧。因此，在绘制圆弧时一定要注意圆弧起点和端点的相对位置，否则有可能导致所绘制的圆弧与预期圆弧的方向相反。

单击"圆弧"下拉按钮，在打开的下拉列表中可选择其他几种弧线的创建方式，如图3-48所示。

- **三点**：通过指定三个点来创建一段圆弧曲线。第一个点为圆弧的起点，第二个点为圆弧上的点，第三个点为圆弧的端点。
- **起点、圆心命令组**：指定圆弧的起点和圆心后，再根据需要指定圆弧的端点、角度和弦长。在输入角度值时，若当前环境设置的角度方向为逆时针方向，且输入的角度值为正，则从起始点绕圆心沿逆时针方向绘制圆弧；若输入的角度值为负，则沿顺时针方向绘制圆弧。此外，指定的弦长不能超过起点到圆心距离的两倍。如果弦长的值为负，则该值的绝对值将作为对应整圆的空缺部分圆弧的弦长。
- **起点、端点命令组**：指定圆弧的起点和端点后，再根据需要指定圆弧的角度、方向和半径来绘制。

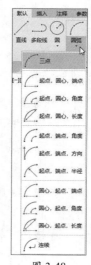

图 3-48

- **圆心、起点命令组：** 指定圆弧的圆心和起点后，再根据需要指定圆弧的端点、角度或长度即可绘制。
- **连续：** 使用该方法绘制的圆弧将与最后一个创建的对象相切。

3.4.3 椭圆

椭圆有长半轴和短半轴之分，长半轴与短半轴的值决定了椭圆曲线的形状，用户通过设置椭圆的起始角度和终止角度可以绘制椭圆。通过以下方式可调用"椭圆"命令。

- 在菜单栏执行"绘图"|"椭圆"命令，在展开的三级菜单中可选择需要的绘制方式。
- 在"默认"选项卡"绘图"面板中单击"椭圆"下拉按钮，在打开的下拉列表中可根据需要选择绘制椭圆的方式。

执行"椭圆"命令后，根据命令行中的提示，先指定椭圆的中心点，然后移动光标分别指定长半轴和短半轴的长度值，按回车键即可，如图3-49所示。

命令行提示信息如下：

```
命令：_ellipse
指定椭圆的轴端点或 [圆弧(A)/中心点(C)]：_C
指定椭圆的中心点：（指定中心点位置）
指定轴的端点：500（移动光标，指定长半轴长度值，按回车键）
指定另一条半轴长度或 [旋转(R)]：300（移动光标，指定短半轴长度值，按回车键）
```

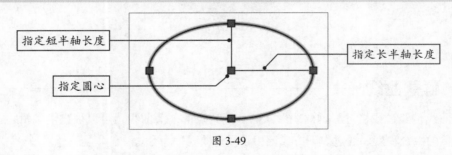

图 3-49

AutoCAD为用户提供了3种绘制椭圆的方法，分别为"圆心""轴、端点"和"椭圆弧"，其中"圆心"方式为系统默认的绘制椭圆的方式。

- **圆心：** 该模式是指定一个点作为椭圆曲线的圆心点，然后分别指定椭圆曲线的长半轴长度和短半轴长度。
- **轴、端点：** 该模式是指定一个点作为椭圆曲线半轴的起点，指定第二个点为长半轴（或短半轴）的端点，指定第三个点为短半轴（或长半轴）的半径点。
- **椭圆弧：** 该模式的创建方法与轴、端点的创建方式相似。使用该方法创建的椭圆可以是完整的椭圆，也可以是其中的一段圆弧。

3.4.4 圆环

圆环是由两个圆心相同、半径不同的圆组成的，分为填充环和实体填充圆，也可将其看作带有宽度的闭合多段线。通过以下方式调用"圆环"命令。

- 从菜单栏执行"绘图"|"圆环"命令。
- 在"默认"选项卡的"绘图"面板中单击"圆环"按钮◎。
- 在命令行输入DONUT，然后按回车键。

执行"圆环"命令，先指定圆环的内径和外径参数，然后在绘图窗口中指定中心点即可，如图3-50所示。

命令行提示如下：

```
命令：_donut
指定圆环的内径<0.5000>：指定第二点：200（指定内径）
指定圆环的外径<1.0000>：300（指定外径）
指定圆环的中心点或<退出>：（指定中心点）
指定圆环的中心点或<退出>：
```

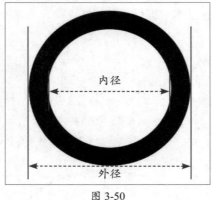

图 3-50

3.4.5 样条曲线

样条曲线是经过或接近影响曲线形状的一系列点的平滑曲线，可以被自由编辑，也可以控制曲线与点的拟合程度。通过以下方式调用"样条曲线"命令。

- 在菜单栏中执行"绘图"|"样条曲线"|"拟合点"（或"控制点"）命令。
- 在"默认"选项卡"绘图"面板中单击"样条曲线拟合"按钮或"样条曲线控制点"按钮。

执行"样条曲线拟合"命令后，在绘图窗口中指定线段的起点，然后依次指定下一点，直到结束，按回车键完成操作。

命令行提示如下：

```
命令：_SPLINE
当前设置：方式=拟合    节点=弦
指定第一个点或［方式(M)/节点(K)/对象(O)］：_M
输入样条曲线创建方式［拟合(F)/控制点(CV)］<拟合>：_FIT
当前设置：方式=拟合    节点=弦
指定第一个点或［方式(M)/节点(K)/对象(O)］：（指定起点）
输入下一个点或［起点切向(T)/公差(L)］：（指定下一点，直到结束）
```

输入下一个点或［端点相切(T)/公差(L)/放弃(U)］：（按回车键，完成绘制）

输入下一个点或［端点相切(T)/公差(L)/放弃(U)/闭合(C)］：

样条曲线分为样条曲线拟合和样条曲线控制点两种方式，图3-51所示为拟合绘制的曲线，图3-52所示为控制点绘制的曲线。

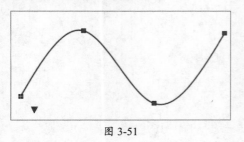

图 3-51

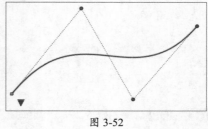

图 3-52

3.4.6　修订云线

修订云线是一类特殊的线条，它是由连续圆弧组合成的多段线，其形状类似云朵。主要用于突出显示图样中已修改的部分，其组成参数包括多个控制点、最大弧长和最小弧长。通过以下几种方式调用"修订云线"命令。

● 在菜单栏执行"绘图"|"修订云线"命令。

● 在"默认"选项卡"绘图"面板中单击"修订云线"下拉按钮 ▼ ，在打开的下拉列表中可根据需要选择绘制修订云线的类型。

执行"修订云线"命令，指定云线的起点后，依次指定下一点的位置即可。图3-53所示为多边形修订云线效果。

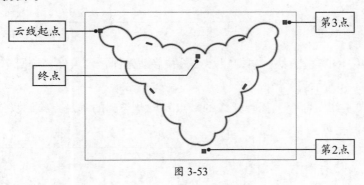

图 3-53

动手练 绘制吧凳图形

下面使用"圆""圆弧""直线"等命令绘制吧凳平面图。

步骤 01 执行"圆"命令，绘制半径为450mm的圆形。继续执行"圆"命令，捕捉圆心，再绘制一个半径为465mm的圆形，如图3-54所示。

步骤 02 执行"圆弧（起点、圆心、端点）"命令，捕捉大圆左侧象限点，并向左沿着虚线移动光标，输入50，按回车键，确定圆弧的起点，如图3-55所示。

步骤 03 捕捉圆心点，如图3-56所示。

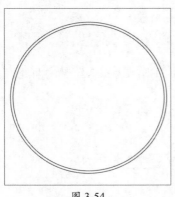
图 3-54

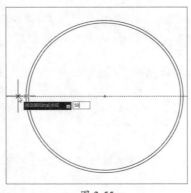
图 3-55

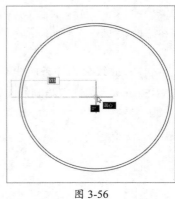
图 3-56

步骤 04 移动光标，输入15，确定圆弧端点，如图3-57所示。

步骤 05 按回车键，完成圆弧的绘制，如图3-58所示。

步骤 06 继续执行"圆弧（起点、圆心、端点）"命令，捕捉圆弧的起点，再向左沿着虚线移动光标，输入20，确定第2条弧线的起点，如图3-59所示。

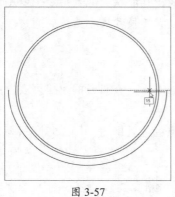
图 3-57

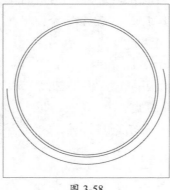
图 3-58

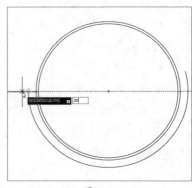
图 3-59

步骤 07 按照以上同样的方法，捕捉圆心点，并移动光标，输入15，按回车键，完成第2条弧线的绘制，如图3-60所示。

步骤 08 执行"直线"命令，捕捉弧线的端点，以及与圆的垂足点绘制直线，如图3-61所示。至此，吧凳绘制完成。

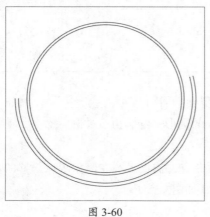
图 3-60

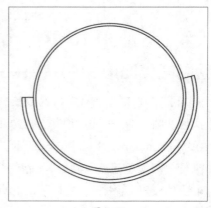
图 3-61

3.5 精准捕捉图形

为了保证绘图的准确性，用户可以利用状态栏中的栅格显示、捕捉模式、极轴追踪、对象捕捉、正交模式等辅助工具来精确绘图。

3.5.1 栅格与捕捉

栅格是指在屏幕上按指定行间距、列间距排列的栅格点。利用栅格可以对齐图形，并可以直观地显示图形之间的距离。栅格只在屏幕上显示，打印时栅格是不会被打印出来的。

1. 显示 / 隐藏栅格

新建图形文件后，栅格会默认显示出来。如果不需要栅格，可按F7键或单击状态栏中的"显示图形栅格"按钮■将其关闭，如图3-62所示。

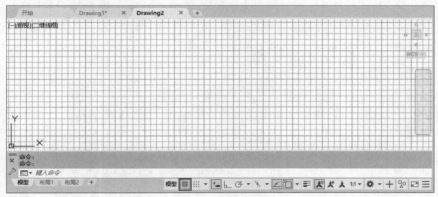

图 3-62

2. 栅格捕捉

在绘图屏幕上的栅格点对光标有吸附作用，开启栅格捕捉后，栅格点即能够捕捉光标，使光标只能按指定的步距移动。通过以下方法可开启栅格捕捉。

● 在菜单栏执行"工具"|"绘图设置"命令。

● 在状态栏单击"捕捉模式"按钮■开启捕捉模式，并单击右侧的扩展按钮，在打开的列表中选择"栅格捕捉"选项。

● 按Ctrl+B组合键或按F3键。

● 在"草图设置"对话框中勾选"启用捕捉"复选框。

在状态栏中右击"捕捉模式"按钮，在弹出的快捷菜单中选择"捕捉设置"选项，可打开"草图设置"对话框。在"捕捉和栅格"选项卡中用户可对"捕捉间距"参数和"栅格间距"参数进行设置，如图3-63所示。

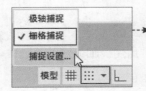

图 3-63

3.5.2 对象捕捉

在绘图过程中经常要指定一些对象上已有的点，例如端点、中心、圆心以及交点等。如果只凭肉眼观察来拾取，不可能非常准确地找到这些点。用户利用"对象捕捉"功能则可以迅速、准确地捕捉到这些特殊点，从而精确地绘制图形。

在执行自动捕捉操作前，需要设置对象的捕捉点。光标经过这些设置过的特殊点时，就会自动捕捉这些点。

对象捕捉分为自动捕捉和临时捕捉两种。临时捕捉主要通过"对象捕捉"工具栏来实现。执行"工具"|"工具栏"|"AutoCAD"|"对象捕捉"命令，打开"对象捕捉"工具栏，如图3-64所示。

图 3-64

通过以下方法可以打开或关闭对象捕捉模式。

- 单击状态栏中的"对象捕捉"按钮□。
- 按F3键进行切换。

开启对象捕捉模式后，根据需要选择所需的捕捉模式，如图3-65所示。此外，在"草图设置"对话框的"对象捕捉"选项卡中也可进行相应的选择，如图3-66所示。

图 3-65

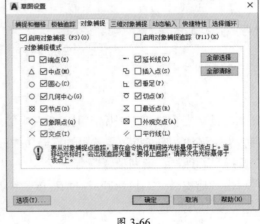

图 3-66

3.5.3 极轴追踪与正交

当绘制斜线时，一般需要通过指定的倾斜角度来绘制。这时如果按部就班地通过输入坐标值的方法来绘制，就会很麻烦。当遇到这类问题时，可以利用极轴追踪功能来解决。用户可通过以下方式来启用极轴追踪。

- 在状态栏单击"极轴追踪"按钮⟨⟩。
- 打开"草图设置"对话框，勾选"启用极轴追踪"复选框。
- 按F10键进行切换。

极轴追踪包括极轴角设置、对象捕捉追踪设置、极轴角测量等。在"极轴追踪"选项卡中可以设置这些功能。各选项组的作用介绍如下。

1. 极轴角设置

"极轴角设置"选项组包含"增量角"和"附加角"两个选项。在"增量角"下拉列表框中可以选择具体的倾斜角度,如图3-67所示。如果列表中没有所需角度,可直接在"增量角"文本框内输入,如图3-68所示。

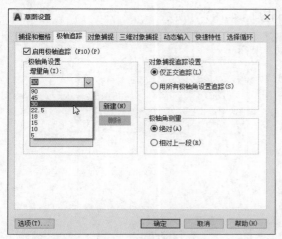
图 3-67

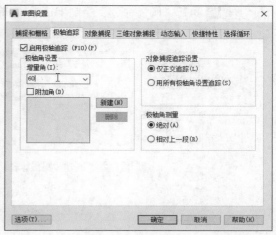
图 3-68

附加角起到了辅助作用,当绘制角度时,如果是附加角设置的角度就会有提示。勾选"附加角"复选框,单击"新建"按钮,输入角度值,按回车键即可创建附加角。选中数值然后单击"删除"按钮可删除附加角。

2. 对象捕捉追踪设置

"对象捕捉追踪设置"选项组包括"仅正交追踪"和"用所有极轴角设置追踪"两个选项。具体介绍如下。

- **仅正交追踪**:追踪对象的正交路径,即对象X轴和Y轴正交的追踪。当"对象捕捉"模式打开时,仅显示已获得的对象捕捉点的正交对象捕捉追踪路径。
- **用所有极轴角设置追踪**:指光标从获取的对象捕捉点起沿极轴对齐角度进行追踪。该选项对所有的极轴角都将进行追踪。

3. 极轴角测量

"极轴角测量"选项组包括"绝对"和"相对上一段"两个选项。"绝对"是根据当前用户坐标(UCS)确定极轴追踪角度。"相对上一段"是根据上一段绘制线段确定极轴追踪角度。

在绘图过程中开启正交模式后,十字光标只能在水平或垂直方向上移动。如果关闭正交模式,那么十字光标就不受约束,可随意移动。用户可通过以下方式开启正交模式。

- 单击状态栏中的"正交模式"按钮 ⌐ 。
- 按F8键进行切换。

注意事项 开启正交模式后,极轴追踪模式将自动关闭。相反,开启极轴追踪模式后,正交模式将关闭。两者只能取其一,不可兼得。

动手练 **绘制台灯平面** ←

下面利用对象捕捉功能绘制台灯平面图形，具体操作如下。

步骤 01 在命令行中输入OP，按回车键，打开"草图设置"对话框，切换到"对象捕捉"选项卡，勾选"启用对象捕捉"和"启用对象捕捉追踪"复选框，再勾选"圆心"复选框，设置完毕后关闭对话框，如图3-69所示。

步骤 02 执行"圆"命令，绘制半径为100mm的圆，如图3-70所示。

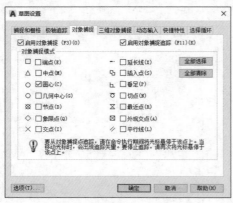

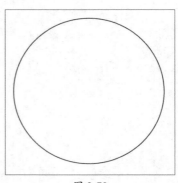

图 3-69   图 3-70

步骤 03 执行"直线"命令，将光标悬停于圆心位置，系统会自动捕捉到圆心，如图3-71所示。

步骤 04 按F8键开启正交模式，沿捕捉路径移动光标，输入移动距离为40mm，如图3-72所示。

步骤 05 按回车键即可确认直线的起点位置，接着移动光标，输入长度为80mm，如图7-73所示。

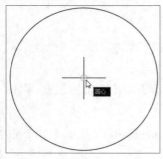

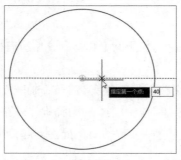

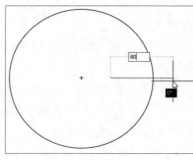

图 3-71   图 3-72   图 3-73

步骤 06 按回车键确认，即可绘制一条直线，如图3-74所示。

步骤 07 按照上述方法，绘制其他三条直线，完成台灯平面图的绘制，如图3-75所示。

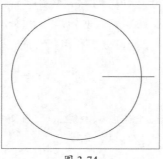

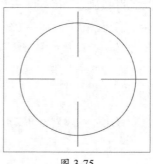

图 3-74   图 3-75

3.6 快速测量图形

测量功能主要通过测量工具对图形的面积、周长、图形之间的距离以及图形面域质量等信息进行测量。该功能可帮助用户快速了解当前图形的尺寸信息，以便于对图形进行编辑操作。

3.6.1 距离测量

距离是测量两个点之间的最短长度值，它是最常用的测量方式。在使用距离工具时，只需指定要查询距离的两个端点，系统将自动显示出两个点之间的距离，如图3-76所示。通过以下几种方式调用"距离"测量命令。

- 在菜单栏执行"工具"|"查询"|"距离"命令。
- 在"默认"选项卡的"实用工具"面板中单击"距离"按钮。
- 在"查询"工具栏中单击"距离"按钮。

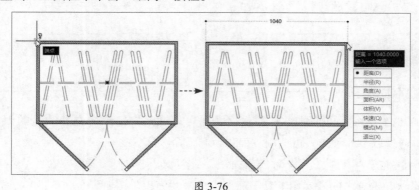

图 3-76

3.6.2 角度测量

角度是指测量圆、圆弧、直线或顶点的角度。用户只需选择夹角的两条线段即可得出测量结果，如图3-77所示。通过以下几种方式可调用"角度"测量命令。

- 在菜单栏执行"工具"|"查询"|"角度"命令。
- 在"默认"选项卡的"实用工具"面板中单击"角度"按钮。

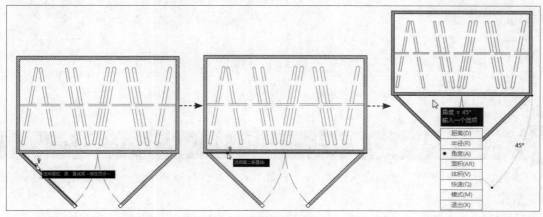

图 3-77

3.6.3 半径测量

半径主要用于查询圆或圆弧的半径或直径数值。选择要测量的圆或圆弧即可得出测量结果，如图3-78所示。通过以下几种方式可调用“半径”测量命令。

- 在菜单栏执行“工具”|“查询”|“半径”命令。
- 在“默认”选项卡的“实用工具”面板中单击“半径”按钮。

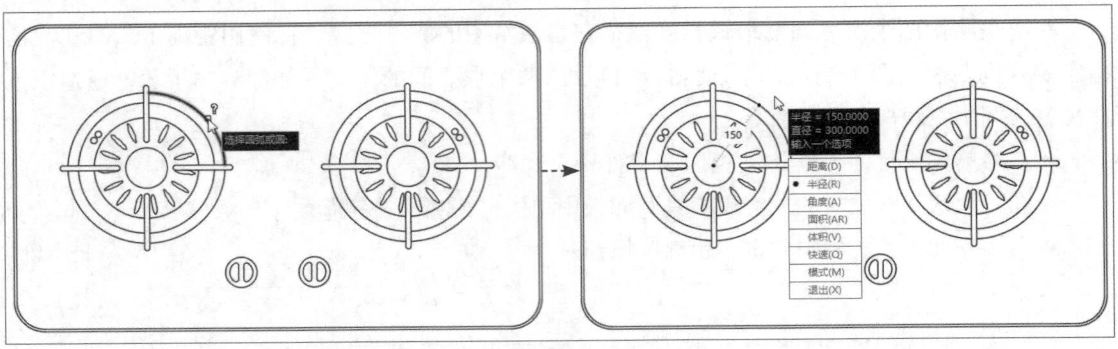

图 3-78

3.6.4 面积测量

面积可以测量出图形的面积。在测量面积时可以通过指定点来选择测量的面积区域，如图3-79所示。通过以下几种方式可调用“面积”测量命令。

- 在菜单栏执行“工具”|“查询”|“面积”命令。
- 在“默认”选项卡的“实用工具”面板中单击“面积”按钮。

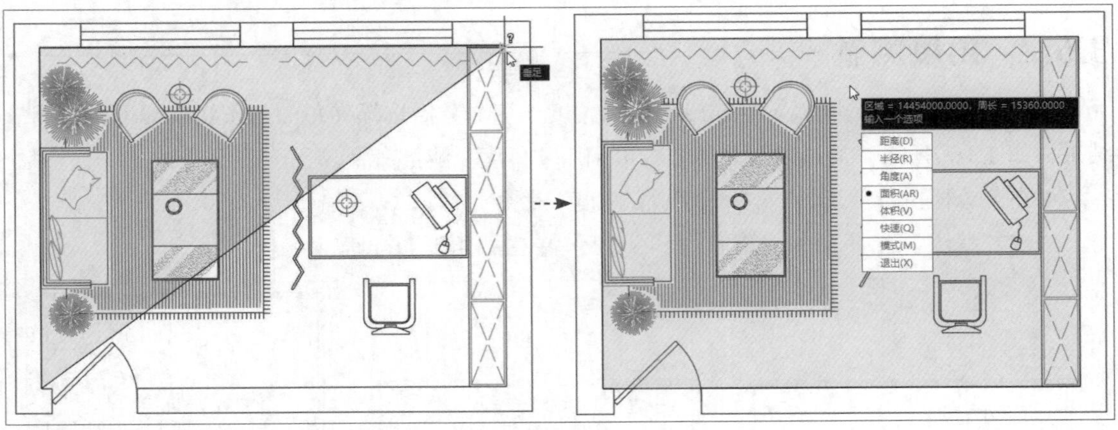

图 3-79

案例实战：绘制座椅平面图

本例将结合本章所学知识点来绘制座椅平面图形。在绘制过程中所运用到的命令有圆、弧线、直线等。

步骤 01 执行“圆”命令，指定圆的起点，绘制一个半径为220mm的圆，如图3-80所示。

步骤 **02** 继续执行"圆"命令，指定第1个圆的圆心，绘制一个半径为250mm的圆，如图3-81所示。

步骤 **03** 执行"直线"命令，捕捉半径为250mm的圆左侧象限点为直线的起点，如图3-82所示。

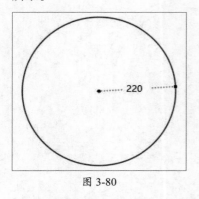
图 3-80

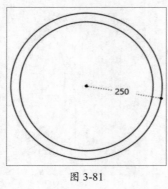
图 3-81

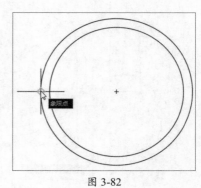
图 3-82

步骤 **04** 向下移动光标，绘制一条长250mm的直线，如图3-83所示。

步骤 **05** 执行"复制"命令，先选择这条直线，按回车键，指定直线的起点为复制基点，如图3-84所示。

步骤 **06** 向右移动光标，并捕捉小圆的象限点，如图3-85所示。按回车键，完成直线的复制操作。

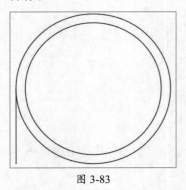
图 3-83

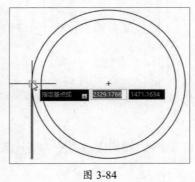
图 3-84

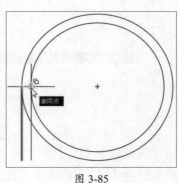
图 3-85

步骤 **07** 继续执行"复制"命令，选择这两条直线，并指定左侧直线起点为复制基点，向右移动光标，捕捉小圆右侧的象限点，复制两条直线，如图3-86所示。

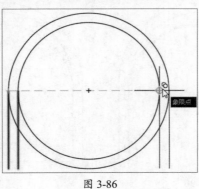
图 3-86

步骤08 执行"圆弧（起点、端点、方向）"命令，捕捉左侧两条直线的端点，并向下移动光标，指定圆弧方向，绘制弧线，如图3-87所示。

步骤09 执行"复制"命令，将该弧线复制到右侧两条直线上，如图3-88所示。

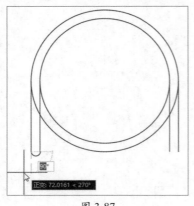

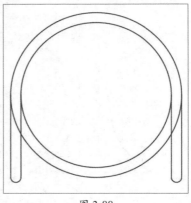

图 3-87   图 3-88

步骤10 执行"修剪"命令，选择多余的弧线，将图形进行修剪，如图3-89所示。

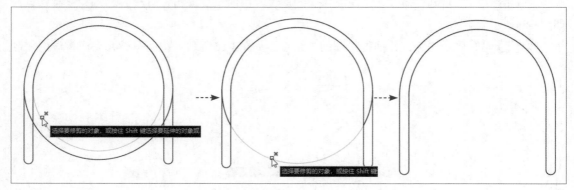

图 3-89

步骤11 执行"圆弧（三点）"命令，捕捉座椅靠背两侧直线端点，以及图形内任意一点，绘制一条弧线，如图3-90所示。

步骤12 执行"直线"命令，捕捉左右两侧弧线的端点，绘制直线，完成坐垫图形的绘制，如图3-91所示。至此座椅平面图绘制完成。

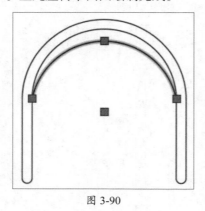

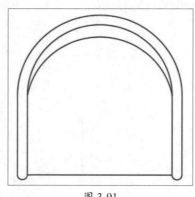

图 3-90   图 3-91

拓展练习

本章介绍了图形编辑的相关功能，下面通过两个小练习来对所学知识点进行巩固。

1. 绘制平面窗图形

使用"多线"命令为一居室墙体图添加窗户图形，效果如图3-92所示。

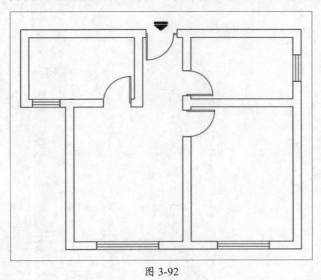

图 3-92

操作提示 执行"多线样式"命令，设置窗户样式。执行"多线"命令，将"对正"设置为无，其他为默认，捕捉窗洞的端点绘制窗图形。

2. 绘制子母门平面图

使用"矩形""直线""圆弧"命令绘制如图3-93所示的子母门平面图。

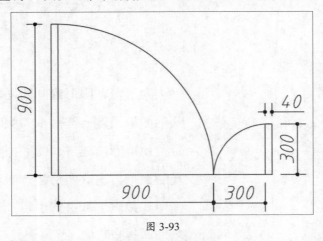

图 3-93

操作提示
步骤 01 执行"矩形"命令绘制两个门图形。
步骤 02 执行"直线"命令，绘制辅助线。执行"弧线"命令绘制门弧线。

AutoCAD

第 **4** 章

编辑室内平面图形

为了保证图形绘制的准确性，通常需对绘制的图形进行一些基本的编辑，例如对图形进行倒角或圆角处理、修剪掉多余的线段、批量复制图形、更改图形的方向等。本章将对这些常用的编辑工具进行讲解，以帮助读者快速、精准地绘制图形。

4.1 改变图形状态

在绘制二维图形时，有时会遇到图形位置、角度、尺寸等不合理的状况，这时就需要使用移动、旋转、缩放等命令对图形对象进行调整和优化。

4.1.1 移动图形

移动图形是指对图形进行重新定位。在移动时，图形的位置发生改变，但方向和大小不变。通过以下几种方式调用"移动"命令。

● 在菜单栏执行"修改"|"移动"命令。

● 在"默认"选项卡的"修改"面板中单击"移动"按钮✛。

● 在命令行输入M，然后按回车键即可。

执行"移动"命令后，根据命令行中的提示，先选择所需图形，然后指定移动的基点，移动光标，指定新位置基点即可，如图4-1所示。

命令行提示如下：

```
命令：_move
选择对象：找到 1 个（选择需移动的图形，按回车键）
选择对象：
指定基点或 [位移(D)] <位移>：（指定移动基点）
指定第二个点或 <使用第一个点作为位移>：（指定新位置的基点）
```

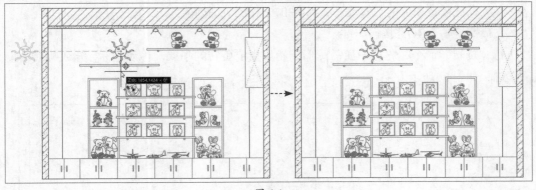

图 4-1

4.1.2 缩放图形

缩放图形是将图形按照指定的缩放比例进行等比放大或缩小操作。通过以下方式调用"缩放"命令。

● 在菜单栏中执行"修改"|"缩放"命令。

● 单击"默认"选项卡中"修改"面板中的"缩放"按钮🔲。

● 在命令行输入SC并按回车键。

执行"缩放"命令后，根据命令行提示选中要缩放的图形，设定缩放的比例值，如图4-2所示。

命令行提示如下：

```
命令：SCALE
选择对象：指定对角点：找到 1 个（选中需缩放的图形，按回车键）
选择对象：
指定基点：（指定图形缩放基点）
指定比例因子或 ［复制 (C) / 参照 (R)］：0.7（输入缩放比例值）
```

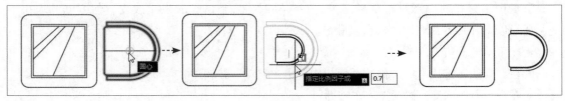

图 4-2

在输入缩放比例时，输入数值大于1，为放大操作，数值小于1，例如0.9、0.5、0.3等，则为缩小操作。

4.1.3 旋转图形

旋转图形是将选定的图形围绕一个基点进行旋转操作。正的角度按逆时针方向旋转，负的角度按顺时针方向旋转。通过以下几种方式调用"旋转"命令。

● 在菜单栏执行"修改"|"旋转"命令。

● 在"默认"选项卡的"修改"面板中单击"旋转"按钮 ⟳。

● 在命令行输入RO并按回车键。

执行"旋转"命令，先选中所需图形，然后指定旋转的基点，移动光标，输入旋转角度，按回车键，如图4-3所示。

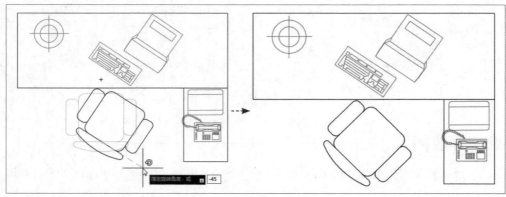

图 4-3

命令行提示如下：

```
命令：_rotate
UCS 当前的正角方向：ANGDIR=逆时针 ANGBASE=0
选择对象：找到 1 个（选择需旋转的图形，按回车键）
```

选择对象：

指定基点：（指定图形旋转的基点）

指定旋转角度，或 [复制(C)/参照(R)] <0>：-45（输入旋转角度，按回车键）

工程师点拨 在旋转图形时，如需要进行复制操作，可在命令行中输入C后按回车键，再输入旋转角度，即可将当前图形进行旋转复制操作。

动手练 绘制组合桌椅平面图

下面通过旋转复制座椅图形来完善组合桌椅平面图。

步骤01 打开"组合桌椅"素材文件。执行"旋转"命令，选择右侧座椅图形，如图4-4所示。

步骤02 按回车键，指定桌子几何中心点为旋转基点，如图4-5所示。

步骤03 在命令行中输入C，按回车键，执行"复制"操作，如图4-6所示。

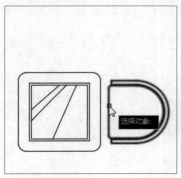

图 4-4

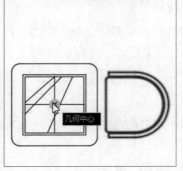

图 4-5

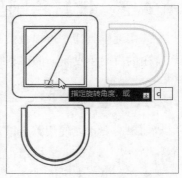

图 4-6

步骤04 将旋转角度设置为-90，将其进行顺时针旋转，如图4-7所示。

步骤05 按回车键，完成座椅的旋转复制操作，如图4-8所示。

步骤06 再次执行"旋转"命令，选中两个座椅图形，并指定桌子的几何中心点为旋转基点，如图4-9所示。

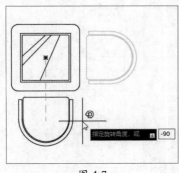

图 4-7

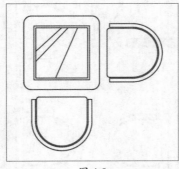

图 4-8

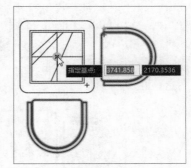

图 4-9

步骤07 同样在命令行中输入C，进行复制旋转。按回车键后，将旋转角度设置为-180，如图4-10所示。

步骤08 按回车键完成两个座椅的顺时针旋转复制操作，如图4-11所示。

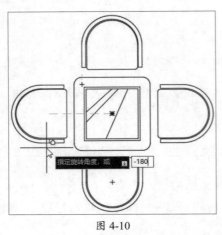

图 4-10

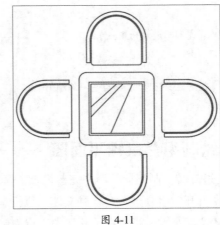

图 4-11

4.2 批量绘制图形

使用复制类命令可以批量绘制相同的图形，AutoCAD软件中复制图形的方法有很多种，比较常用的有简单复制、偏移复制、镜像复制、阵列复制等。

4.2.1 复制图形

如果需要重复使用某个图形，最好的办法是将图形进行复制操作。通过以下方式调用"复制"命令。

● 在菜单栏中执行"修改"|"复制"命令。

● 在"默认"选项卡"修改"面板中单击"复制"按钮。

● 在命令行输入CO并按回车键即可。

执行"复制"命令后，根据命令行中的提示，先选择需复制的图形，并指定复制的基点。移动光标，捕捉目标基点即可完成图形的复制操作，如图4-12所示。

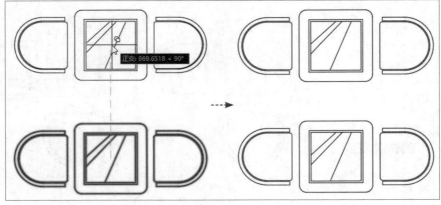

图 4-12

命令行提示如下：

```
命令：_copy
```

选择对象：找到 1 个（选择需要复制的图形，按回车键）

选择对象：

当前设置： 复制模式 = 多个

指定基点或 [位移 (D)／模式 (O)] ＜位移 | ：（指定复制的基点）

指定第二个点或 [阵列 (A)] ＜使用第一个点作为位移 | ：（指定新位置的基点）

指定第二个点或 [阵列 (A)／退出 (E)／放弃 (U)] ＜退出 | ：

执行一次复制命令，可以复制多个图形，直到按Esc键退出操作为止。

4.2.2 镜像图形

使用"镜像"命令可以快速绘制出各种对称图形。通过以下方法调用"镜像"命令。

● 在菜单栏中执行"修改"|"镜像"命令。

● 在"默认"选项卡"修改"面板中单击"镜像"按钮 ⚠。

● 在命令行中输入MI并按回车键。

执行"镜像"命令后，选中需要的图形，按回车键，然后捕捉中心线的两个端点，按两次回车键，完成镜像操作，如图4-13所示。

命令行提示如下：

命令：_mirror

选择对象：找到 1 个（选中镜像图形，按回车键）

选择对象：

指定镜像线的第一点：（捕捉中心线的起始点）

指定镜像线的第二点：（捕捉中心线的端点）

要删除源对象吗？ [是 (Y)／否 (N)] ＜否 | ：（按回车键，保留）

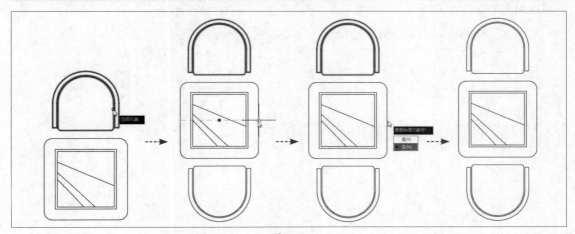

图 4-13

4.2.3 阵列图形

阵列图形是将图形按照指定的规则进行有序的分布放置，包括矩形阵列、环形阵列和路径阵列三种。通过以下方式调用"阵列"命令。

- 在菜单栏中执行"修改"|"阵列"命令的子命令。
- 在"默认"选项卡"修改"面板中，单击"阵列"命令下拉按钮▦，在打开的下拉菜单中选择阵列方式。
- 在命令行中输入AR并按回车键即可。

1. 矩形阵列

矩形阵列是指图形呈矩形结构阵列。执行该命令后，系统会打开"阵列创建"选项卡，如图4-14所示。在此可以对阵列的"行数""列数"以及"介于"数值进行设置。图4-15所示的是矩形阵列的结果。

图 4-14

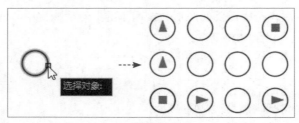

图 4-15

2. 环形阵列

环形阵列▦是指图形呈环形结构阵列。执行该阵列命令后，在"阵列创建"选项卡中，用户可以根据需要设置阵列的"项目数"及"介于"值，如图4-16所示。

图 4-16

图4-17所示的是环形阵列的效果（阵列"项目数"为6，"介于"为60）。

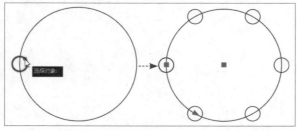

图 4-17

3. 路径阵列

路径阵列▦是图形根据指定的路径进行分布。路径可以是曲线、弧线、折线等线段。执行该阵列命令后，在"阵列创建"选项卡中设置好"项目数"即可，如图4-18所示。

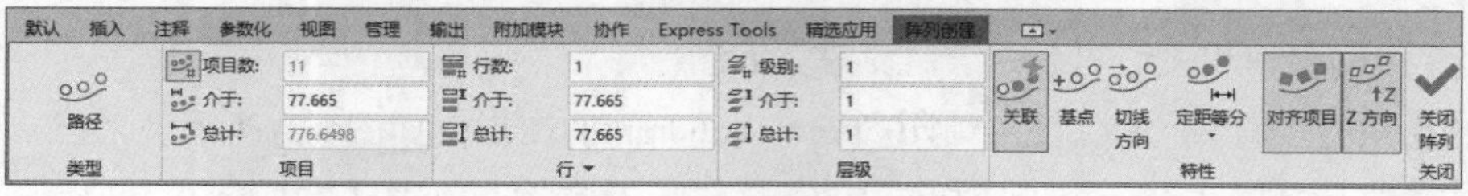

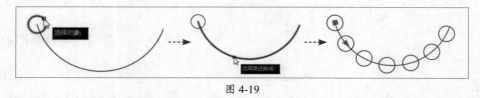

图 4-18

图4-19所示的是将圆形沿着弧形进行阵列的效果。系统会根据路径长短自动计算出最合适的"项目数"及"介于"值。

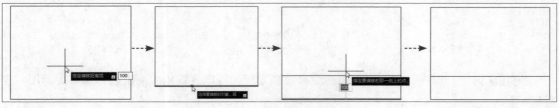

图 4-19

注意事项 无论完成哪一种阵列命令，其阵列后的图形都是一个整体。如果需对其中一个图形进行单独编辑，需要先将图形分解，然后再编辑。

4.2.4 偏移图形

偏移图形是按照一定的偏移值将图形进行复制和位移。偏移后的图形和原图形的形状相同，通过以下方式调用"偏移"命令。

- 在菜单栏中执行"修改"|"偏移"命令。
- 在"默认"选项卡"修改"面板中单击"偏移"按钮 ⫯。
- 在命令行中输入O（字母O）并按回车键。

执行"偏移"命令后，根据命令行中的提示，先输入要偏移的距离值，再选择要偏移的图形线段，按回车键后，指定要偏移的方向，如图4-20所示。

命令行提示如下：

```
命令：_offset
当前设置：删除源=否   图层=源   OFFSETGAPTYPE=0
指定偏移距离或 [通过(T)/删除(E)/图层(L)] <20.0000>: 100（设置偏移距离）
选择要偏移的对象，或 [退出(E)/放弃(U)] <退出>:（选择要偏移的图形）
指定要偏移的那一侧上的点，或 [退出(E)/多个(M)/放弃(U)] <退出>:（指定偏移的方向）
```

图 4-20

注意事项 使用"偏移"命令时，如果偏移的对象是直线，则偏移后的直线大小不变；如果偏移的对象是圆、圆弧和矩形，其偏移后的对象将被缩小或放大。

动手练 绘制窗帘立面图 ←———————————————————————————————→

下面使用偏移和相关绘图命令绘制窗帘立面图。

步骤 01 执行"直线"命令，绘制1050mm×660mm的图形，如图4-21所示。

步骤 02 执行"圆弧"命令，捕捉端点随意绘制一条弧线，如图4-22所示。

步骤 03 执行"偏移"命令，根据提示输入偏移距离为10mm，如图4-23所示。

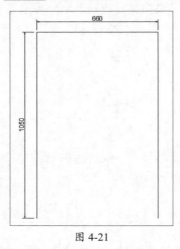
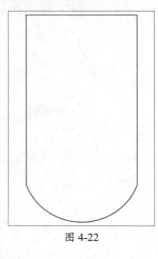
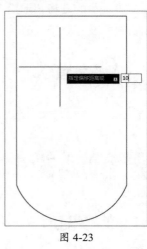

图 4-21　　　　　　　　　　图 4-22　　　　　　　　　　图 4-23

步骤 04 按回车键后选择要偏移的对象，如图4-24所示。

步骤 05 向图形内部移动光标并单击进行偏移操作。按照同样的方法偏移其他图形，如图4-25所示。

步骤 06 执行"直线"命令，捕捉弧线两个端点，绘制一条直线，如图4-26所示。

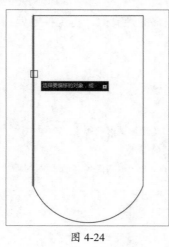
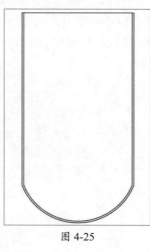
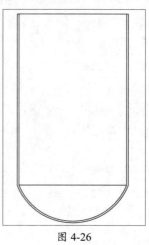

图 4-24　　　　　　　　　　图 4-25　　　　　　　　　　图 4-26

步骤 07 执行"偏移"命令，将偏移距离设置为35，将该直线依次向上进行偏移，如图4-27所示。

步骤 08 执行"定数等分"命令，在内部的弧线上创建5个等分点，如图4-28所示。

步骤 09 执行"直线"命令，捕捉等分点至直线的端点，绘制5条等分线。删除等分点后，完成窗帘立面图的绘制，如图4-29所示。

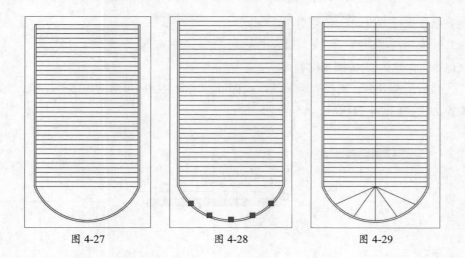

图 4-27   图 4-28   图 4-29

4.3 快速修整图形

图形绘制好后，有时会根据需要对图形的造型进行修改。常见的修改命令包括分解、修剪、延伸、打断、合并、拉伸、倒角与圆角等。下面分别对其操作进行介绍。

4.3.1 分解图形

分解是将组合的图形或面域分解成独立的线段。通过以下方式可调用"分解"命令。

● 在菜单栏执行"修改"|"分解"命令。
● 在"默认"选项卡的"修改"面板中单击"分解"按钮 。
● 在命令行中输入X并按回车键即可。

执行"分解"命令后，选择需要分解的图形，按回车键即可完成分解操作。图4-30所示为图块分解前后的状态。

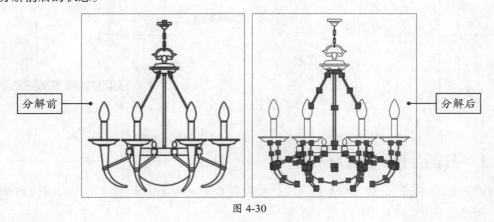

分解前

分解后

图 4-30

4.3.2 修剪图形

使用"修剪"命令可以修剪掉图形当中多余的线条。当一张图纸中出现很多多余的线条时，可以通过该命令快速整理图纸。通过以下几种方式调用"修剪"命令。

● 在菜单栏执行"修改"|"修剪"命令。

● 在"默认"选项卡的"修改"面板中单击"修剪"按钮。

● 在命令行中输入TR按回车键即可。

执行"修剪"命令后，选择要剪掉的线段即可。该命令一次可修剪掉多个图形，直到按Esc键退出操作为止，如图4-31所示。

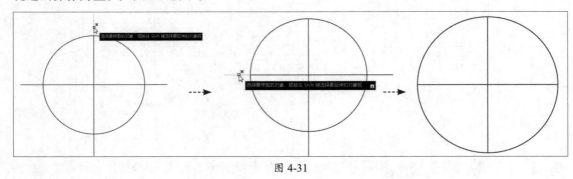

图 4-31

4.3.3　延伸图形

延伸图形指定的图形会被延伸到指定的边界。通过以下方式调用"延伸"命令。

● 在菜单栏中执行"修改"|"延伸"命令。

● 在"默认"选项卡"修改"面板中单击"延伸"按钮。

● 在命令行中输入EX并按回车键。

执行"延伸"命令后，只需选中所需延长线段，系统会识别到与之相交的边界线，并自动进行延伸，如图4-32所示。

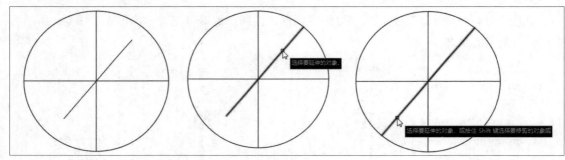

图 4-32

4.3.4　打断/打断于点

打断图形可将已有的线段分离为两段，被分离的线段只能是单独的线条，不能是任何组合图形。通过以下方式可调用"打断"命令。

● 在菜单栏执行"修改"|"打断"命令。

● 在"默认"选项卡的"修改"面板中单击"打断"按钮。

● 在命令行中输入BR按回车键即可。

执行"打断"命令，在图形中先指定打断的第1点，然后指定第2点，如图4-33所示。

命令行提示如下：

```
命令：_break
选择对象：（指定第1点）
指定第二个打断点 或 ［第一点 (F)］：（指定第2点）
```

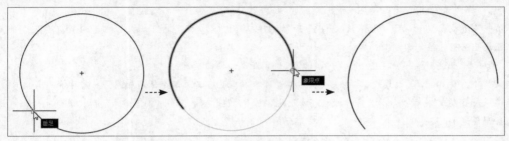

图 4-33

"打断于点"命令是"打断"命令的派生命令，会将线段在一点处断开，成为两条独立的线段。在"默认"选项卡"修改"面板中单击"打断于点"按钮，可调用该命令。

执行"打断于点"命令后，选择要打断的线段，并指定打断点位置即可，如图4-34所示。

命令行提示如下：

```
命令：_breakatpoint
选择对象：（选择线段）
指定打断点：（指定打断点的位置）
```

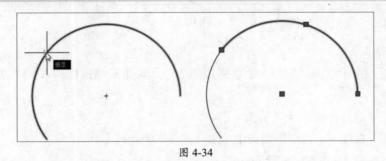

图 4-34

注意事项 "打断于点"命令只能应用于单独的线段上，如果是圆或封闭的线段是无法使用该命令的。

4.3.5 图形倒角与圆角 ◀━━━━━━━━━━━━━━━━━━━━━▶

对于两条相邻的边界多出的线段，使用倒角和圆角命令都可以进行修剪。倒角是对相邻的两条边进行斜角处理，圆角则是根据圆弧半径，将相邻的两条边进行圆角处理。

1. 倒角

通过以下方式调用"倒角"命令。
- 在菜单栏中执行"修改"|"倒角"命令。
- 在"默认"选项卡"修改"面板中单击"倒角"按钮。
- 在命令行中输入CHA并按回车键。

执行"倒角"命令后，根据命令行的提示，先设置好两个倒角的距离，默认情况下为0。然后再选择两条倒角边线即可，如图4-35所示。

命令行提示如下：

```
命令：_chamfer
（"修剪"模式）当前倒角距离 1 = 0.0000，距离 2 = 0.0000
选择第一条直线或 [放弃(U)/多段线(P)/距离(D)/角度(A)/修剪(T)/方式(E)/多个(M)]： d（选择"距离"选项，按回车键）
指定 第一个 倒角距离 <0.0000|：100（输入倒角距离，按回车键）
指定 第二个 倒角距离 <100.0000|：（输入第2个倒角距离，如果两个倒角相同，只需再按回车键）
选择第一条直线或 [放弃(U)/多段线(P)/距离(D)/角度(A)/修剪(T)/方式(E)/多个(M)]：（选择两条倒角边）
选择第二条直线，或按住 Shift 键选择直线以应用角点或 [距离(D)/角度(A)/方法(M)]：
```

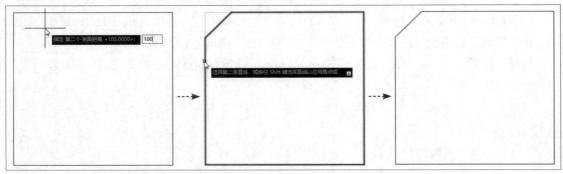

图 4-35

2. 圆角

圆角是指通过指定的圆弧半径大小将多边形的边界棱角平滑连接起来。通过以下方式可调用"圆角"命令。

● 在菜单栏中执行"修改"|"圆角"命令。

● 在"默认"选项卡"修改"面板中单击"圆角"按钮 。

● 在命令行中输入F并按回车键。

执行"圆角"命令后，同样先设置好圆角半径，再选择要进行倒圆角的两条边线即可，如图4-36所示。

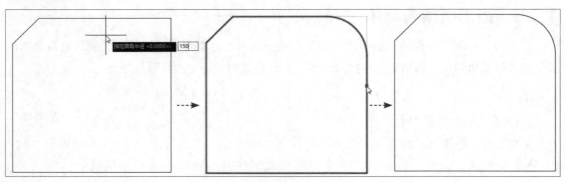

图 4-36

命令行提示如下:

```
命令：_fillet
当前设置：模式 = 修剪，半径 = 0.0000
选择第一个对象或 [放弃(U)/多段线(P)/半径(R)/修剪(T)/多个(M)]：r（选择"半径"选项，按回车键）
指定圆角半径 <0.0000|：150（输入半径值，按回车键）
选择第一个对象或 [放弃(U)/多段线(P)/半径(R)/修剪(T)/多个(M)]：（选择两条倒角边）
选择第二个对象，或按住 Shift 键选择对象以应用角点或 [半径(R)]：
```

4.3.6 合并图形

"合并"命令与"打断于点"命令正好相反。合并图形是使多条单独线段合并成一条完整的线段，包括直线、多段线、圆弧、椭圆弧和样条曲线等。通过以下几种方式调用"合并"命令。

● 在菜单栏执行"修改"|"合并"命令。

● 在"默认"选项卡的"修改"面板中单击"合并"按钮➡➡。

执行"合并"命令后，选择所有要合并的线段并按回车键，如图4-37所示。

命令行提示如下:

```
命令：_join
选择源对象或要一次合并的多个对象：找到 1 个
选择要合并的对象：找到 1 个，总计 2 个
选择要合并的对象：（选择所需图形，按回车键）
2 个对象已合并为 1 条样条曲线
```

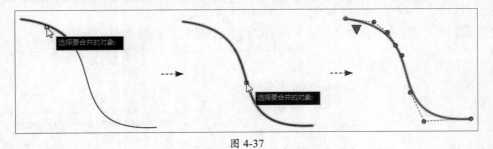

图 4-37

注意事项 合并线段并不是在任意条件下都可以合并，而是有一定的条件限制。也就是说，如果要合并线段，要待合并的线段必须共线才可以，它们之间可以有间隙。

4.3.7 拉伸图形

拉伸图形是指通过窗选的方式拉伸图形。通过以下方式可调用"拉伸"命令。

● 在菜单栏中执行"修改"|"拉伸"命令。

● 在"默认"选项卡"修改"面板单击"拉伸"按钮🔲。

执行"拉伸"命令后，使用窗选的方式（从右往左框选），选择要拉伸的图形，按回车键，并捕捉拉伸基点即可进行拉伸操作，如图4-38所示。需注意的是，某些对象类型（例如圆、椭圆和图块）是无法进行拉伸操作的。

命令行提示如下：

```
命令：_stretch
以交叉窗口或交叉多边形选择要拉伸的对象 ...
选择对象：指定对角点：找到 4 个（窗选所需图形，按回车键）
选择对象：
指定基点或 [位移(D)] <位移>：（指定拉伸基点，并移动光标进行拉伸操作）
指定第二个点或 <使用第一个点作为位移>：（指定新基点）
```

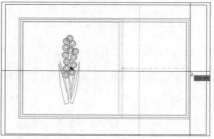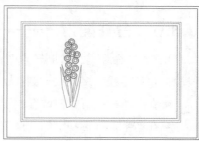

图 4-38

在进行拉伸操作时，需要使用窗选模式来选择图形，否则只能将图形移动。圆形和图块是不能被拉伸的。

 动手练 **绘制多人餐桌图形** ←

下面通过"拉伸"命令，将原先4人桌转换成6人桌图形。具体操作步骤如下。

步骤 01 打开"4人餐桌"素材文件，如图4-39所示。

步骤 02 执行"拉伸"命令，指定对角点创建选择范围，如图4-40所示。

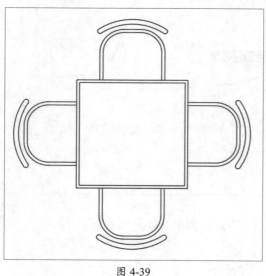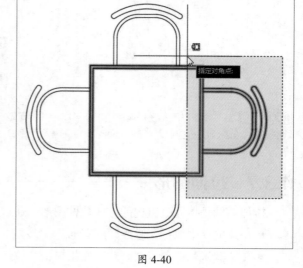

图 4-39   图 4-40

步骤 03 选择对象后按回车键，再任意指定一点作为拉伸基点，如图4-41所示。

步骤 04 移动光标，在动态提示框内输入拉伸距离为800mm，如图4-42所示。

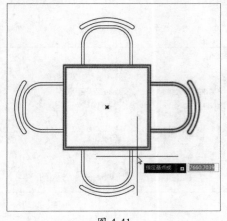
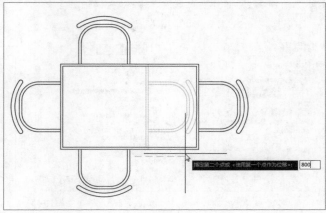

图 4-41   图 4-42

步骤 05 按回车键后完成拉伸操作，如图4-43所示。

步骤 06 执行"镜像"命令，选择餐椅图形并进行镜像复制，完善餐桌图形，如图4-44所示。

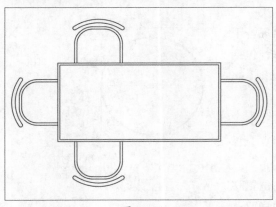

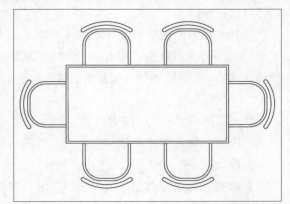

图 4-43   图 4-44

4.4 用夹点编辑图形

选取图形后，图形上会出现很多夹点。该夹点默认以蓝色小方块显示，当然用户可根据喜好对该夹点外观进行调整。此外，利用图形夹点还可对图形进行简单编辑，例如缩放、移动、旋转、镜像等。下面对夹点的相关功能进行介绍。

4.4.1 设置图形夹点

在命令行中输入OP，按回车键，在打开的"选项"对话框中切换至"选择集"选项卡，在"夹点尺寸"和"夹点"选项组中可对夹点的大小、夹点的颜色、夹点的显示状态等选项进行设置，如图4-45所示。

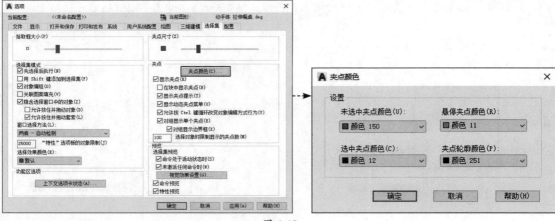

图 4-45

4.4.2　编辑图形夹点

夹点是图形对象上的控制点，是一种集成的编辑模式。使用夹点功能，可以对图形对象进行各种编辑操作。

选择要编辑的图形对象，此时该对象上会出现若干夹点，单击夹点再右击，即可打开夹点编辑菜单，包括拉伸、移动、旋转、缩放、镜像、复制等命令，如图4-46所示。

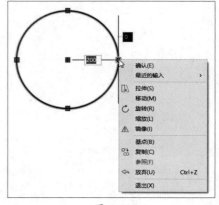

图 4-46

快捷菜单中部分命令说明如下。

- **拉伸**：默认情况下激活夹点后，单击激活点，释放鼠标左键，即可对夹点进行拉伸。

- **移动**：选择该命令可以将图形对象从当前位置移动到新的位置，也可以进行多次复制。选择要移动的图形对象，进入夹点选择状态，按回车键即可进入移动编辑模式。

- **旋转**：选择该命令可以将图形对象绕基点进行旋转，还可以进行多次旋转复制。选择要旋转的图形对象，进入夹点选择状态，连续两次按回车键，即可进入旋转编辑模式。

- **缩放**：选择该命令可以将图形对象相对于基点缩放，同时也可以进行多次复制。选择要缩放的图形对象，选择夹点编辑菜单中的"缩放"命令，连续3次按回车键，即可进入缩放编辑模式。

- **镜像**：选择该命令可以将图形物体基于镜像线进行镜像或镜像复制。选择要镜像的图形对象，指定基点及第二点连线即可进行镜像编辑操作。

- **复制**：选择该命令可以将图形对象基于基点进行复制操作。选择要复制的图形对象，将光标移动到夹点上，按回车键，即可进入复制编辑模式。

4.5 填充图形

为图形填充相应的图案，可以有效地区分图形中所使用的材质。用户可使用填充图案或渐变色工具进行图案填充操作。

4.5.1 图案填充

图案填充是选用一种合适的图案对指定的区域进行填充的操作。通过以下方式可调用"图案填充"命令。

- 在菜单栏中执行"绘图"|"图案填充"命令。
- 在"默认"选项卡"绘图"面板中单击"图案填充"按钮▦。
- 在命令行中输入H命令并按回车键即可。

要进行图案填充前，首先需要对图案的基本参数进行设置。可通过"图案填充创建"选项卡进行设置，如图4-47所示。

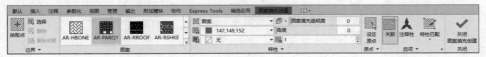

图 4-47

在"图案填充创建"选项卡的"图案"面板中，可选择填充的图案。在"特性"面板中用户可分别对填充颜色、填充角度、填充比例这三项进行设置，完成设置后在绘图窗口中单击要填充的图形区域即可，如图4-48所示。

图 4-48

如果需要对填充的图案进行修改，可选中填充的图案，在"图案填充编辑器"选项卡中重新选择图案及相关特性参数即可，如图4-49所示。

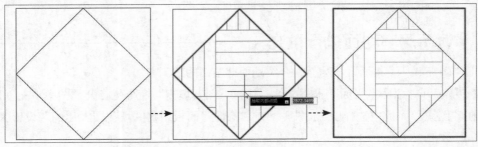

图 4-49

4.5.2 渐变色填充

在绘图过程中，为了有较好的视觉效果，可为填充的图案添加渐变颜色。用户可在"图案填充创建"选项卡中的"图案填充图案"列表中选择渐变色类型，如图4-50所示。然后设置好

"渐变色1"和"渐变色2"的颜色，如图4-51所示。

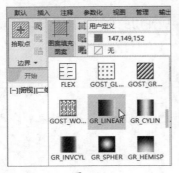
图 4-50

图 4-51

此外，在"图案填充透明度"选项中可设置渐变色的透明程度，如图4-52所示。设置完成后，单击要填充的区域即可，效果如图4-53所示。

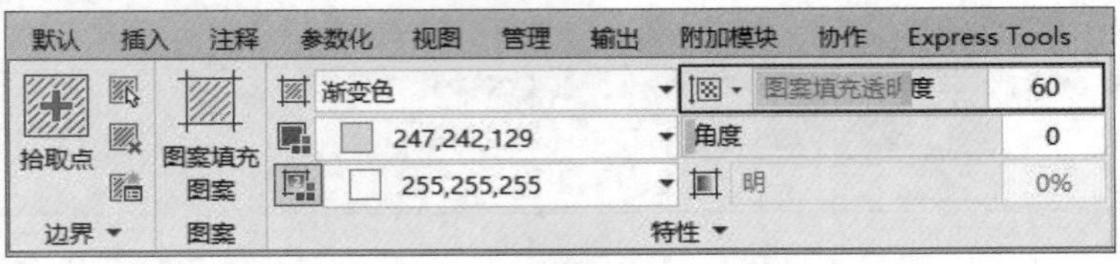

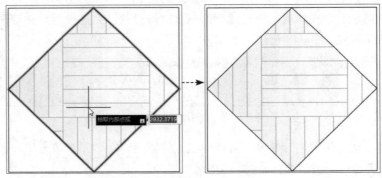
图 4-52

图 4-53

动手练 为两居室地面进行填充

下面以填充两居室地面区域为例，介绍地面铺装图的绘制方法。

步骤 01 打开"两居室平面"素材文件。执行"图案填充"命令，打开"图案填充创建"选项卡，在"图案"面板中选择USER图案。在"特性"面板中将"填充图案比例"设置为800，如图4-54所示。

图 4-54

步骤 **02** 设置完成后，单击两居室客厅区域，按回车键即可添加该图案，如图4-55所示。

步骤 **03** 再次执行"图案填充"命令，在"图案填充创建"选项卡中保持上一次图案选择状态，在"特性"面板中将"角度"设置为90，并再次选中客厅区域进行叠加填充，如图4-56所示。

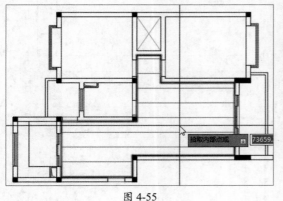
图 4-55

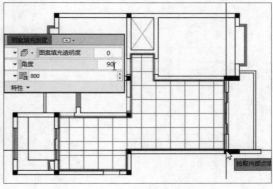
图 4-56

步骤 **04** 继续执行"图案填充"命令，将"图案"设置为DOLMIT，将"填充图案比例"设置为20，将"角度"设置为0，填充两个卧室区域地面，如图4-57所示。

步骤 **05** 将"图案"设置为ANGLE，将"图案填充间距"设置为40，填充厨房、卫生间以及阳台区域地面，如图4-58所示。至此，两居室地面区域填充完成。

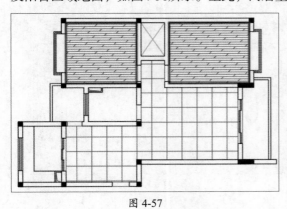
图 4-57

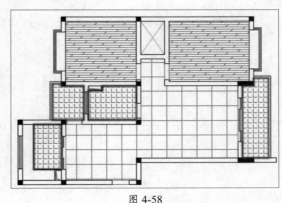
图 4-58

案例实战：绘制多人沙发图形

本例将结合本章所学的知识点来绘制多人沙发图形。在绘图过程中主要运用到的编辑命令有"圆角""镜像""修剪""拉伸""图案填充"等。

步骤 **01** 执行"矩形"命令，绘制1500mm×760mm的矩形，如图4-59所示。

步骤 **02** 执行"多段线"命令，捕捉绘制一个封闭多段线造型，尺寸如图4-60所示。

步骤 **03** 执行"圆角"命令，设置圆角半径为50mm，对多段线进行圆角编辑。执行"分解"命令，分解多段线，删除外边线，如图4-61所示。

步骤 **04** 执行"圆角"命令，圆角半径为95mm，对矩形进行圆角操作，如图4-62所示。

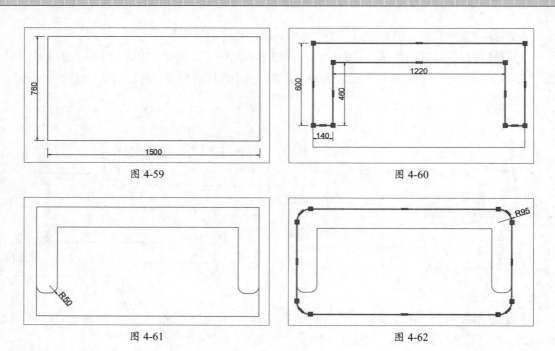

图 4-59 · 图 4-60

图 4-61 · 图 4-62

步骤 05 执行"矩形"命令，绘制圆角半径为20mm、610mm×50mm的圆角矩形，如图4-63所示。

步骤 06 将圆角矩形对齐到图形中。执行"镜像"命令，镜像复制图形，如图4-64所示。

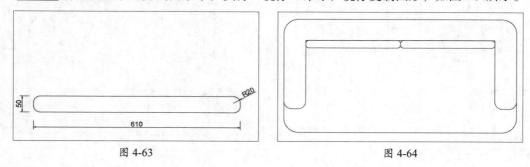

图 4-63 · 图 4-64

步骤 07 执行"矩形"命令，绘制圆角尺寸为50mm、610mm×570mm的圆角矩形，如图4-65所示。

步骤 08 执行"修剪"命令，修剪掉中间的边线，如图4-66所示。

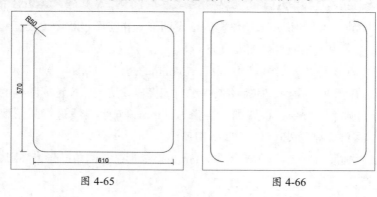

图 4-65 · 图 4-66

步骤 09 移动图形至沙发图形居中位置，作为坐垫轮廓，如图4-67所示。

步骤 10 执行"修剪"命令，修剪多余的线条，绘制出双人沙发造型，如图4-68所示。

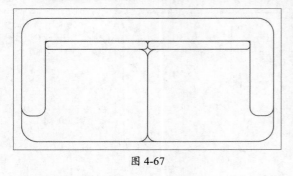

图 4-67

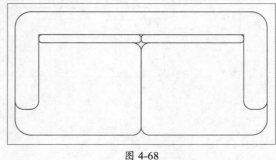

图 4-68

步骤 11 执行"拉伸"命令，选择沙发右侧并拉伸1410mm的长度，再删除圆角矩形，如图4-69所示。

步骤 12 执行"镜像"命令，镜像复制圆角图形，如图4-70所示。

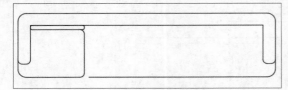

图 4-69

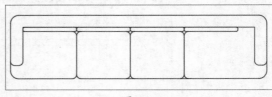

图 4-70

步骤 13 执行"拉伸"命令，拉伸最右侧的圆角矩形，如图4-71所示。

步骤 14 执行"修剪"命令，修剪坐垫多余线条以及沙发右侧的边线，如图4-72所示。

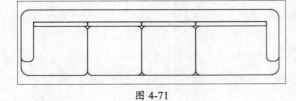

图 4-71

图 4-72

步骤 15 执行"多段线"命令，捕捉绘制一条半封闭的多段线，具体尺寸如图4-73所示。

步骤 16 执行"圆角"命令，分别设置圆角半径为160mm和380mm，对图形进行圆角编辑，如图4-74所示。

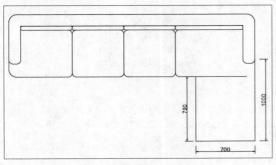

图 4-73

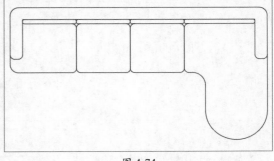

图 4-74

步骤 17 执行"圆弧"命令，绘制抱枕图形，如图4-75所示。

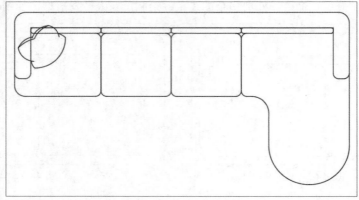

图 4-75

步骤 18 依次执行"复制""旋转"命令，复制抱枕图形，将其放置到沙发合适的位置。执行"修剪"命令，修剪掉被抱枕覆盖的线段，如图4-76所示。

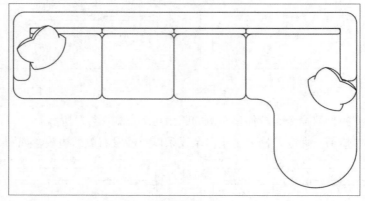

图 4-76

步骤 19 执行"图案填充"命令，将"图案"设置为PLAST，将颜色设置为灰色，将其"填充比例"设置为20，填充沙发坐垫区域，如图4-77所示。

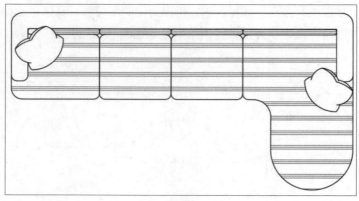

图 4-77

至此，多人沙发绘制完成。

拓展练习

本章介绍了图形编辑的相关功能。下面通过两个小练习来对所学知识点进行巩固。

1. 绘制推拉门立面图

使用绘图及图形编辑命令，绘制长为2000mm、宽为1600mm的推拉门图形，如图4-78所示。

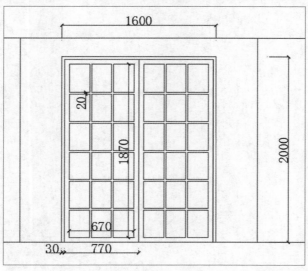

图 4-78

操作提示

步骤01 执行"矩形""偏移"命令，绘制门框轮廓。

步骤02 执行"偏移""修剪"命令绘制装饰分割线。执行"镜像"命令，镜像绘制好的一扇门图形。

2. 绘制组合座椅图形

使用绘图工具及图形编辑命令，绘制一套休闲桌椅图形，效果如图4-79所示。

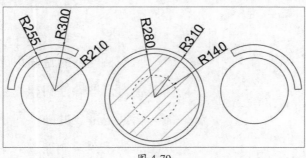

图 4-79

操作提示

步骤01 执行"圆""偏移""修剪""旋转"等命令，绘制茶几和一个座椅图形。

步骤02 执行"镜像"命令，将座椅图形进行镜像复制。执行"图案填充"命令，将茶几图形进行填充。

AutoCAD

第 5 章

图形特性与
图块管理

　　图形特性指的是图形的颜色、线型和线宽
等属性。这些属性可根据要求进行修改，以便
统一管理图形。此外，对于绘制大量相同图形
来说，使用图块功能会大幅度提升绘图速度，
以便提高绘图效率。本章将从图形特性和图块
管理这两个方面，介绍图形的设置与管理技巧。

5.1 设置图形特性

每个图形都有自己的特性，有些特性属于公共特性，如颜色、线型、线宽等；有些特性则是专用某一类对象的特性，如圆的特性包括半径和面积，直线的特性则包括长度和角度等。本节将针对图形的几个公共特性来进行介绍。

5.1.1 设置图形颜色

默认情况下，绘制的图形是以黑色显示的。为了快速区别于其他图形，用户可对其颜色进行调整。在"默认"选项卡的"特性"面板中单击"对象颜色"下拉按钮，在打开的下拉列表中选择所需颜色即可，如图5-1所示。

若在列表中没有满意的颜色，也可选择"更多颜色"选项，打开"选择颜色"对话框，在该对话框中根据需要选择合适的颜色，如图5-2所示。

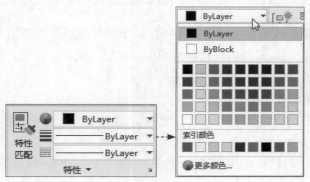

图 5-1　　　　　　　　　　　　　　　　图 5-2

5.1.2 设置图形线型

工程图纸中不同线型所表示的含义是不同的。例如，轴线一般用点画线来表示，对于不可见的轮廓线则用虚线表示，剖面线或重合断面线则用细实线表示，可见轮廓线则用粗实线表示，等等。用户在设置这些线型时，可在"默认"选项卡"特性"面板中单击"线型"下拉按钮，在打开的下拉列表中选择所需的线型即可，如图5-3所示。

如果列表中没有合适的线型，可选择"其他"按钮，在"线型管理器"对话框中加载相应的线型。

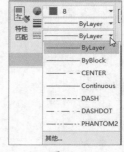

图 5-3

5.1.3 设置图形线宽

线宽是指图形在打印时输出的宽度，这种线宽可以显示在屏幕上，并输出到图纸上。在制图过程中，使用线宽可以清楚地表达出截面的剖切方式、标高的深度、尺寸线和小标记，以及细节上的不同，如图5-4所示。

在"默认"选项卡的"特性"面板中单击"线宽"下拉按钮，在打开的下拉列表中选择合适的线宽。若列表中没有合适的线宽，也可选择"线宽设置"选项，打开"线宽设置"对话框，在该对话框中可以选择线宽并设置线宽单位，还可以调整线宽显示比例，如图5-5所示。

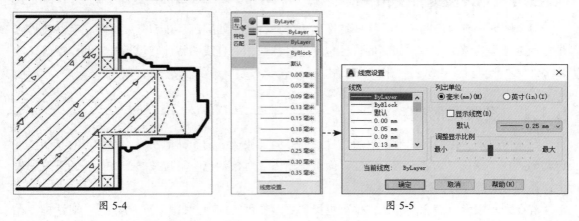

图 5-4　　　　　　　　　　图 5-5

5.1.4　图形特性匹配

"特性匹配"命令是将一个图形对象的某些特性或所有特性复制到其他图形对象上，是AutoCAD中一个非常方便的编辑工具。可以复制的特性包括颜色、图层、线型、线宽、厚度等。通过以下几种方式调用"特性匹配"命令。

● 在菜单栏中执行"修改"|"特性匹配"命令。
● 在"默认"选项卡的"特性"面板中单击"特性匹配"按钮■。
● 在命令行中输入MA并按回车键。

执行"特性匹配"命令后，先选择要复制的图形，光标变成笔刷形状后，再选择目标图形即可，如图5-6所示。

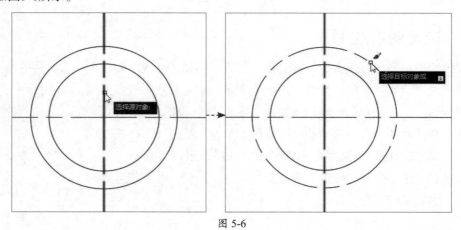

图 5-6

 动手练 调整灯具图形线型

下面以灯具图形为例，介绍图形线型的设置方法。

步骤01 打开"灯具"素材文件，可以看出当前所有线型都以直线显示，如图5-7所示。

步骤02 单击"特性"面板中的"线型"下拉按钮，在打开的下拉列表中选择"其他"选项，打开"线型管理器"对话框，单击"加载"按钮，如图5-8所示。

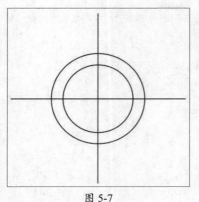

图 5-7

图 5-8

步骤 03 在打开的"加载或重载线型"对话框中选择"ACAD_ISO08W100"线型，单击"确定"按钮，如图5-9所示。

步骤 04 返回上一层对话框，选择加载的线型，单击"确定"按钮，关闭对话框，如图5-10所示。

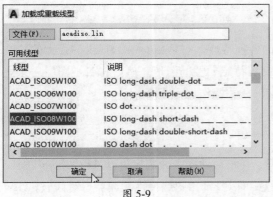

图 5-9

图 5-10

步骤 05 选择灯具图形中要设置的线段，在"特性"面板中再次单击"线型"下拉按钮，在打开的下拉列表中选择刚加载的线型即可，如图5-11所示。

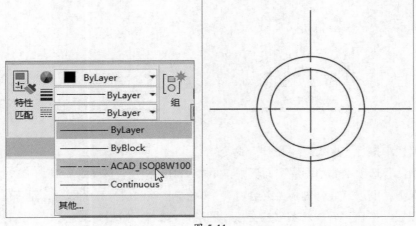

图 5-11

工程师点拨 设置线型后，当发现图形的线型没有变化时，可右击该图形，在弹出的快捷菜单中选择"特性"选项，在"特性"面板中设置"线型比例"值即可，如图5-12所示。

图 5-12

⊕5.2 用图层管理图形特性

图层主要用于组织管理各图形信息以及图形的各种特性，它是AutoCAD提供的强大的功能之一。一个图层相当于一张透明纸，先在其上绘制有特定属性的图形，然后将若干图层一张一张重叠起来，构成最终的图形。本节将对图层功能的相关操作进行介绍。

5.2.1 创建图层

图层的创建离不开"图层特性管理器"对话框，在该对话框中，用户可以进行图层的创建、设置与管理操作，如图5-13所示。用户通过以下方法可以打开"图层特性管理器"对话框。

图 5-13

● 在菜单栏中执行"格式"|"图层"命令。
● 在"默认"选项卡的"图层"面板中，单击"图层特性"按钮。

默认情况下，图层特性管理器始终会有一个0图层，该图层为系统图层，是不能被删除的。单击"新建图层"按钮后，新图层将会以"图层1"命名，如图5-14所示。双击该图层名称，可对新建的图层进行重命名操作，如图5-15所示。

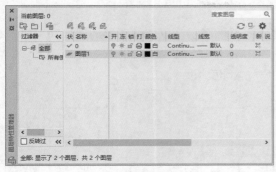
图 5-14

图 5-15

单击图层中的"颜色""线型"和"线宽"按钮，可统一设置当前图层中所有图形的特性，如图5-16所示。其方法与通过"特性"面板设置方法相同。

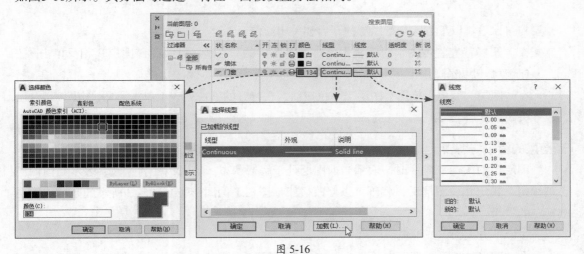
图 5-16

工程师点拨 默认的0图层上不是用来绘制图形的，而是用来定义图块的。在创建图块时，先将所有图层均设为0图层，其后再创建，这样在插入图块时，当前图层是哪个层，其图块则属于哪个层。

5.2.2 管理图层

在"图层特性管理器"对话框中，除了可以创建图层、修改图层特性外，还可以对创建的图层进行管理操作。

1. 置为当前层

默认情况下，0图层为当前使用图层，如果需要将其他图层设置为当前使用图层，可通过以下方法来操作。

- 在"图层特性管理器"对话框中双击所需图层名称即可。
- 在"图层特性管理器"对话框中选择所需图层，单击"置为当前"按钮。
- 在"图层特性管理器"对话框中右击所需图层，在弹出的快捷菜单中选择"置为当前"选项。
- 在"图层"面板中单击"图层"下拉按钮，在打开的下拉列表中选择所需图层即可。

2. 图层的开启与关闭

　　如果创建的图层比较多，用户可以关闭一些不需要的图层，以方便图形的选取和编辑。图5-17和图5-18是家具图层的关闭与开启效果。

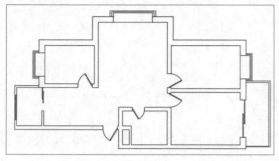

图 5-17　　　　　　　　　　　　　　　　　　图 5-18

　　用户可以通过以下方式执行图层的开启和关闭操作。

- 在"图层特性管理器"对话框中单击所需图层的 按钮，可关闭该图层；相反单击 按钮，可开启当前图层。
- 在"图层"面板中单击"图层"下拉按钮，在打开的下拉列表中单击 或 图层按钮，可关闭或开启图层。

3. 图层的锁定与解锁

　　当图层中的图标变成 时，表示当前图层处于解锁状态；当图标变为 时，表示当前图层已被锁定。锁定相应图层后，就不可以修改位于该图层上的图形了。图5-19所示的是墙体图层被锁定的效果。

　　通过以下方式锁定或解锁图层。

- 在"图形特性管理器"对话框中单击所需图层的 按钮，可锁定当前图层；相反单击 按钮可解锁当前图层。
- 在"图层"面板中单击"图层"下拉按钮，在打开的下拉列表中单击所需图层的 或 按钮即可。

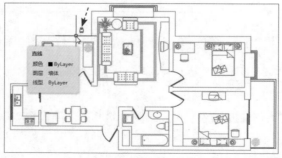

图 5-19

4. 合并图层

　　如果在"图层特性管理器"对话框中存在许多相同属性的图层，则可以将这些图层合并到一个指定的图层中，以方便管理。

　　在"图层特性管理器"对话框中选择两个或多个属性相同的图层，右击，在弹出的快捷菜单中选择"将选定图层合并到"选项，如图5-20所示。在打开的"合并到图层"对话框中指定合并到的图层名称，如图5-21所示。

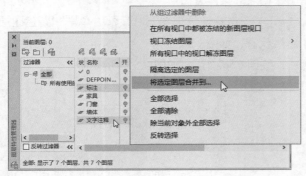 

图 5-20　　　　　　　　　　　　　　　　　　　　图 5-21

选择完成后，单击"确定"按钮，选中的两个图层就会合并到目标图层中，如图5-22所示。

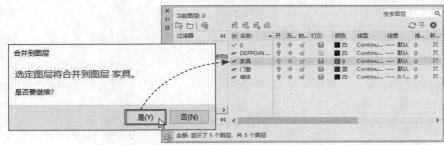

图 5-22

5. 隔离图层

隔离图层是指除隔离图层之外的所有图层都会被锁定，只能对当前隔离图层上的图形进行编辑操作。图5-23所示的是墙体层处于隔离状态，其他图层为锁定状态。

在"图层"面板中单击"隔离"按钮，选择要隔离图层上的图形，按回车键。单击"取消隔离"按钮，被隔离的图层将被取消隔离，如图5-24所示。

图 5-23　　　　　　　　　　　　　　　　　　　　图 5-24

注意事项 在"图层特性管理器"对话框中可以将不需要的图层删除，以方便对有用的图层进行管理。选中图层后，按Delete键即可删除图层。需注意的是，0图层和系统图层（Defpoints）、有包含图形的图层、当前使用的图层，以及依赖外部参照图层都不能删除。

动手练 创建墙体轴线图层 ←━━━━━━━━━━━━━━━━━━━━━━━━━━→

下面以创建轴线图层为例，介绍图层创建的具体方法。

步骤01 执行"图层特性"命令，打开"图层特性管理器"对话框。单击"新建图层"按钮，创建"图层1"，且图层名称处于编辑状态，如图5-25所示。

步骤02 输入新的图层名为"轴线"，按回车键确认，如图5-26所示。

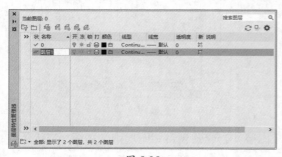
图 5-25

图 5-26

步骤03 单击"轴线"图层的"颜色"设置按钮，打开"选择颜色"对话框，从中选择红色，如图5-27所示。

步骤04 单击"线型"设置按钮，打开"选择线型"对话框，目前已加载的线型只有默认线型，如图5-28所示。

图 5-27

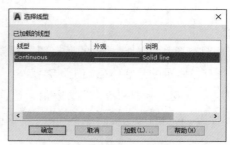
图 5-28

步骤05 单击"加载"按钮打开"加载或重载线型"对话框，在"可用线型"列表中选择CENTER线型，如图5-29所示。

步骤06 关闭对话框，在"选择线型"对话框中再选择该线型，如图5-30所示。

图 5-29

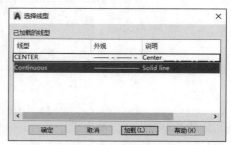
图 5-30

步骤07 观察新创建的"轴线"图层，如图5-31所示。

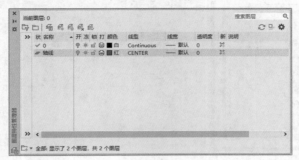

图 5-31

⊹5.3 图块的创建与设置

图块是由一个或多个对象组成的对象集合。它将不同的形状、线型、线宽和颜色的对象组合定义成块，利用图块可以减少大量重复的操作步骤，从而提高设计和绘图的效率。

5.3.1 创建块 ◄───────────────────────────►

创建块就是将已有的图形定义为图块，通过以下方式可调用"创建块"命令。

● 在菜单栏中执行"绘图"|"块"|"创建"命令。

● 在"插入"选项卡"块定义"面板中单击"创建块"按钮。

● 在命令行中输入B命令并按回车键即可。

执行"创建块"命令后，会打开"块定义"对话框，如图5-32所示。在此设置好图块插入点及图块名称，单击"确定"按钮即可。

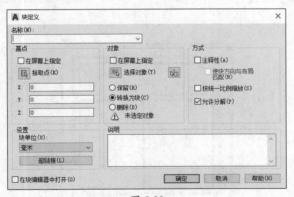

图 5-32

动手练 创建窗图块 ◄────────────────────

下面以创建立面窗图块为例，介绍图块创建的具体方法。

步骤01 打开"窗户"素材文件。可以看到当前图形都是独立显示的，如图5-33所示。

步骤02 全选图形，执行"创建块"命令，打开"块定义"对话框，单击"拾取点"按钮，如图5-34所示。

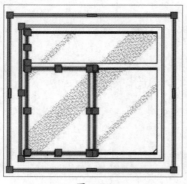

图 5-33

图 5-34

步骤 03 在绘图窗口中指定图块的插入点，如图5-35所示。

步骤 04 返回"块定义"对话框，设置好图块名称，如图5-36所示。

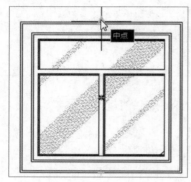

图 5-35

图 5-36

步骤 05 单击"确定"按钮，关闭对话框。此时，窗户图形已创建成图块，如图5-37所示。

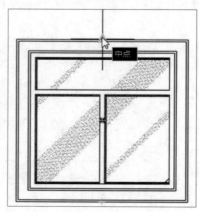

图 5-37

5.3.2　存储图块

存储图块也叫写块，是创建块的一种。它是将图形作为单独的一个对象另存在新文件中。通俗地说就是在当前图纸文件中选择部分图形，将其另存为一个新的、独立的图形文件。它可以图块的形式插入至任何文件中。通过以下方式存储图块。

● 在"插入"选项卡"块定义"面板中单击"写块"按钮。
● 在命令行中输入W并按回车键。

执行以上任意一种操作均可以打开"写块"对话框，如图5-38所示。

与创建块相似，通过单击"选择对象"和"拾取点"按钮来选择图形以及指定图形的插入点，然后单击按钮，在"浏览图形文件"对话框中设置好图块名称及路径，单击"保存"按钮，如图5-39所示。返回"写块"对话框，单击"确定"按钮完成图块存储操作。

图 5-38　　　　　　　　　　　　　　　　图 5-39

工程师点拨 "创建块"和"写块"都可以将图形转换为图块，但是它们之间还是有区别的。"创建块"的图形只能在当前文件中使用，不能用于其他文件中。而"写块"的图形可以用于其他文件中。对于经常使用的图块，特别是绘制标准间这一类的图形时，可以利用"写块"来保存，以便下次直接调用该图块，这样可大大提高绘图效率。

动手练 创建单人沙发图块

下面从组合沙发图形中将单人沙发进行单独保存。

步骤01 打开"组合沙发"素材文件，执行"写块"命令，打开"写块"对话框，单击"选择对象"按钮，在绘图窗口中选择单人沙发图形，如图5-40所示。

步骤02 按回车键，返回"写块"对话框，单击"拾取点"按钮，指定沙发图块的插入点，如图5-41所示。

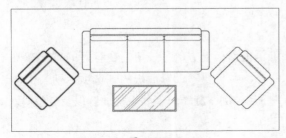

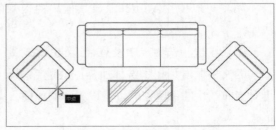

图 5-40　　　　　　　　　　　　　　　　图 5-41

步骤03 返回"写块"对话框，设置好图块文件名及路径，如图5-42所示。

步骤04 单击"保存"按钮返回上一层对话框，单击"确定"按钮即可完成图块保存操作，如图5-43所示。

图 5-42

图 5-43

5.3.3　插入图块

图形被创建成图块之后，可执行"插入块"命令将图形插入到当前图形中。通过以下方式可调用"插入块"命令。

- 在菜单栏中执行"插入"|"块选项板"命令。
- 在"插入"选项卡"块"面板中单击"插入"[图]下拉按钮，在打开的下拉列表中选择"最近使用的块"选项。
- 在命令行中输入i命令并按回车键。

执行以上任意一种操作即可打开"块"设置面板，如图5-44所示。在该面板中可通过"当前图形""最近使用"两个选项卡插入相应的图块。

当前图形： 该选项卡主要是将当前图形中所有块定义显示为图表或列表。

最近使用： 该选项卡是显示最近插入的图块。

收藏夹： 该选项卡主要用于图块的云存储，方便在各设备之间共享图块。

库： 该选项卡是用于存储在单个图形文件中的块定义集合。用户可以使用Autodesk或其他厂商提供的块库或自定义块库。

图 5-44

如果在这些选项卡中没有合适的图块，那么可单击面板上方的[图]按钮，在打开的"选择要插入的文件"对话框中选择所需图块进行插入。此外，在"块"设置面板的"选项"列表中，可对当前图块的一些参数进行设置，例如插入点、插入比例、旋转角度、重复放置以及分解等。

5.3.4　创建图块属性

属性是与图块相关联的文本，例如，将尺寸、材料、数量等信息作为属性保存在门图块中。属性既可以文本形式出现在屏幕上，也可以不可见的方式存储在图形中，与块相关联的属性可从图形中提取出来并转换成数据资料的形式。

用户可通过以下方式创建图块属性。

- 在菜单栏中执行"绘图"|"块"|"定义属性"命令。
- 在"插入"选项卡"块定义"面板中单击"定义属性"按钮。

执行"定义属性"命令后,会打开"属性定义"对话框,如图5-45所示。在该对话框中可以设置属性块的模式、属性内容、属性格式等相关信息。一般来说,用户对"属性"的"标记""文字高度"选项进行设置,其他保持默认即可。

图 5-45

5.3.5 编辑图块属性

块属性定义好后,如果不需要属性完全一致的块,那么就需要对其块进行编辑操作。用户可以在"增强属性编辑器"对话框中对图块进行编辑。通过以下方式可打开"增强属性编辑器"对话框。

- 在菜单栏中执行"修改"|"对象"|"属性"|"单个"命令,根据提示选择所需块。
- 在命令行中输入EATTEDIT命令并按回车键,根据提示选择所需块。
- 双击创建好的属性图块。

执行以上任意一种操作即可打开"增强属性编辑器"对话框,如图5-46所示。在对话框的"属性"选项卡中可对其文字内容进行更改。在"文字选项"选项卡中可对文字的样式进行设置,如图5-47所示。在"特性"选项卡中可对图块所在的图层属性进行设置,如图5-48所示。

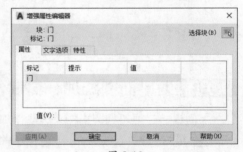

图 5-46

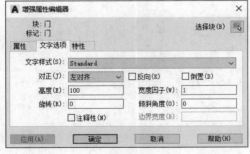

图 5-47

图 5-48

5.3.6 管理属性图块

在"插入"选项卡"块定义"面板中单击"管理属性"按钮,即可打开"块属性管理器"对话框,如图5-49所示,在此可编辑定义好的属性图块。

图 5-49

单击"编辑"按钮可以打开"编辑属性"对话框，在该对话框中可以修改定义图块的属性，如图5-50所示。单击"设置"按钮，可以打开"块属性设置"对话框，如图5-51所示，从中可以设置属性信息的列出方式。

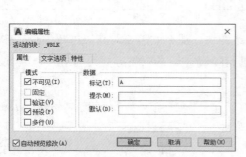

图 5-50

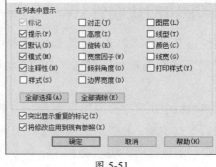

图 5-51

 动手练 **为平面图添加标高属性图块** ◄───────────────────────►

下面以一居室户型图为例，为其添加带属性的标高图块。具体操作如下。

步骤01 执行"直线"命令绘制标高符号，如图5-52所示。

步骤02 执行"定义属性"命令，打开"属性定义"对话框，设置好"标记"及"文字高度"，如图5-53所示。

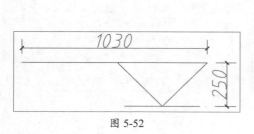

图 5-52

图 5-53

步骤03 单击"确定"按钮返回绘图区，指定标记符号的基点，如图5-54所示。

步骤04 设置完成后，执行"写块"命令，打开"写块"对话框，单击"选择对象"按钮，在绘图窗口中选择标高图形，如图5-55所示。

步骤 05 按回车键返回"写块"对话框，单击"拾取点"按钮，指定插入基点，如图5-56所示。

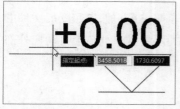
图 5-54

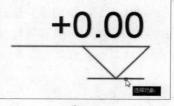
图 5-55

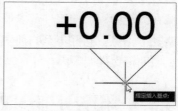
图 5-56

步骤 06 返回"写块"对话框，设置目标的文件名和路径，单击"确定"按钮即可，如图5-57所示。

步骤 07 打开"一居室户型图"素材文件，在命令行中输入i，按回车键，打开"块"设置面板，选择保存好的标高图块，将其插入图纸中，如图5-58所示。

图 5-57

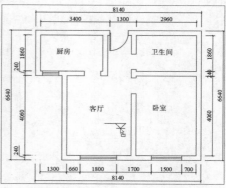
图 5-58

步骤 08 双击标高值，在"增强属性编辑器"对话框的"值"方框中，输入所需标高值，如图5-59所示。

步骤 09 单击"确定"按钮。此时标高显示出设置后的标高值，如图5-60所示。

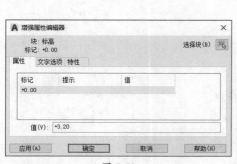
图 5-59

图 5-60

⊹5.4 应用外部参照

外部参照与图块有相似的地方，但也有一定的区别。在图形中插入图块，图块就永久性存储在图形中；而使用外部参照的方式插入图形，该图形只是记录参照关系，如参照图形文件的路径等信息。它并不是当前图形的一部分，当打开具有外部参照的图形时，系统会自动把外部参照图形文件调入内存并在当前图形中显示出来。

5.4.1 附着外部参照

使用外部参照图形，先要附着外部参照文件。通过以下方法调出"附着外部参照"对话框。

● 在菜单栏中执行"工具"|"外部参照和块在位编辑"|"打开参照"命令。

● 在"插入"选项卡的"参照"面板中单击"附着"按钮。

执行以上任意一项操作，都能够打开"选择参照文件"对话框，如图5-61所示。在此选择所需的文件，单击"打开"按钮，即可打开"附着外部参照"对话框，如图5-62所示。从中可将图形文件以外部参照的形式插入当前图形中。

图 5-61

图 5-62

引用的外部参照图形会以半透明状态来显示，如图5-63所示。一般来说，在进行一套图纸的设计时，设计者会利用外部参照的方式将两张图纸重合，从而观察并调整方案。图5-64所示的是室内平面图与顶棚布置图重叠的效果。

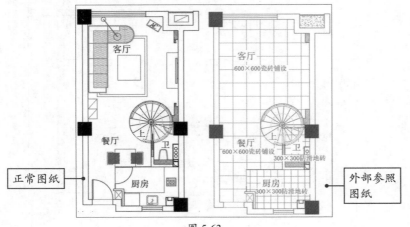
图 5-63

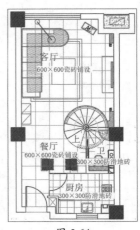
图 5-64

5.4.2　编辑外部参照

图块和外部参照都被视为参照，用户可以使用在位参照编辑来修改当前图形中的外部参照，也可以重定义当前图形中的块定义。通过以下方式打开"参照编辑"对话框。

● 在菜单栏执行"工具"|"外部参照和块在位编辑"|"在位编辑参照"命令。

● 在"插入"选项卡"参照"面板中，单击"参照"下拉按钮，在打开的下拉列表中单击"编辑参照"按钮。

● 双击需要编辑的外部参照图形。

执行以上任意一种操作，选择参照图形后按回车键，即可打开"参照编辑"对话框，再单击"确定"按钮可进入参照编辑状态，如图5-65所示。在此可对参照图形进行编辑操作。

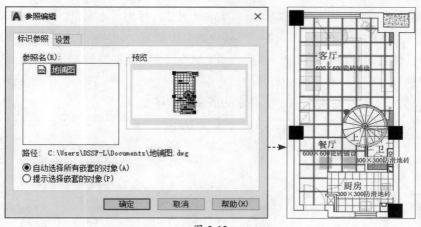

图 5-65

修改完成后，在"插入"选项卡的"编辑参照"面板中单击"保存修改"按钮即可，如图5-66所示。

图 5-66

注意事项 在编辑外部参照文件时，外部参照文件必须处于关闭状态，如果外部参照处于打开状态，程序会提示图形上已存在文件锁。保存编辑外部参照后的文件，外部参照也会随着一起更新。

5.4.3　绑定外部参照

在对包含外部参照的图块的图形进行保存时，需要将外部参照图形绑定到当前图形中，以避免丢失参照图形，而无法正常打开文件。绑定参照图形后，参照图形将成为当前图形中固有的一部分，而不再是外部参照文件。

选择外部参照图形，执行"修改"|"对象"|"外部参照"命令，在打开的级联菜单中选择"绑定"选项，打开"外部参照绑定"对话框，选择要绑定的外部参照图形，单击"确定"按钮，如图5-67所示。

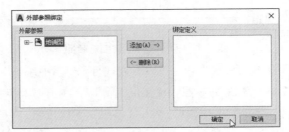

图 5-67

案例实战：为平面图添加立面指向标识

　　下面结合本章所学知识，为客厅平面图添加立面指向标识。本案例涉及的主要知识点有保存图块、添加图块属性以及插入图块等。具体绘制方法如下。

　　步骤01 使用直线、圆形、镜像、修剪、图案填充命令绘制如图5-68所示的立面指向符号。

　　步骤02 执行"定义属性"命令打开"属性定义"对话框，将"标记"和"默认"属性都设置为A，将"文字高度"设置为300，如图5-69所示。

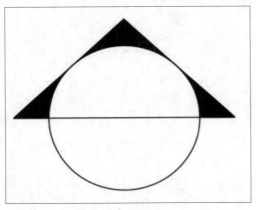

图 5-68

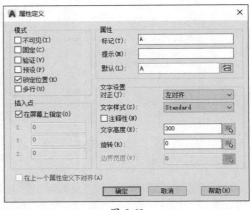

图 5-69

　　步骤03 单击"确定"按钮返回绘图窗口，指定该符号的基点，如图5-70所示。

　　步骤04 单击完成属性定义操作，如图5-71所示。

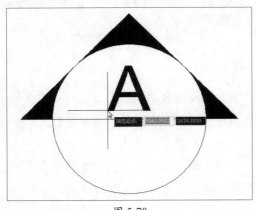

图 5-70

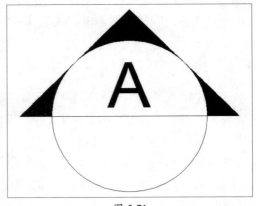

图 5-71

步骤 05 设置完成后，单击"创建块"下拉按钮，在打开的下拉列表中选择"写块"选项，打开"写块"对话框，单击"选择对象"按钮，选择立面指向符号，如图5-72所示。

步骤 06 按回车键返回"写块"对话框，单击"拾取点"按钮，指定插入基点，如图5-73所示。

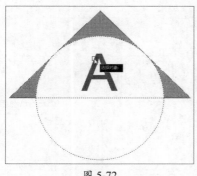

图 5-72

图 5-73

步骤 07 返回"写块"对话框，设置目标的文件名和路径，单击"确定"按钮即可，如图5-74所示。

步骤 08 打开"平面布置图"素材文件，如图5-75所示。

图 5-74

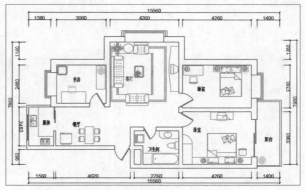

图 5-75

步骤 09 在命令行中输入i，按回车键，打开"块"设置面板，如图5-76所示。

步骤 10 选择刚保存的图块，将其拖曳至平面图指定位置，如图5-77所示。

图 5-76

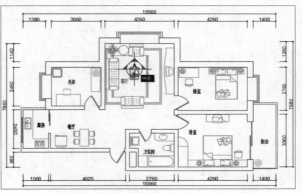

图 5-77

步骤11 在"编辑属性"对话框中，直接单击"确定"按钮，完成该图块的插入操作，如图5-78所示。

步骤12 执行"缩放"命令，适当缩小指向标识图块。执行"复制"和"旋转"命令，复制指向标识图块，并进行旋转操作，将其放置于平面图其他所需位置处，如图5-79所示。

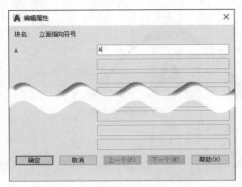

图 5-78

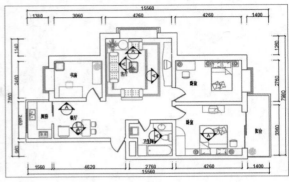

图 5-79

步骤13 双击其中一个指向标识图块，弹出"增强属性编辑器"对话框，修改"属性"值，如图5-80所示。

步骤14 单击"确定"按钮后可以看到修改后的符号，如图5-81所示。

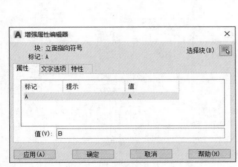

图 5-80

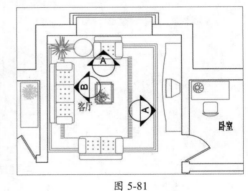

图 5-81

步骤15 按照此操作步骤修改其他的符号属性，如图5-82所示。至此，立面指向标识符号添加完毕。

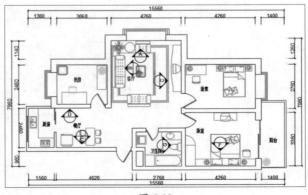

图 5-82

拓展练习

本章介绍了图形特性的设置、图层创建以及图块的相关功能。下面通过两个小练习来对所学知识点进行巩固。

1. 插入人物图块

利用"块"设置面板将指定的人物图块插入沙发图形中，效果如图5-83所示。

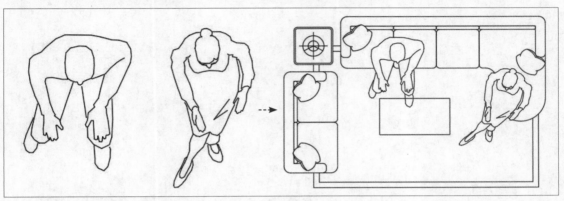

图 5-83

操作提示 在命令行中输入i，打开"块"设置面板。单击 🖼 按钮打开"选择要插入的文件"对话框，选择人物图块，将其拖入图形中，调整好人物大小。

2. 设置匹配图层

通过"匹配图层"功能，将植物图块匹配至相应的图层中，效果如图5-84所示。

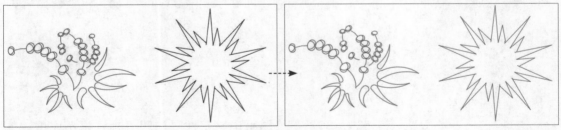

图 5-84

操作提示 选择左侧绿叶图形，执行"匹配图层"命令，然后选择右侧植物图形。

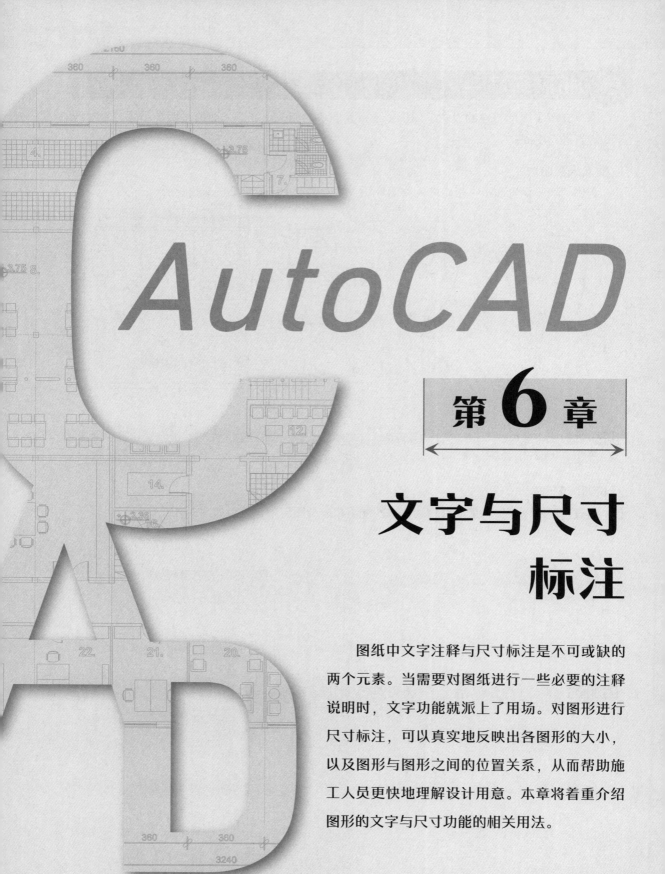

AutoCAD

第6章

文字与尺寸标注

图纸中文字注释与尺寸标注是不可或缺的两个元素。当需要对图纸进行一些必要的注释说明时，文字功能就派上了用场。对图形进行尺寸标注，可以真实地反映出各图形的大小，以及图形与图形之间的位置关系，从而帮助施工人员更快地理解设计用意。本章将着重介绍图形的文字与尺寸功能的相关用法。

⌖6.1 添加文字注释

在图纸中添加文字之前，先要对其文字样式进行设置，例如设置文字大小、文字字体、文字颜色等。

6.1.1 设置文字样式 ←—————————————————————————→

文字样式包括选择字体文件、设置文字高度、设置宽度比例、设置文字显示等。默认情况下，系统自动创建两个名为Annotative和Standard的文字样式，且Standard被作为默认文字样式。用户可根据需求对其文字样式进行修改，或新建样式。通过以下方法可打开"文字样式"对话框，如图6-1所示。

- 在菜单栏执行"格式" | "文字样式"命令。
- 在"默认"选项卡"注释"面板中，单击下拉按钮，在打开的下拉列表中单击"文字注释"按钮▲。
- 在"注释"选项卡"文字"面板中单击右下角箭头▣。

图 6-1

在"文字样式"对话框中用户可对当前的文字样式进行设置，例如样式、字体、字体样式、大小、高度、效果等。下面对一些常用的设置选项进行简单说明。

- **样式**：显示已有的文字样式。单击"正在使用的样式"列表框右侧的下拉按钮，在弹出的下拉列表中可以选择样式类别。
- **字体**：包含"字体名"和"字体样式"选项。"字体名"用于设置文字注释的字体。"字体样式"用于设置字体格式，例如斜体、粗体或者常规字体。
- **大小**：包含"注释性""使文字方向与布局匹配"和"高度"选项，其中"注释性"用于指定文字为注释性，"高度"用于设置字体的高度。
- **效果**：修改字体的特性，如宽度因子、倾斜角度以及是否颠倒显示等。
- **置为当前**：将选定的样式置为当前。
- **新建**：创建新的样式。
- **删除**：单击"样式"列表框中的样式名，会激活"删除"按钮，单击该按钮即可删除样式。

注意事项 在删除文字样式时需注意，系统默认的Standard样式以及当前使用的样式是无法删除的。

6.1.2 创建与编辑单行文字

单行文字主要用于创建简短的文本内容。在输入过程中，按回车键即可将单行文字分为两行。每行文字是一个独立的文字对象。

1. 创建单行文字

通过以下方式调用"单行文字"命令。

- 在菜单栏中执行"绘图"|"文字"|"单行文字"命令。
- 在"默认"选项卡"注释"面板中单击"文字"下拉按钮Ａ，在打开的列表中，选择"单行文字"选项Ａ。
- 在"注释"选项卡"文字"面板中单击"多行文字"下拉按钮，在打开的下拉列表中选择"单行文字"选项。
- 在命令行中输入TEXT并按回车键。

执行"单行文字"命令后，在绘图窗口指定一点作为文字起点，根据提示输入高度，例如80mm，角度为0，按回车键输入文字内容，单击编辑框外任意一点，并按Esc键即可完成创建单行文字操作，如图6-2所示。

命令行提示如下：

```
命令： _text
当前文字样式： "Standard" 文字高度： 2.5000  注释性： 否  对正： 左
指定文字的起点 或 [对正 (J) / 样式 (S)]：（指定文字插入点）
指定高度 <2.5000>： <正交 开> 80（输入文字高度值，按回车键）
指定文字的旋转角度 <0>：（输入旋转角度值，默认值可按回车键）
```

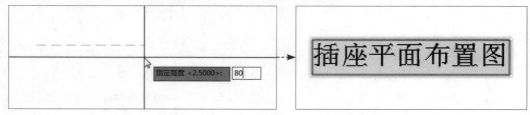

图 6-2

2. 编辑单行文字

文字输入后，可以对输入的文本内容进行编辑。通过以下方式可调用"文字编辑"命令。

- 在菜单栏中执行"修改"|"对象"|"文字"|"编辑"命令。
- 双击单行文字。

执行以上任意一种操作，即可进入文字编辑状态，在此可对文字内容进行修改，如图6-3所示。

图 6-3

如果想要对文字的高度、旋转角度进行调整，可使用"特性"面板进行操作。右击单行文字内容，在弹出的快捷菜单中选择"特性"选项，打开"特性"面板，根据需要设置其相应的选项即可，如图6-4所示。

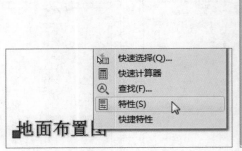

图 6-4

动手练 为插座平面图添加文字说明

下面以标注插座平面图文字内容为例，介绍单行文字功能的具体操作。

步骤 01 打开"插座平面图"素材文件。执行"单行文字"命令，指定文字的起点，将文字高度设置为200，旋转角度设置为0，输入文字内容，如图6-5所示。

步骤 02 指定餐厅区域，并输入相应的文字内容，如图6-6所示。

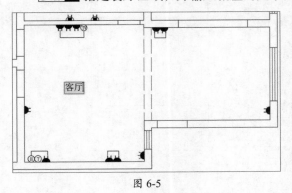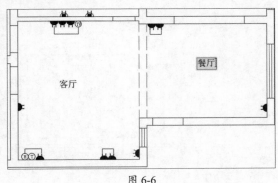

图 6-5   图 6-6

步骤 03 继续指定平面图其他位置，输入文字内容，如图6-7所示。

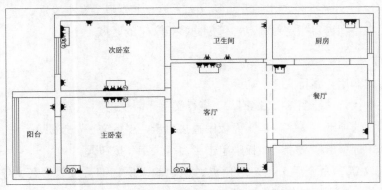

图 6-7

步骤04 复制客厅文字至插座上方，双击文字，可修改其文字内容，如图6-8所示。

步骤05 右击该文字内容，在弹出的快捷菜单中选择"特性"选项，打开"特性"面板，将文字"高度"更改为150，如图6-9所示。

步骤06 设置完成后，被选中的文字高度已发生了变化，如图6-10所示。

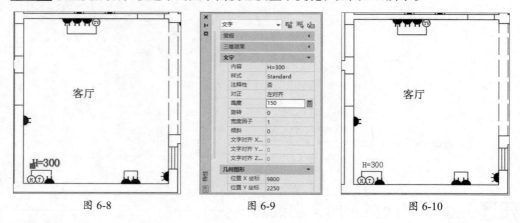

图 6-8   图 6-9   图 6-10

步骤07 将该插座注释复制到其他插座处，双击文字，更改其高度值，如图6-11所示。至此，插座平面图文字注释已添加完成。

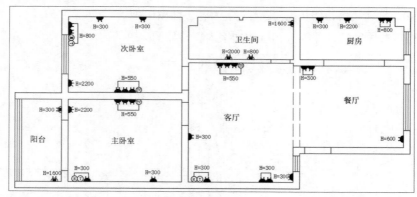

图 6-11

6.1.3 创建与编辑多行文字

多行文字与单行文字不同之处在于，多行文字是一个或多个文本段落，每一段落都视为一个整体来处理。在绘图窗口指定对角点即可创建多行文字的区域。

1. 创建多行文字

通过以下方式调用"多行文字"命令。

- 在菜单栏中执行"绘图"｜"文字"｜"多行文字"命令。
- 在"默认"选项卡"文字注释"面板中直接单击"多行文字"按钮A。
- 在"注释"选项卡"文字"面板中单击"多行文字"按钮A。

执行"多行文字"命令后，指定对角点，创建输入框，即可输入多行文字，如图6-12所示。输入完成后单击输入框外任意点即可。

图 6-12

2. 编辑多行文字

编辑多行文字和单行文字的方法一致，双击多行文字即可进入编辑状态。同时，也会打开"文字编辑器"选项卡，在此可根据需要设置相应的文字样式，如图6-13所示。

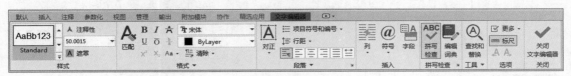

图 6-13

当然用户还可以通过"特性"面板修改文字样式和缩放比例等，具体方法与编辑单行文字相同。

6.1.4 创建特殊文字

在绘图过程中经常会输入一些特殊的符号，例如度数、直径、上下标、百分号等，下面对它们的添加方法进行介绍。

1. 在单行文字命令中输入特殊符号

执行"单行文字"命令时，可通过控制码来实现特殊字符的输入。控制码由两个百分号和一个字母（或一组数字）组成。常见字符代码如表6-1所示。

表6-1

代码	功能	代码	功能
%%O	上画线（成对出现）	\U+2220	角度∠
%%U	下画线（成对出现）	\U+2248	几乎等于≈
%%D	度数（°）	\U+2260	不相等≠
%%P	正负公差（±）	\U+0394	差值△
%%C	直径（∅）	\U+00B2	上标2
%%%	百分号（%）	\U+2082	下标2

2. 在多行文字命令中输入特殊符号

执行"多行文字"命令时，可在"文字编辑器"选项卡中单击"符号"下拉按钮，在打开的下拉列表中选择所需的符号，如图6-14所示，或者在"符号"列表中选择"其他"选项，通过"字符映射表"对话框来插入，如图6-15所示。当然，用户也可直接通过输入符号代码来操作。

图 6-14

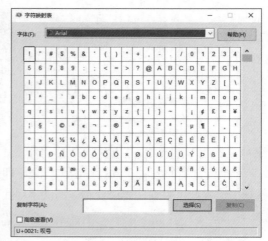

图 6-15

 动手练 为吊顶剖面添加图名

下面使用"多段线"和"多行文字"命令为吊顶剖面图创建图名。

步骤 01 打开"吊顶剖面图"素材文件，如图6-16所示。

步骤 02 执行"多段线"命令，绘制两条线宽为6mm的多段线，长度适中即可，如图6-17所示。

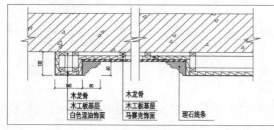

图 6-16

图 6-17

步骤 03 执行"分解"命令，选中第2条多段线，将其进行分解，如图6-18所示。

步骤 04 执行"多行文字"命令，在多段线上方创建多行文字内容，如图6-19所示。

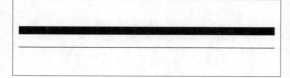

图 6-18

图 6-19

步骤 05 选中输入完成的图示内容，在"文字编辑器"选项卡的"样式"面板中，将"注释性"设置为35，在"格式"面板中，将"字体"设置为"黑体"，如图6-20所示。

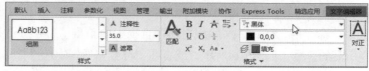

图 6-20

步骤06 单击文字编辑区域外任意一点，即可完成编辑操作，如图6-21所示。

步骤07 继续创建多行文字，设置文字"高度"为30、"字体"为"宋体"，放置在多段线下方，完成图名的添加，如图6-22所示。

图 6-21

图 6-22

步骤08 将绘制完成的图示内容放置在剖面图下方合适位置，最终效果如图6-23所示。

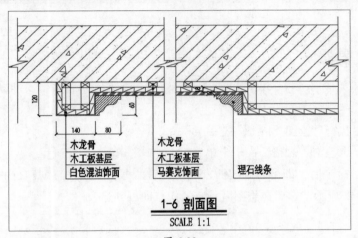

图 6-23

6.2 插入表格内容

施工图纸中的表格元素也是经常被使用到的。例如在建筑图纸中会经常见到一些门窗材料表、灯具设备表等。使用表格可以很直观地表达出所需的材料信息。下面介绍表格功能的基础应用。

6.2.1 设置表格样式

与文字相同，在插入表格之前，也需要对其表格的样式进行设定。在"表格样式"对话框中可以选择设置表格样式的方式，通过以下方式可打开"表格样式"对话框。

● 在菜单栏中执行"格式"|"表格样式"命令。

● 在"注释"选项卡中单击"表格"面板右下角的箭头。

打开"表格样式"对话框后单击"修改"按钮，可打开"修改表格样式"对话框，如图6-24所示。

在"修改表格样式"对话框的"单元样式"选项组中，包含"标题""表头""数据"样式选项。选择其中任意一项，便可在"常规""文字"和"边框"3个选项卡中分别设置相应样式。

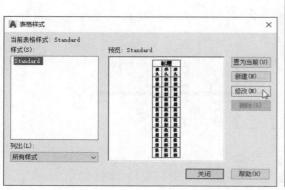

图 6-24

6.2.2 创建表格

表格样式创建完成后，接下来可以通过"表格"命令来创建表格。通过以下方式调用"表格"命令。

● 在菜单栏中执行"绘图"|"表格"命令。

● 在"注释"选项卡"表格"面板中单击"表格"按钮▦。

执行"表格"命令后，即可打开"插入表格"对话框，从中设置列和行的参数，单击"确定"按钮，如图6-25所示。然后在绘图区指定插入点即可创建表格。

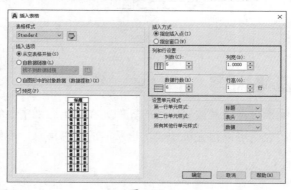

图 6-25

创建完成表格后，用户便可在单元格中输入文字内容，如图6-26所示。此外，还可以通过拖曳表格四周的编辑夹点来调整表格的行高和列宽，如图6-27所示。

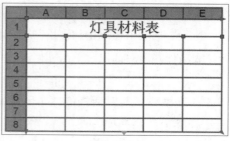

图 6-26　　　　　　　　　　　　图 6-27

在表格中单击所需编辑的单元格，系统会自动打开"表格单元"选项卡，在此，用户可以对其表格的格式进行详细设置，如图6-28所示。

图 6-28

⊹6.3　添加尺寸标注

一般情况下，完整的尺寸标注由尺寸界线、尺寸线、标注文字和箭头4部分组成，如图6-29所示。

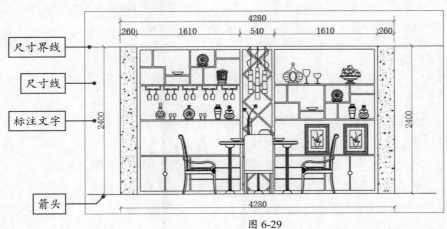

图 6-29

6.3.1　设置尺寸样式

默认的标注文字很小，几乎看不见。所以在添加尺寸标注前，先要对其样式进行一番必要的设置，例如文字样式、箭头样式、尺寸线样式等。在设置时，可以利用"标注样式管理器"对话框进行操作。通过以下方式可打开"标注样式管理器"对话框，如图6-30所示。

- 在菜单栏中执行"格式"|"标注样式"命令。
- 在"注释"选项卡"标注"面板中单击右下角的箭头⬛。
- 在命令行中输入D并按回车键。

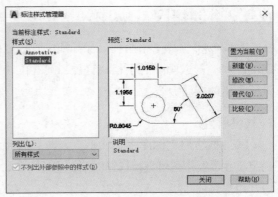

图 6-30

如果标注样式中没有需要的样式类型，可新建标注样式。在"标注样式管理器"对话框中单击"新建"按钮，将打开"创建新标注样式"对话框，如图6-31所示。在此新建样式名称。

创建标注名后，单击"继续"按钮可以对尺寸样式进行设置，如图6-32所示。该对话框由线、符号和箭头、文字、调整、主单位、换算单位、公差7个选项卡组成。

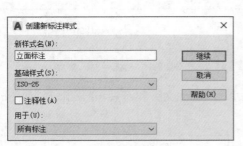

图 6-31

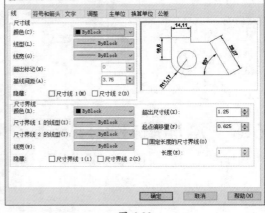

图 6-32

- **线**：用于设置尺寸线和尺寸界线的一系列参数。
- **符号和箭头**：用于设置箭头、圆心标记、折线标注、弧长符号、半径折弯标注等一系列参数。
- **文字**：用于设置文字的外观、文字位置和文字的对齐方式。
- **调整**：用于设置箭头、文字、引线和尺寸线的放置方式。
- **主单位**：用于设置标注单位的显示精度和格式，并可以设置标注的前缀和后缀。
- **换算单位**：用于设置标注测量值中换算单位的显示并设定其格式和精度。
- **公差**：用于设置指定标注文字中公差的显示及格式。

> **工程师点拨** 在"标注样式管理器"对话框中，除了可对标注样式进行编辑外，也可进行重命名、删除和置为当前等管理操作。右击选中需管理的标注样式，在弹出的快捷菜单中选择相应的选项即可。

6.3.2 创建尺寸标注

AutoCAD提供了十余种尺寸标注工具用以标注图形对象，它们可以在图形中标注任意两点间的距离、圆或圆弧的半径和直径、圆心位置、圆弧或相交直线的角度等。下面介绍一些室内设计常用的标注命令。

1. 线性标注

线性标注用于标注水平或垂直方向上的尺寸。在进行标注操作时，用户可通过指定两点来确定尺寸界线，也可直接选择需要标注的对象，一旦确定所选对象，系统会自动进行标注操作。

用户可通过以下方式调用"线性"标注命令。

- 在菜单栏执行"标注"|"线性"命令。
- 在"标准"选项卡的"注释"面板中单击"线性"按钮囗。
- 在"注释"选项卡的"标注"面板中单击"线性"按钮囗。

执行"线性"命令后，捕捉标注对象的两个端点，再根据提示向水平或者垂直方向指定标注位置，如图6-33所示。

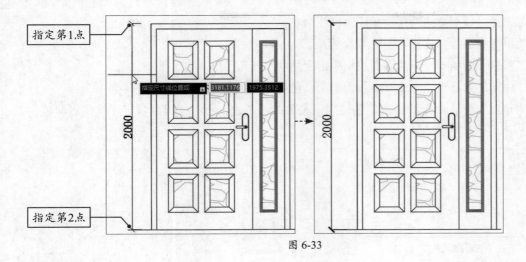

图 6-33

2. 对齐标注

对齐标注又称为平行标注，是指尺寸线始终与标注对象保持平行。对齐标注和线性标注相似，不同的是对齐标注通常用于标注有一定角度的线段。而线性标注主要用于标注水平或垂直线段。通过以下方法可调用"对齐"标注的命令。

● 在菜单栏中执行"标注"|"对齐"命令。

● 在"注释"选项卡"标注"面板中单击"已对齐"按钮。

执行"对齐"标注命令后，捕捉标注对象的两个端点，再根据提示指定标注位置，如图6-34所示。

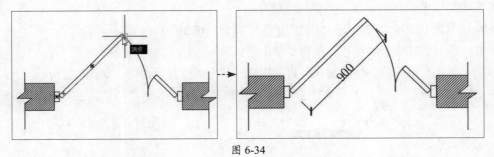

图 6-34

3. 角度标注

角度标注可准确测量出两条线段之间的夹角。测量对象包括圆弧、圆、直线和点4种，如图6-35所示。

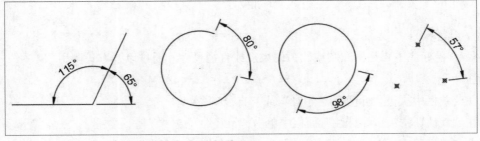

图 6-35

用户可以通过以下方式调用"角度"标注命令。

● 在菜单栏中执行"标注"|"角度"命令。

● 在"默认"选项卡"标注"面板中单击"角度"按钮△。

● 在"注释"选项卡"标注"面板中单击"角度"按钮△。

执行"角度"标注命令后，捕捉需要测量夹角的两条边，再根据提示指定标注位置即可，如图6-36所示。

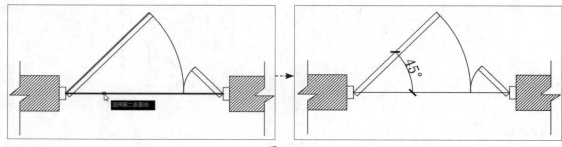

图 6-36

注意事项 在进行角度标注时，选择尺寸标注的位置很关键，当尺寸标注放置于当前测量角度之外，此时所测量的角度是当前角度的补角。

4. 弧长标注

弧长标注是标注指定圆弧或多段线的距离，它可以标注圆弧和半圆的尺寸。通过以下方式可调用"弧长"标注命令。

● 在菜单栏中执行"标注"|"弧长"命令。

● 在"默认"选项卡"标注"面板中单击"弧长"按钮⌒。

● 在"注释"选项卡"标注"面板中单击"弧长"按钮⌒。

执行"弧长"命令后，选择圆弧，再根据提示指定标注位置即可，如图6-37所示。

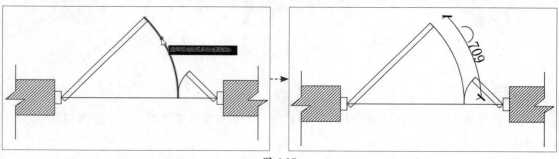

图 6-37

5. 半径／直径标注

半径/直径标注主要是标注圆或圆弧的半径或直径尺寸。通过以下方式调用"半径"或"直径"标注命令。

● 在菜单栏中执行"标注"|"半径"或"直径"命令。

● 在"默认"选项卡"标注"面板中单击"半径"⊙或"直径"按钮◎。

● 在"注释"选项卡"标注"面板中单击"半径"或"直径"按钮◎。

执行"半径"或"直径"命令，选中所需的圆弧或者圆形，并指定标注位置。图6-38和图6-39所示分别为半径标注和直径标注的效果。

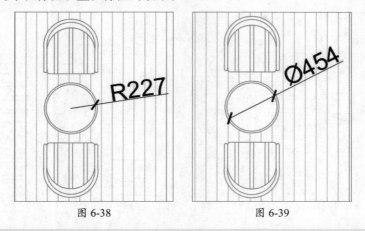

图 6-38   图 6-39

注意事项 当标注圆（或圆弧）的半径或直径时，系统将自动在测量值前面添加R或Φ符号来表示半径和直径。通常中文实体不支持Φ符号，所以在标注直径尺寸时，最好选用一种英文字体的文字样式，以便使直径符号得以正确显示。

6. 连续标注

连续标注是指连续进行线性标注。在执行过一次线性标注之后，系统会根据之前标注的尺寸界线作为下一个标注的起点进行连续标注。通过以下方式调用"连续"标注命令。

● 在菜单栏中执行"标注"|"连续"命令。
● 在"注释"选项卡"标注"面板中单击"连续"按钮 ⊞。

执行"连续"命令后，根据命令行中的提示，先选中上一个尺寸界线，然后依次捕捉下一个测量点，直到结束，按回车键即可，如图6-40所示。

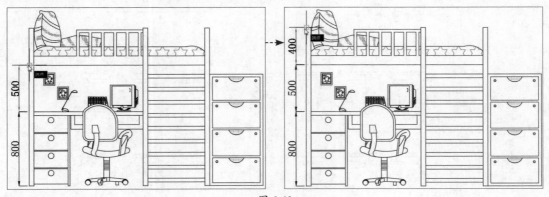

图 6-40

7. 快速标注

设置好标注样式后，选中要标注的线段，系统会自动识别线段的类型（直线、弧线），并为其添加尺寸。通过以下方式可调用"标注"命令。

● 在"默认"选项卡"注释"面板中单击"标注"按钮 ▦。
● 在"注释"选项卡"标注"面板中单击"标注"按钮 ▦。

执行"标注"命令后，将光标移至要标注的图形上，系统会自动显示出该图形的尺寸，用户只需指定尺寸线的位置，如图6-41所示。

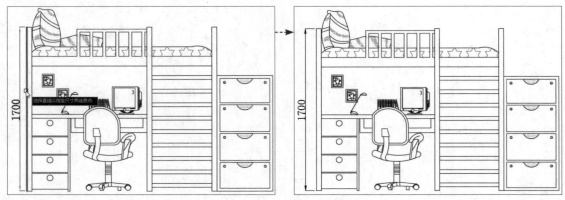

图 6-41

6.3.3 编辑尺寸标注

为图形标注尺寸后，用户还可对其标注的文字和位置进行编辑。

1. 用编辑命令编辑标注

如果标注的端点不处于平行状态，那么测量的距离会出现不准确的情况，用户可以通过以下方式编辑标注文本内容。

● 在菜单栏中执行"修改"|"对象"|"文字"|"编辑"命令。

● 双击需要编辑的标注文字。

执行以上任意一种操作后，其标注的文字即可进入编辑状态，在此更改其文字后，按回车键即可完成操作，如图6-42所示。

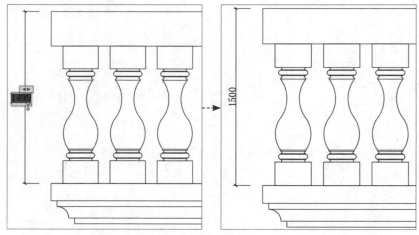

图 6-42

除了编辑文本内容之外，还可调整标注文本的位置。选择标注上的文字，将光标移动到文本的夹点上，在打开的快捷列表中执行"仅移动文字"命令，此时，标注文字会随光标移动而移动，如图6-43所示。

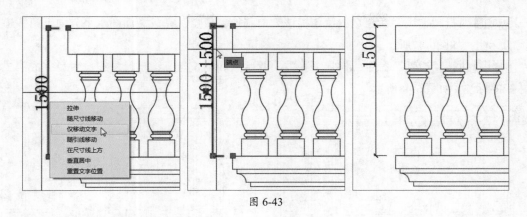

图 6-43

2. 用"特性"面板编辑标注

除了使用以上方法编辑尺寸外，用户还可以使用"特性"面板功能进行编辑。选择需要编辑的尺寸标注，右击，在弹出的快捷菜单中选择"特性"选项，即可打开"特性"面板。编辑尺寸标注的"特性"面板由常规、其他、直线和线头、文字、调整、主单位、换算单位和公差等8个卷轴栏组成。这些选项和"修改标注样式"对话框中的内容基本一致，如图6-44所示。

图 6-44

> **工程师点拨** 对尺寸样式进行更改后，用户可以对指定的标注进行更新操作。在"注释"选项卡"标注"面板中单击"更新"按钮，再选择要更新的尺寸标注，按回车键即可。

动手练 标注办公室立面图尺寸

下面以标注办公室立面图为例，介绍尺寸标注命令的具体操作。

步骤 01 打开"办公室立面图"素材文件。执行"线性"命令，捕捉图纸左下角第1个测量点，向右移动光标，捕捉水平方向第2个测量点，如图6-45所示。

步骤 02 指定尺寸线的位置，如图6-46所示，完成第1条尺寸线的创建。

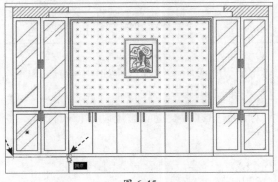

图 6-45

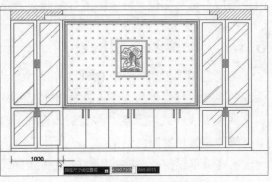

图 6-46

步骤 03 执行"连续"命令，继续捕捉该方向其他测量点，完成立面图水平方向上第一道尺寸线的标注，如图6-47所示。

步骤 04 执行"线性"命令，捕捉水平方向起始点和终止点，指定尺寸线位置，完成第二道尺寸线的标注，如图6-48所示。

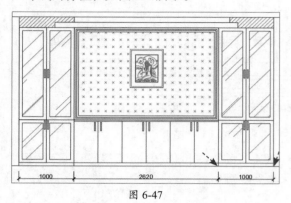

图 6-47   图 6-48

步骤 05 按照同样的方法，执行"线性"和"连续"命令，标注立面图两道尺寸线，如图6-49所示。至此，办公室立面图尺寸标注完成。

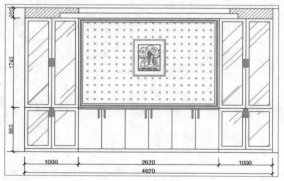
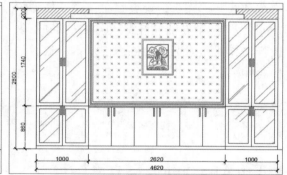

图 6-49

◆ 6.4 设置注释引线

注释引线主要用于对图形进行注释说明。引线对象可以是直线，也可以是样条曲线。引线的一端带有箭头标识，另一端带有多行文字或块。

6.4.1 设置多重引线样式 ←—————————————————————→

无论利用多重引线标注何种注释尺寸，首先都需要设置多重引线样式，如引线的形式、箭头的外观和注释文字的大小等，这样才能更好地完成引线标注。

多重引线样式需要在"多重引线样式管理器"对话框中进行设置。通过以下方式打开"多重引线样式管理器"对话框。

● 在菜单栏执行"格式"|"多重引线样式"命令。
● 在"默认"选项卡"注释"面板中单击"多重引线样式"按钮 ⚞ 。

● 在"注释"选项卡"引线"面板中单击右下角的箭头⬂。

执行以上任意一种操作后,可打开"多重引线样式管理器"对话框。单击"修改"按钮,可对当前样式进行修改。如果单击"新建"按钮,则打开"创建新多重引线样式"对话框,如图6-50所示,从中输入"新样式名"并选择"基础样式"类型,单击"继续"按钮,在打开的"修改多重引线样式"对话框中对各选项卡进行详细的设置,如图6-51所示。

图 6-50

图 6-51

6.4.2 创建多重引线

用户可以通过以下方式调用"多重引线"命令。

● 执行"标注"|"多重引线"命令。
● 在"默认"选项卡"注释"面板中单击"多重引线"按钮。
● 在"注释"选项卡"引线"面板中单击"多重引线"按钮。

执行"多重引线"命令后,先指定引线箭头的位置,然后再指定引线基线的位置,最后输入文本内容即可,如图6-52所示。

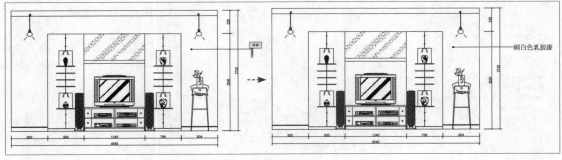
图 6-52

如果需要添加或删除多重引线,可在"注释"选项卡"引线"面板中单击相应的命令按钮进行操作。该面板包含4种引线编辑命令,包含添加引线、删除引线、对齐和合并。

● **添加引线**:在一条引线的基础上添加另一条引线,且标注是同一个。
● **删除引线**:将选定的引线删除。
● **对齐**:将选定的引线对象对齐并按一定间距排列。
● **合并**:将包含块的选定多重引线组织到行或列中,并使用单引线显示结果。

动手练 为客厅立面图添加材料注释 ←——————————————————————→

下面以添加客厅立面材料注释为例，介绍多重引线功能的具体操作。

步骤 01 打开"客厅立面图"素材文件。执行"引线样式"命令，打开"多重引线样式管理器"对话框。单击"修改"按钮，打开"修改多重引线样式"对话框。在"引线格式"选项卡中将"符号"设置为"点"，将"大小"设置为50，如图6-53所示。

步骤 02 在"引线结构"选项卡中将"设置基线距离"设置为200，如图6-54所示。

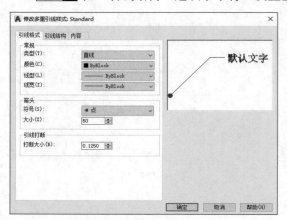

图 6-53

图 6-54

步骤 03 在"内容"选项卡中将"文字高度"设置为100，其他为默认，如图6-55所示。

步骤 04 单击"确定"按钮，返回上一层对话框，单击"置为当前"按钮，完成引线样式的设置，如图6-56所示。

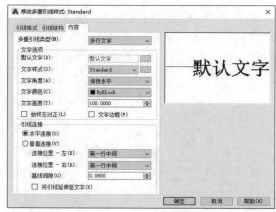

图 6-55

图 6-56

步骤 05 执行"多重引线"命令，指定箭头和引线的位置，并输入材料注释内容，如图6-57所示。

步骤 06 执行"多重引线"命令，为其他材料添加文字说明，如图6-58所示。

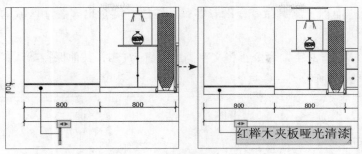

图 6-57

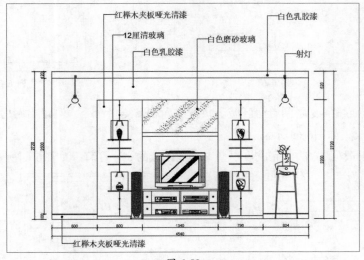

图 6-58

案例实战：完善一居室户型图

下面结合本章学习的知识点，为一居室户型图添加文字及尺寸标注。其中运用到的命令有单行文字、设置标注样式、线性标注及连续标注等。

步骤01 打开"一居室户型图"素材文件。执行"单行文字"命令，指定文字的起点，将文字高度设置为280，旋转设置为0，输入文字注释，如图6-59所示。

步骤02 继续输入其他空间文字注释，完成后按Esc键退出操作，如图6-60所示。

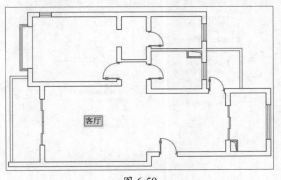

图 6-59

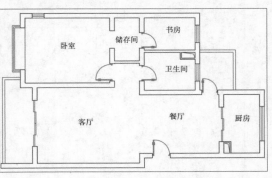

图 6-60

步骤 03 执行"面积"测量命令，沿着客餐厅墙体，测量出客餐厅区域的面积，如图6-61所示。

步骤 04 执行"单行文字"命令，将文字高度设置为150，其他保持默认，在客厅文字下方输入面积值，如图6-62所示。

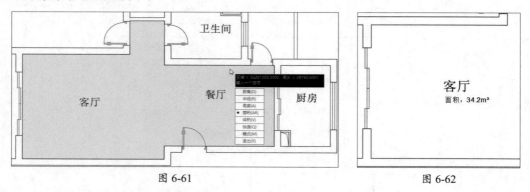

图 6-61 图 6-62

步骤 05 将该面积值复制到厨房区域。执行"面积"测量命令，测量出厨房面积。双击面积值，对其进行修改，如图6-63所示。

步骤 06 按照同样的方法，完成该户型中其他区域的文字注释，如图6-64所示。

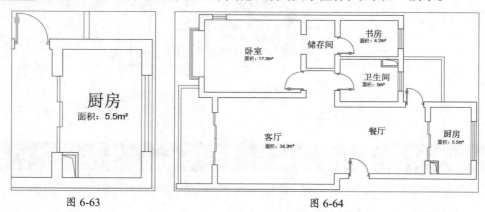

图 6-63 图 6-64

步骤 07 执行"标注样式"命令，打开"标注样式管理器"对话框，单击"修改"按钮，打开"修改标注样式"对话框，如图6-65所示。

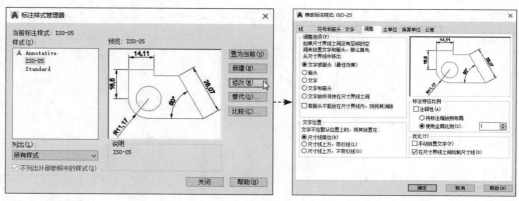

图 6-65

步骤 08 切换到"文字"选项卡，将"文字高度"设置为300，单击"文字样式"按钮，打开"文字样式"对话框，将"字体名"设置为"gbeitc.shx"，单击"置为当前"按钮，如图6-66所示。

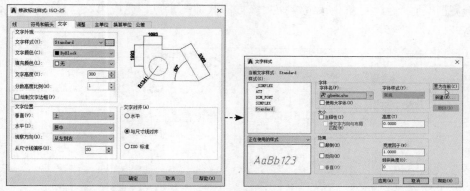

图 6-66

步骤 09 将"从尺寸线偏移"设置为20。切换到"主单位"选项卡，将"精度"设置为0，如图6-67所示。切换到"符号和箭头"选项卡，将"箭头"设置为"建筑标记"，将"箭头大小"设置为50，如图6-68所示。

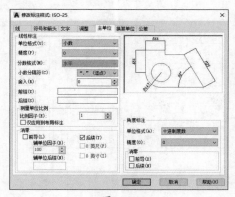

图 6-67

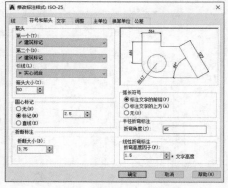

图 6-68

步骤 10 切换到"线"选项卡，将"超出尺寸线"设置为50，将"起点偏移量"设置为100，其他保持默认，单击"确定"按钮，返回上一层对话框，单击"置为当前"按钮，将其设置为当前使用样式，如图6-69所示。

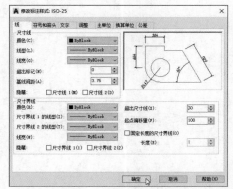

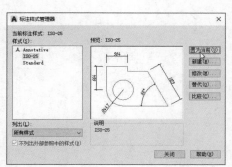

图 6-69

145

步骤11 执行"线性"命令，捕捉一段墙体的两个测量点，并指定尺寸线位置，对该段墙体进行尺寸标注，如图6-70所示。

步骤12 执行"连续"命令，继续捕捉该方向其他测量点，完成第一道尺寸线的标注，如图6-71所示。

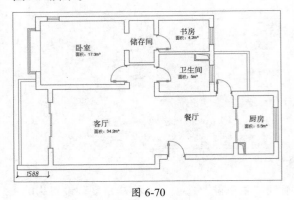

图 6-70

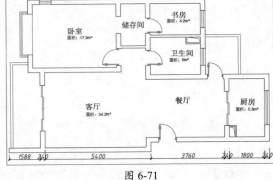

图 6-71

步骤13 按照同样的方法，标注第二道尺寸线，并完成其他方向上的尺寸标注，如图6-72所示。至此，完成一居室户型图文字及尺寸标注。

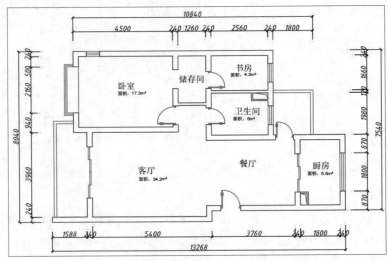

图 6-72

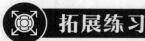

本章介绍了文字注释和尺寸标注的相关功能。下面通过两个小练习来对所学知识点进行巩固。

1. 标注服装店平面尺寸

使用相关标注命令，为服装店平面图添加尺寸标注，效果如图6-73所示。

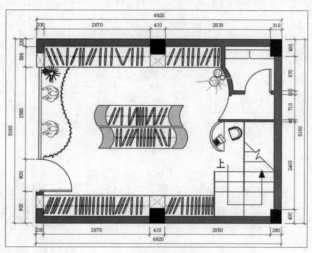

图 6-73

2. 为电视背景墙添加材料注释

利用多重引线功能来为电视背景墙添加注释，其中将引线颜色设置为红色，将引线文本大小设置为90，将箭头大小设置为50，结果如图6-74所示。

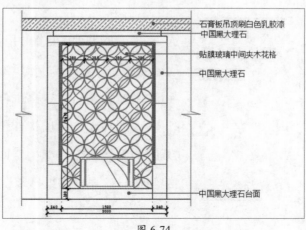

图 6-74

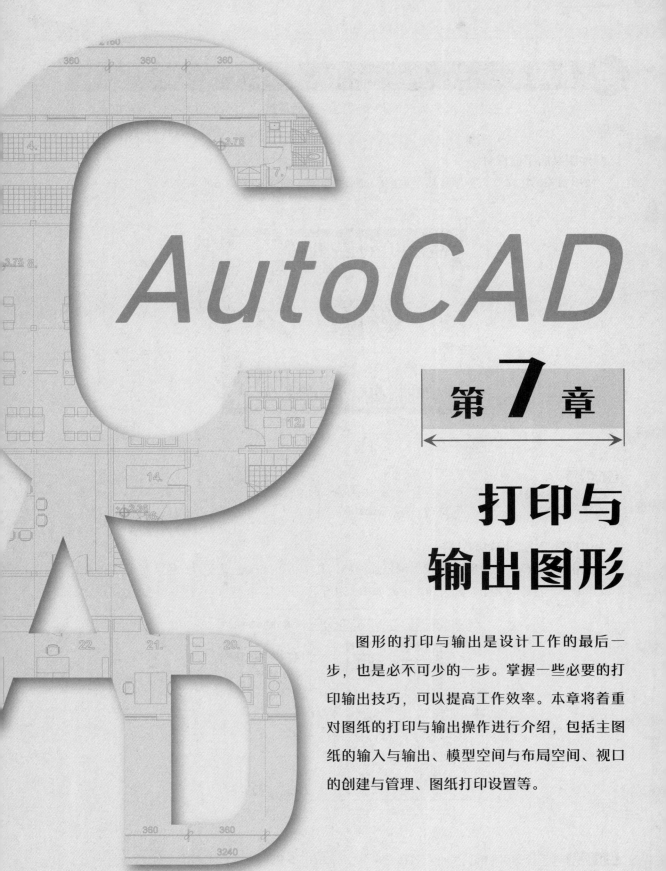

AutoCAD

第 **7** 章

打印与
输出图形

图形的打印与输出是设计工作的最后一步，也是必不可少的一步。掌握一些必要的打印输出技巧，可以提高工作效率。本章将着重对图纸的打印与输出操作进行介绍，包括主图纸的输入与输出、模型空间与布局空间、视口的创建与管理、图纸打印设置等。

7.1 输入与输出图形

通过输入和输出功能，不仅可将其他应用软件中处理好的数据导入AutoCAD中，还可以将绘制完成的图形输出成其他格式，以方便有不同需求的人查看图形文件。

7.1.1 输入图形

系统为用户提供了多种可输入的文件类型，如3D Studio、ACIS、PDF、SolidWorks等。用户可以通过以下方式输入图纸。

● 在菜单栏执行"文件"|"输入"命令。

● 在"插入"选项卡"输入"面板中单击"PDF输入"按钮，在其列表中选择"输入"选项 。

执行"输入"命令后即可打开"输入文件"对话框，单击"文件类型"下拉按钮，在打开的下拉列表中选择要输入的文件格式，或者选择"所有文件"选项。然后选择所需的文件，单击"打开"按钮即可将其导入，如图7-1所示。

图 7-1

7.1.2 插入OLE对象

OLE指对象链接与嵌入，用户可以将其他Windows应用程序的对象链接或嵌入到AutoCAD图形中，或在其他程序中链接或嵌入AutoCAD图形。通过以下方式调用"OLE对象"命令。

● 在菜单栏中执行"插入"|"OLE对象"命令。

● 在"插入"选项卡"数据"面板中单击"OLE对象"按钮 。

执行"OLE对象"命令可打开"插入对象"对话框，这里有两种方法可供选择，一种是通过"新建"的方法，启动相应的应用程序来导入。另一种则是通过"由文件创建"的方法，将文件直接导入至当前图形。图7-2所示的是"新建"选项的界面，图7-3所示的是"由文件创建"选项的界面。

选中"新建"单选按钮后，选择好要导入的应用程序，单击"确定"按钮，系统会启动其应用程序，用户可在该程序中进行输入编辑操作。完成后关闭应用程序，此时在AutoCAD绘图窗口中会显示相应的内容。选中"由文件创建"单选按钮后，用户可以直接选择现有的文件，单击"打开"按钮，返回上一层对话框，单击"确定"按钮即可导入。

图 7-2

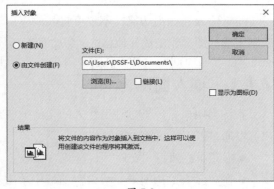

图 7-3

7.1.3 输出图形

输出功能是将图形转换为其他类型的图形文件，如bmp、wmf等，以达到和其他软件兼容的目的。用户可以将设计好的图形按照指定格式进行输出，调用输出命令的方式包含以下几种。

● 在菜单栏执行"文件"|"输出"命令。

● 在"输出"选项卡"输出为DWF/PDF"面板中单击"输出"按钮。

执行"输出"命令后，会打开"输出数据"对话框，在此可设置输出文件名、文件类型以及输出路径，如图7-4所示。单击"文件类型"下拉按钮，在打开的下拉列表中可以看到图形输出的14种类型，这里都是工作中常用的文件类型，如图7-5所示。

图 7-4

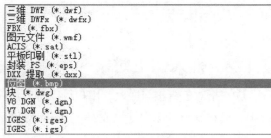

图 7-5

 动手练 将图纸输出为封装PS格式

如果需要将绘制的图形导入Photoshop软件中进行上色，可将图形输出为"封装 PS"格式文件。

步骤01 打开"两居室平面图"素材文件。单击"菜单浏览器"按钮 **A**，执行"输出"命令，并在其级联菜单中选择"其他格式"选项，如图7-6所示。

步骤02 在"输出数据"对话框中设置好文件名及保存路径，单击"文件类型"下拉按钮，在打开的下拉列表中选择"封装 PS（*.eps）"文件格式，如图7-7所示。

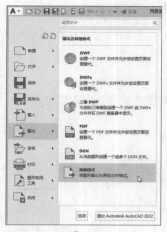

图 7-6 　　　　　　　　　　　　　　　　图 7-7

步骤 03 选择完成 后单击"保存"按钮即可完成输出操作。

注意事项 由于AutoCAD图纸文件为非矢量图形，所以输出图片后，其清晰度会降低。如果想要获得高清图片，可以通过Illustrator软件进行转换。先将AutoCAD文件输出为"封装PS（*.eps）"格式的文件，然后再将其导入Illustrator软件中，最后保存输出即可。

7.2 模型空间和布局空间

AutoCAD有两种绘图空间，分别是模型和布局。模型空间就是绘图区域，在该空间中可以按照1∶1的比例绘制图形。布局空间是布局打印区域。用户可以在该空间中将设置完成的图纸以1∶1的比例打印出来。

7.2.1 模型空间与布局空间的概念

模型空间是一个没有界限的三维空间，并且永远按照1∶1比例的实际尺寸绘图，主要用于绘图及建模，如图7-8所示。在模型空间中，可以绘制全比例的二维模型和三维模型，还可以为图形添加标注、注释等内容。

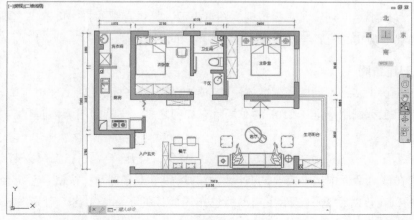

图 7-8

布局空间又称为图纸空间，主要用于出图，可以很方便地设置打印设备、纸张、比例等，且能预览到实际的出图效果，如图7-9所示。模型创建完毕后，需要将模型打印到纸面上形成图样，这就需要通过布局空间来出图。布局空间是一个有限的二维空间，只能显示二维图形，会受到所选输出图纸大小的限制。

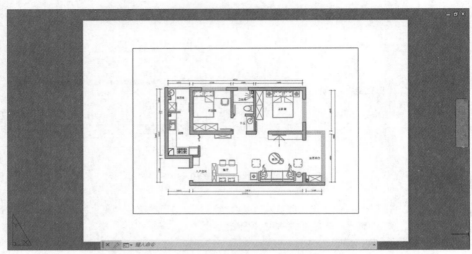

图 7-9

不论是在模型空间还是布局空间，都允许使用多个视图，但多视图的性质和作用并不相同。在模型空间中，多视图是为了方便观察图形的绘图，因此各视图与原绘图窗口类似；而在布局空间中，多视图是为了便于进行图纸的合理布局，用户可以对其中任何一个视图进行复制、移动等基本编辑操作。

用户可在状态栏中通过单击"模型"或"布局"选项标签进行两个空间的切换操作，如图7-10所示。

图 7-10

7.2.2 创建布局

布局是一种图纸空间环境，它模拟现实图纸页面，提供直观的打印设置，主要用于控制图形的输出，布局中现实的图形与图纸页面上打印出来的图形完全一样。

1. 使用样板创建布局

AutoCAD提供了多种不同国际标准体系的布局模板，这些标准包括ANSI、GB、ISO等，其中遵循中国国家工程制图标准（GB）的布局就有12种之多，支持的图纸幅面有A0、A1、A2、A3和A4。

执行"插入"|"布局"|"来自样板的布局"命令，打开"从文件选择样板"对话框，如图7-11所示，在该对话框中选择需要的布局模板，然后单击"打开"按钮，系统会弹出"插入布局"对话框，在该对话框中显示了当前所选布局模板的名称，单击"确定"按钮即可，如图7-12所示。

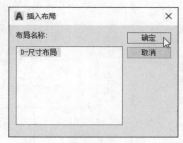

图 7-11 图 7-12

2.使用向导创建布局

AutoCAD可以创建多个布局来显示不同的视图，每一个布局都可以包含不同的绘图样式，布局视图中的图形就是绘制成果。通过布局功能，用户可以从多个角度表现同一图形。布局向导用于引导用户创建一个新的布局，每个向导页面都将提示用户为正在创建新布局指定不同的版面和打印设置。

执行"插入"|"布局"|"创建布局向导"命令，打开"创建布局-开始"对话框，如图7-13所示，该向导会一步步引导用户进行创建布局的操作，过程中会分别对布局的名称、打印机、图纸尺寸和单位、图纸方向、标题栏及标题栏类型的添加、视口的类型，以及视口大小和位置等进行设置。

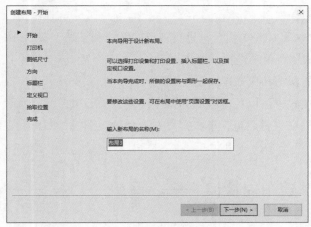

图 7-13

7.2.3 管理布局视口

切换到布局空间后，系统默认会显示一个视口。若用户需要查看模型的不同视图，可以创建多个视口进行查看。

1.创建视口

选择视口边框，按Delete键可删除该视口。在菜单栏中执行"视图"|"视口"|"命名视

口"命令，在"视口"对话框中的"新建视口"选项卡中选择创建视口的数量及排列方式，如图7-14所示。单击"确定"按钮，在布局页面中使用鼠标拖曳的方法绘制出视口区域，即可完成视口的创建操作，如图7-15所示。

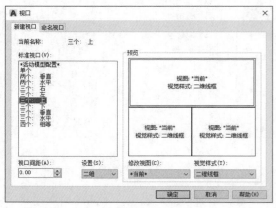

图 7-14

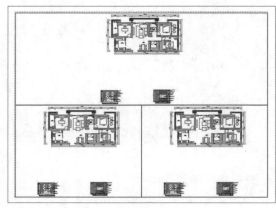

图 7-15

> **工程师点拨** 在切换到"布局1"空间后，在"布局"选项卡的"布局视口"面板中单击"矩形"按钮，可创建一个矩形视口。除此之外，还可以创建多边形、对象等视口。

2. 管理视口

创建视口后，如果对创建的视口不满意，可以根据需要调整布局视口。

（1）更改视口大小和位置

如果创建的视口不符合用户的需求，用户可利用视口边框的夹点来更改视口的大小和位置。

（2）删除和复制布局视口

用户可通过按Ctrl+C和Ctrl+V组合键进行视口的复制和粘贴，按Delete键即可删除视口，也可以右击，在弹出的快捷菜单中进行该操作。

（3）设置视口中的视图和视觉样式

在"布局"空间模式中可以更改视图和视觉样式，并编辑模型显示大小。双击视图即可激活视图，使其窗口边框变为粗黑色，单击视口左上角的视图控件图标和视觉样式控件图标即可更改视图及视觉样式。

 动手练 为图纸创建布局视口 ◄─────────────────────────────►

下面为双人床模型图创建三视图。

步骤 01 打开"床模型"素材文件，切换到"布局1"空间。选中默认的视口，按Delete键删除该视口，如图7-16所示。

步骤 02 执行"视图"|"视口"|"新建视口"命令，打开"视口"对话框，在"标准视口"列表中选择"三个：右"选项，在右侧预览区可以看到视口布局方式，如图7-17所示。

步骤 03 在预览窗口中选择最右侧的视口，将其"视觉样式"设置为"概念"，如图7-18所示。

步骤 04 单击"确定"按钮，在布局图纸上使用鼠标拖曳的方法绘制该视口，如图7-19所示。

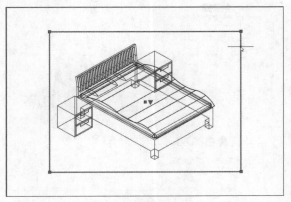

图 7-16

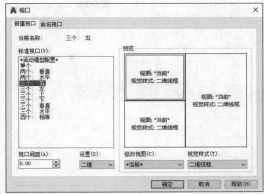

图 7-17

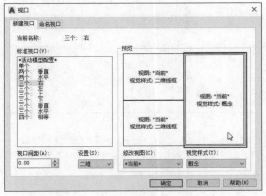

图 7-18

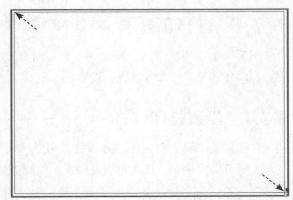

图 7-19

步骤 05 双击左上角的视口，将其激活。在该视口中选择右上角三维视图中的"上"，将其视图设置为俯视图。适当缩放视图大小，将其放置在视口中央，如图7-20所示。

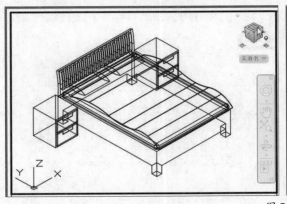

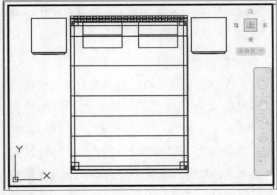

图 7-20

步骤 06 双击左下角视口，将其激活。按照同样的方法将其视图设置为前视图，并调整好视图的大小，如图7-21所示。

步骤 07 双击视口外任意点，可锁定视口。至此床模型的三视图创建完成，如图7-22所示。

155

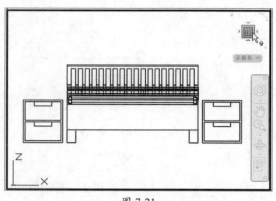

图 7-21

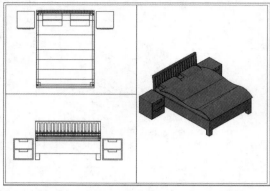

图 7-22

7.3 打印图形

图形绘制完毕后，为了便于观察和实际施工制作，可将其打印到图纸上。在打印之前，需要对打印样式及打印参数等进行设置。

7.3.1 设置打印样式

打印样式也属于对象的一种特性，用于修改打印图形的外观，包括对象的颜色、线型和线宽等，也可指定端点、连接和填充样式，以及抖动、灰度、笔号和淡显等输出效果。

1. 创建颜色打印样式表

颜色相关打印样式建立在图形实体颜色设置的基础上，通过颜色来控制图形输出。使用时，用户可以根据颜色设置打印样式，再将这些打印样式赋予使用该颜色的图形实体，从而最终控制图形的输出。在创建图层时，系统将根据所选颜色的不同自动为其指定不同的打印样式。

与颜色相关的打印样式表都被保存在以.ctb为扩展名的文件中，命名打印样式表被保存在以（.stb）为扩展名的文件中。

2. 添加打印样式表

为适合当前图形的打印效果，通常在进行打印操作之前进行页面设置和添加打印样式表。执行"工具"|"向导"|"添加打印样式表"命令，打开"添加打印样式表"向导窗口，如图7-23所示。该向导会一步步引导用户进行添加打印样式表操作，过程中会分别对打印的表格类型、样式表名称等参数进行设置。利用向导添加打印样式表的过程比较简单，且一目了然。

图 7-23

3. 管理打印样式表

在需要对相同颜色的对象进行不同的打印设置时，可以使用命名打印样式表，用户可以根据需要创建统一颜色对象的多种命名打印样式，并将其指定给对象。

执行"文件"|"打印样式管理器"命令，即可打开如图7-24所示的打印样式列表，在该列表中显示之前添加的打印样式表文件，用户可双击该文件，然后在打开的"打印样式表编辑器"对话框中进行打印颜色、线宽、打印样式和填充样式等参数的设置，如图7-25所示。

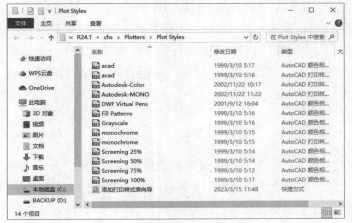

图 7-24

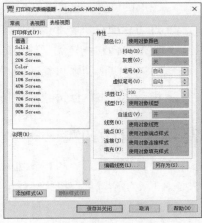

图 7-25

7.3.2 设置打印参数

无论从模型空间还是布局中打印图形，图纸在打印前必须先对打印参数进行设置，如打印机、图纸尺寸、打印范围、打印比例、图纸方向等。通过以下几种方式打开"打印"对话框，如图7-26所示。

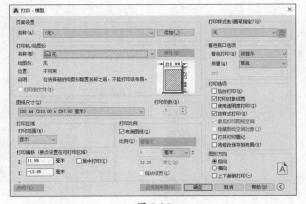

图 7-26

- 在菜单栏执行"文件"|"打印"命令。
- 在快速访问工具栏中单击"打印"按钮🖨。
- 单击"菜单浏览器"按钮，在打开的菜单中执行"打印"命令。
- 在"输出"选项卡的"打印"面板中单击"打印"按钮🖨。
- 按Ctrl+P组合键。

在进行打印参数设定时，应根据与计算机连接的打印机的类型综合考虑打印参数的具体值，否则将无法实施打印操作。

- **打印机/绘图仪**：可以选择输出图形所需要使用的打印设备。若需修改当前打印机配置，可单击右侧的"特性"按钮，在"绘图仪配置编辑器"对话框中对打印机的输出进行设置。
- **打印样式表**：用于修改图形打印的外观。图形中每个对象或图层都具有打印样式属性，通过修改打印样式可以改变对象输出的颜色、线型、线宽等特性。

- **图纸尺寸：** 根据打印机类型及纸张大小选择合适的图纸尺寸。
- **打印区域：** 设定图形输出时的打印区域，包括布局、窗口、范围、显示4个选项。
- **打印比例：** 该选项组中可设定图形输出时的打印比例。
- **打印偏移：** 指定图形打印在图纸上的位置。可通过设置X和Y轴上的偏移距离来精确控制图形的位置，也可通过勾选"居中打印"复选框使图形打印在图纸中间。
- **打印选项：** 在设置打印参数时，还可以设置一些打印选项，在需要的情况下可以使用。
- **图形方向：** 指定图形输出的方向，因为图纸制作会根据实际的绘图情况来选择图纸是横向还是纵向，所以在图纸打印时一定要注意设置图形方向，否则可能会出现部分图形超出纸张而未被打印出来的情况。

7.3.3 打印预览

在设置打印之后，可以预览设置的打印效果，通过打印效果查看是否符合要求，如果不符合要求再关闭预览进行更改，如果符合要求即可继续进行打印。通过以下方式实施打印预览。

- 在菜单栏中执行"文件"|"打印预览"命令。
- 在"输出"选项卡中单击"预览"按钮。
- 在"打印"对话框中设置打印参数，单击左下角的"预览"按钮。

执行以上任意一项操作命令后，即可进入预览模式，如图7-27所示。

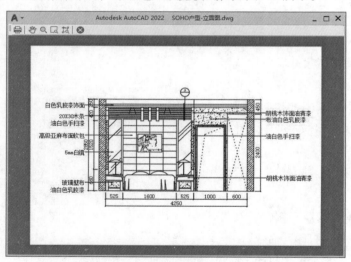

图 7-27

 动手练 打印三居室平面图纸

下面以打印三居室平面图为例，介绍图纸打印的具体设置操作。

步骤01 打开"三居室平面图"素材文件。按Ctrl+P组合键打开"打印-模型"对话框，设置好打印机的"名称"及"图纸尺寸"，如图7-28所示。

步骤02 将"打印范围"设置为"窗口"，并在绘图窗口中框选出要打印的范围，如图7-29所示。

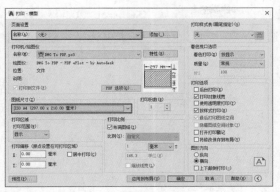

图 7-28　　　　　　　　　　　　　　　图 7-29

步骤 03 在"打印偏移"选项组中勾选"居中打印"复选框，如图7-30所示。

步骤 04 单击"预览"按钮，进入预览窗口。确认无误后，右击该窗口任意处，在弹出的快捷菜单中选择"打印"选项，即可进行打印操作，如图7-31所示。

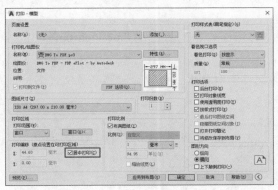
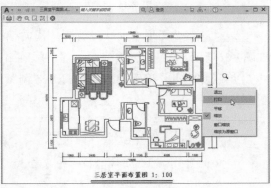

图 7-30　　　　　　　　　　　　　　　图 7-31

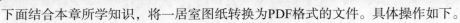

案例实战：将一居室图纸输出为PDF格式

下面结合本章所学知识，将一居室图纸转换为PDF格式的文件。具体操作如下。

步骤 01 打开"一居室平面图"素材文件，如图7-32所示。

步骤 02 按Ctrl+P组合键打开"打印-模型"对话框，如图7-33所示。

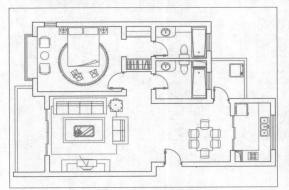
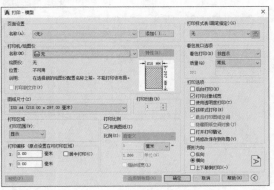

图 7-32　　　　　　　　　　　　　　　图 7-33

步骤 03 设置打印机名称为"DWG To PDF.pc3"、"图纸尺寸"为"ISO A3（420.00×297.00毫米）"，勾选"布满图纸"和"居中打印"复选框，在"打印范围"列表中选择"窗口"选项，如图7-34所示。

步骤 04 在绘图窗口中指定对角点确定打印区域，如图7-35所示。

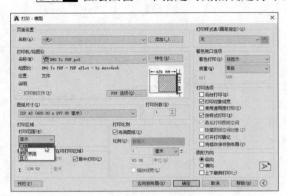

图 7-34

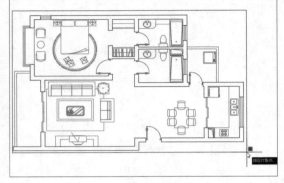

图 7-35

步骤 05 将"图形方向"设置为"横向"，将"打印样式表"设置为"monochrome.ctb"，如图7-36所示。

步骤 06 单击"确定"按钮，打开"浏览打印文件"对话框，设置存储路径及文件名，如图7-37所示。

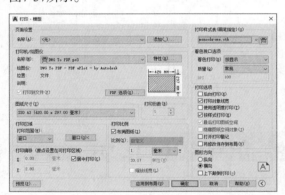

图 7-36

图 7-37

步骤 07 单击"保存"按钮即可完成输出操作，如图7-38所示。

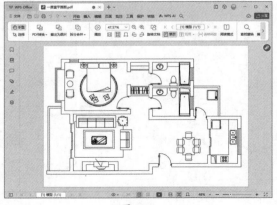

图 7-38

拓展练习

本章介绍了图形输入、输出与打印的相关功能。下面通过两个小练习来对所学知识点进行巩固。

1. 将图纸黑白打印

更改图纸打印样式，将客厅立面图进行黑白打印，打印纸张为A4，效果如图7-39所示。

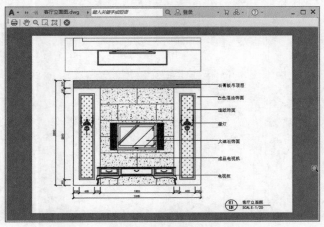

图 7-39

操作提示 打开"打印-模型"对话框，单击"打印样式表"下拉按钮，在打开的下拉列表中选择"monochrom.ctb"选项，设置好打印机名称，将"图纸尺寸"设置为A4，框选图纸打印区域，单击"确定"按钮即可。

2. 创建布局视口

为室内平面图纸创建两个垂直的视口，并分别显示出原始结构图和平面布置图，如图7-40所示。

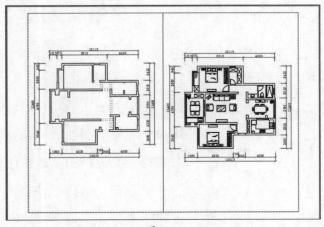

图 7-40

操作提示

步骤01 执行"新建视口"命令，创建两个垂直视口。

步骤02 激活视口，使用平移和缩放命令，分别调整两个视口的显示范围。

AutoCAD

第 **8** 章

从二维绘图
到三维建模

随着软件版本的不断升级更新，AutoCAD
的三维功能也逐渐完善。目前，使用相关的三
维命令可轻松创建出符合要求的三维模型。本
章将对三维建模的基本操作进行介绍，包括三
维建模基础、创建三维基本体、利用二维图形
创建三维实体、复合实体的创建与编辑等。相
信没有三维基础的用户通过本章内容的学习，
也能快速创建出简单的三维模型。

8.1 三维建模基础

在创建三维建模前，需要了解建模的基础常识，例如三维坐标的设定、三维视图的转换、三维视图样式的设置等。下面将着重对相关的基础知识进行介绍。

8.1.1 设置三维坐标 ◀━━━━━━━━━━━━━━━━━━━━━▶

在三维空间中，绘图坐标是可以根据需要进行自定义设置的，也称用户坐标（UCS）。该坐标系的原点可以放在任意位置上，坐标轴也可以进行任意角度的倾斜，以满足在不同平面上创建实体。无论三维坐标如何变换，在创建模型时，一律是在XY平面上创建的。所以在调整三维坐标时，用户只需要确定好X轴和Y轴方向即可。X、Y轴的方向不同，创建的模型方向也不同，如图8-1所示。

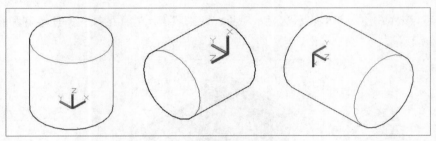

图 8-1

用户可通过以下方法来设定用户坐标，在命令行中输入UCS，按回车键。在绘图窗口指定好坐标原点，然后分别指定X轴和Y轴的方向。

命令行提示如下：

```
命令：UCS
当前 UCS 名称：＊俯视＊
指定 UCS 的原点或 [面 (F)/命名 (NA)/对象 (OB)/上一个 (P)/视图 (V)/世界 (W)/X/Y/Z/Z 轴 (ZA)]
<世界>：（指定坐标原点）
指定 X 轴上的点或 <接受>： <正交 开>（指定 X 轴方向）
指定 XY 平面上的点或 <接受>：（指定 Y 轴方向）
```

8.1.2 切换三维视图 ◀━━━━━━━━━━━━━━━━━━━━━▶

三维模型有多个面，仅从一个视角不能够观察到模型的全貌。因此，用户应根据情况选择相应的视角来查看模型整体效果。三维视图模式有10种，分别为俯视、仰视、左视、右视、前视、后视、西南等轴测、东南等轴测、东北等轴测和西北等轴测。

用户可以通过以下方法切换三维视图。

- 在菜单栏中执行"视图"|"三维视图"命令中的子命令。
- 在"常用"选项卡的"视图"面板中单击"未保存的视图"下拉按钮，在打开的下拉列表中选择相应的视图选项。
- 在"可视化"选项卡的"命名视图"面板中单击"未保存的视图"下拉按钮，在打开的下拉列表中选择相应的视图选项。

● 单击绘图窗口左上角的"视图控件"图标，在打开的列表中选择相应的视图选项。

8.1.3　切换视觉样式

视觉样式是用来控制视口中边和着色显示的一组设置，通过更改视觉样式的特性来控制视口中的显示。AutoCAD也提供了10种视觉样式，分别为二维线框、概念、隐藏、真实、着色、带边框着色、灰度、勾画、线框以及X射线。

● **二维线框：** 该样式为默认的视觉样式。通过使用直线和曲线表示边界的方式显示对象。在该模式中，光栅和OLE对象、线型及线宽均为可见，如图8-2所示。

● **概念：** 该样式是显示三维模型着色后的效果，该模式使模型的边进行平滑处理，如图8-3所示。

● **隐藏：** 该样式使用线框表示法显示对象，而隐藏表示背面的线，方便绘制和修改图形，如图8-4所示。

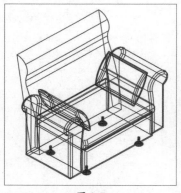
图 8-2

图 8-3

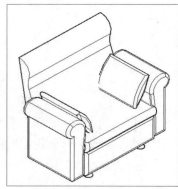
图 8-4

● **真实：** 该样式显示三维模型的着色和材质效果，并添加平滑的颜色过渡效果，如图8-5所示。

● **着色：** 该样式是模型进行平滑着色的效果，如图8-6所示。

● **带边框着色：** 该样式是在对图形进行着平滑着色的基础上显示边的效果，如图8-7所示。

图 8-5

图 8-6

图 8-7

● **灰度：** 该样式是将图形更改为灰度显示模型，更改完成的图形将显示为灰色，如图8-8所示。

- **勾画：** 该样式通过使用直线和曲线表示边界的方式显示对象，看上去像是勾画出的效果，如图8-9所示。
- **线框：** 该样式也叫三维线框，通过使用直线和曲线表示边界的方式显示对象，在该模式中，光栅和OLE对象、线型及线宽均不可见，如图8-10所示。

图 8-8

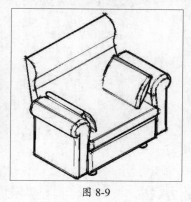

图 8-9

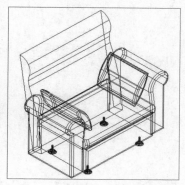

图 8-10

- **X射线：** 该样式可更改模型面的不透明度，使整个场景变成部分透明，如图8-11所示。

用户可以通过以下几种方式设置视觉样式。

- 在菜单栏执行"视图"|"视觉样式"命令，在展开的级联菜单中可以选择需要的视觉样式。
- 单击绘图窗口左上角的"视图样式控件"图标，在打开的列表中可选择所需视觉样式。
- 在"常用"选项卡的"视图"面板中单击"视觉样式"下拉按钮，在打开的下拉列表中选择所需视觉样式。
- 在"可视化"选项卡的"视觉样式"面板中打开"视觉样式"下拉按钮，在打开的下拉列表中进行选择。

图 8-11

动手练 更改默认的视觉样式

下面以沙发模型为例，介绍如何更改默认的视觉样式的设置操作。

步骤 01 打开"沙发模型"素材文件，可以看到当前模型的视觉样式为二维线框。单击绘图窗口左上角的"视觉样式控件"下拉按钮，在打开的下拉列表中选择"隐藏"选项，如图8-12所示。

步骤 02 选择后即可应用该视觉样式。在视觉样式列表中选择"视觉样式管理器"选项，如图8-13所示。

步骤 03 在打开的"视觉样式管理器"面板中，将"被阻挡边"的"显示"模式设置为"是"，将其"颜色"设置为灰色，如图8-14所示。

图 8-12

步骤 04 设置完成后，模型视觉样式将发生了相应的变化，效果如图8-15所示。

图 8-13

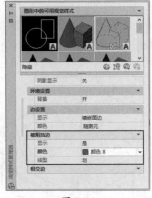

图 8-14

图 8-15

⊹8.2 创建三维基本体

三维基本体包含长方体、球体、圆柱体、圆锥体和圆环体等。这些基本体是三维建模的基础，在绘制过程中经常会被用到。下面介绍这些基本体的绘制方法。

8.2.1 长方体 ←

长方体是最基本的实体对象，通过以下方法来创建长方体。

● 在菜单栏执行"绘图"|"建模"|"长方体"命令。
● 在"常用"选项卡"建模"面板中单击"长方体"按钮◻。
● 在"实体"选项卡"图元"面板中单击"长方体"按钮◻。

执行"长方体"命令后，根据命令行提示，指定底面矩形的位置，然后指定矩形的高度即可创建长方体，如图8-16所示。

命令行提示如下：

```
命令：_box
指定第一个角点或 [中心 (C)]：（指定底面矩形一个角点）
指定其他角点或 [立方体 (C) / 长度 (L)]：@600,400（输入长方形的长、宽值，按回车键）
指定高度或 [两点 (2P)] <600.0000>：300（指定长方体的高度，按回车键）
```

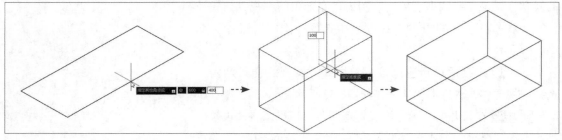

图 8-16

工程师点拨 在命令行中输入C命令，按回车键，并输入长方体一条边的边长值即可快速创建立方体。

8.2.2 圆柱体

圆柱体是以圆或椭圆为横截面的形状，通过拉伸横截面形状创建出来的三维基本模型。通过以下方式调用"圆柱体"命令。

- 从菜单栏执行"绘图"|"建模"|"圆柱体"命令。
- 在"常用"选项卡"建模"面板中单击"圆柱体"按钮▣。
- 在"实体"选项卡"图元"面板中单击"圆柱体"按钮▣。

执行"圆柱体"命令后，根据命令行提示，指定底面圆心点以及底面半径值，然后指定其高度即可，如图8-17所示。

命令行提示如下：

```
命令：_cylinder
指定底面的中心点或 [三点(3P)/两点(2P)/切点、切点、半径(T)/椭圆(E)]：（指定底面圆心）
指定底面半径或 [直径(D)] <1.9659>：300（指定底面半径）
指定高度或 [两点(2P)/轴端点(A)] <-300.0000>：600（指定高度，按回车键）
```

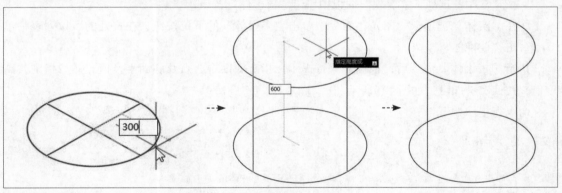

图 8-17

8.2.3 圆锥体

圆锥体是以圆或椭圆为底，垂直向上对称地变细直至一点。使用"圆锥体"命令可以创建出实心圆锥体或圆台体的三维模型。通过以下几种方式调用"圆锥体"命令。

- 从菜单栏执行"绘图"|"建模"|"圆锥体"命令。
- 在"常用"选项卡"建模"面板中单击"圆锥体"按钮△。
- 在"实体"选项卡"图元"面板中单击"圆锥体"按钮△。

执行"圆锥体"命令后，根据命令行提示，指定底面圆心点以及底面半径值，然后指定其高度，如图8-18所示。

命令行提示如下：

```
命令：_cone
指定底面的中心点或 [三点(3P)/两点(2P)/切点、切点、半径(T)/椭圆(E)]：（指定底面圆心）
指定底面半径或 [直径(D)] <300.0000>：300（指定底面半径）
指定高度或 [两点(2P)/轴端点(A)/顶面半径(T)] <600.0000>：500（指定高度，按回车键）
```

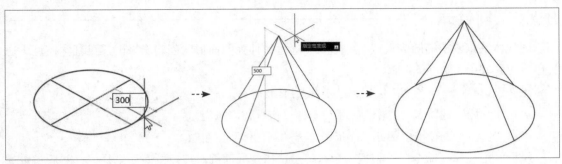

图 8-18

8.2.4　棱锥体

棱椎体的底面为多边形，由底面多边形拉伸出的图形为三角形，它们的顶点为共同点。通过以下方式调用"棱椎体"命令。

- 在菜单栏执行"绘图"|"建模"|"棱椎体"命令。
- 在"常用"选项卡"建模"面板中单击"棱椎体"按钮◁。
- 在"实体"选项卡"图元"面板中单击"多段体"的下拉按钮，在打开的下拉列表中单击"棱椎体"按钮。

执行"棱锥体"命令后，根据命令行提示，指定底面中心点及底面半径值，然后指定其高度值，按回车键即可，如图8-19所示。

命令行提示如下：

```
命令：_pyramid
 4 个侧面　外切
指定底面的中心点或 [边 (E) / 侧面 (S)]：（指定底面图形中心点）
指定底面半径或 [内接 (I)] <200.0000>：100（输入底面半径值，按回车键）
指定高度或 [两点 (2P) / 轴端点 (A) / 顶面半径 (T)] <200.0000>：300（指定棱锥体高度值，按回车键）
```

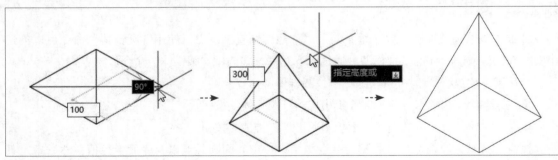

图 8-19

8.2.5　球体

球体是通过半径或直径以及球心来定义的。通过以下方式调用"球体"命令。

- 从菜单栏执行"绘图"|"建模"|"球体"命令。
- 在"常用"选项卡"建模"面板中单击"球体"按钮◎。

● 在"实体"选项卡"图元"面板中单击"球体"按钮。

执行"球体"命令后，根据命令行提示，指定球体中心点和球体半径值，按回车键即可完成绘制。

命令行提示如下：

```
命令：_sphere
指定中心点或 [三点 (3P)／两点 (2P)／切点、切点、半径 (T)]：（指定球体的中心点）
指定半径或 [直径 (D)] <218.1854>：300（指定球体半径值，按回车键）
```

8.2.6 楔体

楔体是一个三角形的实体模型，其绘制方法与长方体相似。通过以下方式调用"楔体"命令。

● 从菜单栏执行"绘图"|"建模"|"楔体"命令。
● 在"常用"选项卡"建模"面板中单击"楔体"按钮。
● 在"实体"选项卡"图元"面板中单击"楔体"按钮。

执行"楔体"命令后，根据命令行提示，指定底面矩形大小，然后指定其高度值，按回车键即可，如图8-20所示。

命令行提示如下：

```
命令：_wedge
指定第一个角点或 [中心 (C)]：（指定底面四边形一个角点）
指定其他角点或 [立方体 (C)／长度 (L)]：@600,300（输入四边形的长、宽值）
指定高度或 [两点 (2P)] <600.0000>：200（输入楔体高度值，按回车键）
```

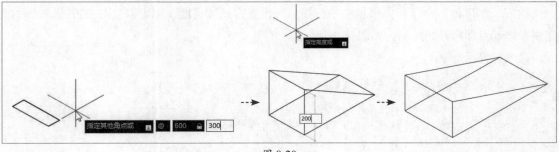

图 8-20

8.2.7 圆环体

圆环体由两个半径值定义，一是圆环的半径，二是从圆环体中心到圆管中心的距离。大多数情况下，圆环体可以作为三维模型中的装饰材料，应用非常广泛。通过以下方式调用"圆环体"命令。

● 从菜单栏执行"绘图"|"建模"|"圆环体"命令。
● 在"常用"选项卡"建模"面板中单击"圆环体"按钮。
● 在"实体"选项卡"图元"面板中单击"圆环体"按钮。

- 在"建模"工具栏中单击"圆环体"按钮◎。
- 在命令行输入TORUS，然后按回车键。

执行"圆环体"命令后，根据命令行提示，指定圆环体中心点及内环半径值，然后指定圆管半径值，按回车键，如图8-21所示。

命令行提示如下：

```
命令:torus
指定中心点或 [三点 (3P) / 两点 (2P) / 切点、切点、半径 (T)]：（指定圆心）
指定半径或 [直径 (D)] <80.0000>:200（指定半径）
指定圆管半径或 [两点 (2P) / 直径 (D)]:15（指定截面半径）
```

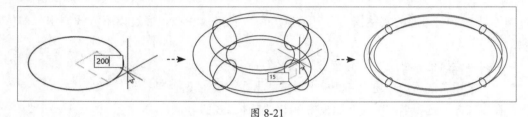

图 8-21

8.2.8 多段体

绘制多段体与绘制多段线的方法相同。多段体通常用于绘制三维墙体。通过以下方式调用"多段体"命令。

- 从菜单栏执行"绘图"｜"建模"｜"多段体"命令。
- 在"常用"选项卡"建模"面板中单击"多段体"按钮◎。
- 在"实体"选项卡"图元"面板中单击"多段体"按钮◎。

执行"多段体"命令后，根据命令行提示，设置多段体高度、宽度以及对正方式，然后指定多段体起点即可开始绘制，如图8-22所示。

命令行提示如下：

```
命令： _Polysolid 高度 = 80.0000, 宽度 = 5.0000, 对正 = 居中
指定起点或 [对象 (O) / 高度 (H) / 宽度 (W) / 对正 (J)] <对象>：（指定起点）
指定下一个点或 [圆弧 (A) / 放弃 (U)]：（依次指定下一点，直到终点，按回车键）
指定下一个点或 [圆弧 (A) / 放弃 (U)]：
```

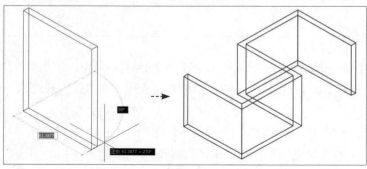

图 8-22

动手练 绘制三维墙体

下面根据提供的平面户型图来创建三维墙体模型。

步骤 01 打开"二维户型图"素材文件。将当前视图切换为"西南等轴测"视图，如图8-23所示。

步骤 02 执行"多段体"命令，根据命令行提示，将多段体的宽度设置为240、高度设置为2800，对正为居中，并捕捉二维墙体中轴线起点和端点，绘制墙体，如图8-24所示。

命令行提示如下：

```
命令：_Polysolid 高度 = 80.0000, 宽度 = 5.0000, 对正 = 居中
指定起点或 [对象(O)/高度(H)/宽度(W)/对正(J)] <对象>: h (选择"高度")
指定高度 <80.0000>: 2800 (输入高度值，按回车键)
高度 = 2800.0000, 宽度 = 5.0000, 对正 = 居中
指定起点或 [对象(O)/高度(H)/宽度(W)/对正(J)] <对象>: w (选择"宽度")
指定宽度 <5.0000>: 240 (输入宽度值，按回车键)
高度 = 2800.0000, 宽度 = 240.0000, 对正 = 居中
指定起点或 [对象(O)/高度(H)/宽度(W)/对正(J)] <对象>: j (选择"对正")
输入对正方式 [左对正(L)/居中(C)/右对正(R)] <居中>: (按回车键)
高度 = 2800.0000, 宽度 = 240.0000, 对正 = 居中
指定起点或 [对象(O)/高度(H)/宽度(W)/对正(J)] <对象>: (捕捉中轴线起点)
指定下一个点或 [圆弧(A)/放弃(U)]: (捕捉中轴线下一个点)
指定下一个点或 [圆弧(A)/放弃(U)]: (捕捉中轴线端点，按回车键，完成绘制)
```

图 8-23

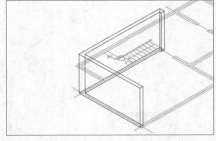
图 8-24

步骤 03 按回车键继续捕捉墙体中轴线的起点和端点，沿着二维户型图，完成其他三维墙体的绘制，如图8-25所示。将视图样式设置为隐藏样式，查看最终绘制效果，如图8-26所示。

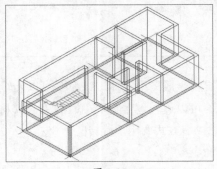
图 8-25

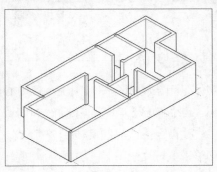
图 8-26

8.3　创建三维实体

三维实体的创建方法有很多，用户可以通过二维图形生成三维实体，也可以通过编辑基本体来创建三维实体，或是利用布尔运算创建复合实体。下面分别对这些方法进行介绍。

8.3.1　拉伸实体

使用"拉伸"命令可将二维图形沿着指定的高度或路径进行拉伸，使其生成三维实体。通过以下方式调用"拉伸"命令。

- 在菜单栏执行"绘图"|"建模"|"拉伸"命令。
- 在"常用"选项卡"建模"面板中单击"拉伸"按钮。
- 在"实体"选项卡"实体"面板中单击"拉伸"按钮。

执行"拉伸"命令后，根据命令行提示，先指定要拉伸的图形，然后指定拉伸高度，按回车键即可，如图8-27所示。

命令行提示如下：

```
命令：_extrude
当前线框密度： ISOLINES=4,闭合轮廓创建模式 = 实体
选择要拉伸的对象或 [模式(MO)]：_MO 闭合轮廓创建模式 [实体(SO)/曲面(SU)] <实体>：_SO
选择要拉伸的对象或 [模式(MO)]：找到 1 个 （选择闭合的图形）
选择要拉伸的对象或 [模式(MO)]：（按回车键）
指定拉伸的高度或 [方向(D)/路径(P)/倾斜角(T)/表达式(E)]:300 （指定高度）
```

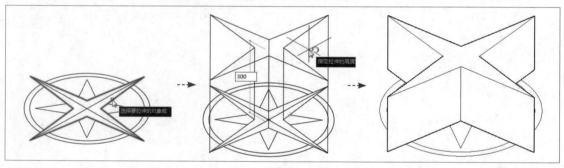

图 8-27

工程师点拨 如果是利用路径进行拉伸，那么在启动"拉伸"命令后，在命令行中输入P命令，然后选择要拉伸的路径即可。这里的路径对象可以是直线、圆、圆弧、椭圆、椭圆弧、多段线或样条曲线等。

8.3.2　旋转实体

旋转实体是用于将闭合图形围绕一条中心轴旋转生成三维实体。该命令可以旋转闭合多段线、多边形、圆、椭圆、闭合样条曲线和面域，不可以旋转包含在块中的对象，以及具有相交或自交线段。该命令一次只能旋转一个对象。通过以下方式调用"旋转"命令。

- 在菜单栏执行"绘图"|"建模"|"旋转"命令。
- 在"常用"选项卡"建模"面板中单击"旋转"按钮。

● 在"实体"选项卡"实体"面板中单击"旋转"按钮。

执行"旋转"命令后，根据命令行提示，选择所需横截面图形，然后指定旋转轴的起点和端点，输入旋转角度值，按回车键，如图8-28所示。

命令行提示如下：

```
命令：_revolve
当前线框密度： ISOLINES=4，闭合轮廓创建模式 = 实体
选择要旋转的对象或 [模式(MO)]：_MO 闭合轮廓创建模式 [实体(SO)/曲面(SU)] <实体>：_SO
选择要旋转的对象或 [模式(MO)]：找到 1 个 （选择闭合的图形）
选择要旋转的对象或 [模式(MO)]： （按回车键）
指定轴起点或根据以下选项之一定义轴 [对象(O)/X/Y/Z] <对象>： （指定旋转轴起点）
指定轴端点： （指定旋转轴端点）
指定旋转角度或 [起点角度(ST)/反转(R)/表达式(EX)] <360>： （按回车键，输入旋转角度）
```

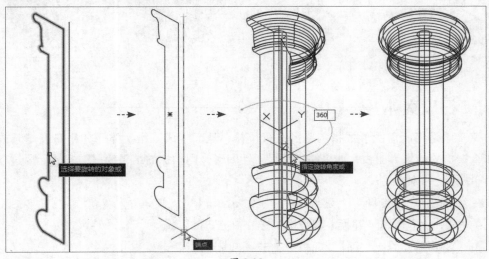

图 8-28

8.3.3 放样实体

放样命令可以通过对两条或两条以上横截面的一组曲线进行放样，使其生成三维实体。通过以下方式调用"放样"命令。

● 在菜单栏执行"绘图"|"建模"|"放样"命令。

● 在"常用"选项卡"建模"面板中单击"放样"按钮🞂。

● 在"实体"选项卡"实体"面板中单击"放样"按钮🞂。

执行"放样"命令后，根据命令行提示，选择所有横截面图形，按回车键即可，如图8-29所示。

命令行提示如下：

```
命令：_loft
当前线框密度： ISOLINES=4，闭合轮廓创建模式 = 实体
按放样次序选择横截面或 [点(PO)/合并多条边(J)/模式(MO)]：_MO 闭合轮廓创建模式 [实体(SO)/
```

曲面 (SU)]＜实体＞：_SO （按次序选择所有横截面）

按放样次序选择横截面或 [点 (PO) / 合并多条边 (J) / 模式 (MO)]：找到 1 个

按放样次序选择横截面或 [点 (PO) / 合并多条边 (J) / 模式 (MO)]：找到 1 个，总计 5 个

按放样次序选择横截面或 [点 (PO) / 合并多条边 (J) / 模式 (MO)]：

选中了 5 个横截面

输入选项 [导向 (G) / 路径 (P) / 仅横截面 (C) / 设置 (S)]＜仅横截面＞：（按回车键，完成操作）

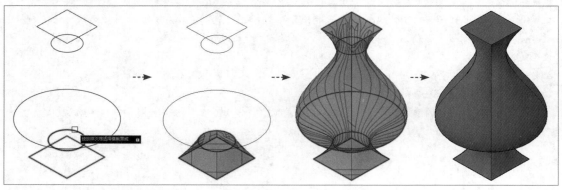

图 8-29

8.3.4 扫掠实体

扫掠实体是将所需图形按指定路径进行拉伸，从而生成三维实体。如果路径是开放性图形，那么扫掠的结果为曲线；如果路径为封闭性图形，则扫掠的结果为三维实体。通过以下方式调用"扫掠"实体命令。

- 在菜单栏执行"绘图"|"建模"|"扫掠"命令。
- 在"常用"选项卡"建模"面板中单击"扫掠"按钮🪣。
- 在"实体"选项卡"实体"面板中单击"扫掠"按钮🪣。

执行"扫掠"命令后，根据命令行提示，选择所需横截面图形，然后指定路径，如图8-30所示。

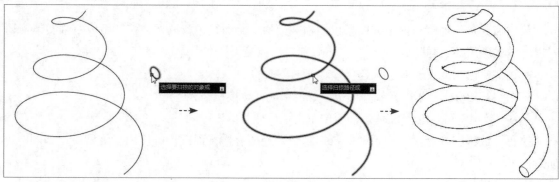

图 8-30

命令行提示如下：

```
命令：_sweep
```

```
当前线框密度：  ISOLINES=4，闭合轮廓创建模式 = 实体
选择要扫掠的对象或 [模式(MO)]：_MO 闭合轮廓创建模式 [实体(SO)/曲面(SU)] <实体>：_SO
选择要扫掠的对象或 [模式(MO)]：找到 1 个（选择要扫掠的横截面，按回车键）
选择要扫掠的对象或 [模式(MO)]：
选择扫掠路径或 [对齐(A)/基点(B)/比例(S)/扭曲(T)]：（选择扫掠路径）
```

8.3.5　变换三维实体

在创建三维实体时，经常需要改变三维实体的位置和方向。这时就需使用到相关三维实体的变换命令，例如三维移动、三维旋转、三维对齐、三维镜像以及三维阵列等。

1. 三维移动

三维移动可将实体在三维空间中移动。它与二维移动相似，用户只需指定移动基点和目标基点。通过以下方法调用"三维移动"命令。

● 在菜单栏执行"修改"|"三维操作"|"三维移动"命令。

● 在"常用"选项卡"修改"面板中单击"三维移动"按钮📥。

执行"三维移动"命令后，选中移动的模型，并指定移动基点，然后选择移动方向上的坐标轴即可移动，如图8-31所示。

命令行提示内容如下：

```
命令：_3dmove
选择对象：找到 1 个 （选中所需模型，按回车键）
选择对象：
指定基点或 [位移(D)] <位移>：（指定移动基点）
INTERSECT 所选对象太多
指定第二个点或 <使用第一个点作为位移>：（指定新目标点）
正在恢复执行 3DMOVE 命令。
指定第二个点或 <使用第一个点作为位移>：正在重生成模型。
```

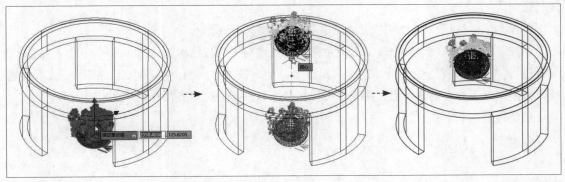

图 8-31

2. 三维旋转

三维旋转可以将实体按照指定的角度绕某条旋转轴（X轴、Y轴、Z轴）进行旋转。通过以下方法调用"三维旋转"命令。

- 在菜单栏执行"修改"|"三维操作"|"三维旋转"命令。
- 在"常用"选项卡"修改"面板中单击"三维旋转"按钮⊕。

执行"三维旋转"命令后，选中所需模型，指定旋转轴以及旋转方向，输入旋转角度值，如图8-32所示。

命令行提示如下：

```
命令：_3drotate
UCS 当前的正角方向：ANGDIR=逆时针  ANGBASE=0.00
选择对象：找到 1 个  （选择所需模型，按回车键）
选择对象：
指定基点：（指定旋转基点）
拾取旋转轴：（选择旋转轴）
指定角的起点或键入角度：90  （输入旋转角度）
```

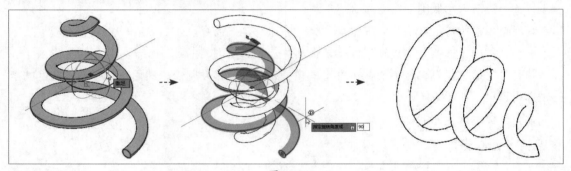

图 8-32

注意事项 在进行三维旋转时，红色为X轴，绿色为Y轴，蓝色为Z轴。某条旋转轴被选中后，会以金黄色高亮显示。

3. 三维对齐

三维对齐是将两个实体按照指定的三个目标点进行对齐操作。通过以下方法调用"三维旋转"命令。

- 在菜单栏执行"修改"|"三维操作"|"三维对齐"命令。
- 在"常用"选项卡"修改"面板中单击"三维对齐"按钮╚。

执行"三维对齐"命令后，选中所需模型，指定被选中模型上的三个点，按回车键，再选择目标模型上要对齐的三个点，用户也可根据命令行提示进行对齐操作，如图8-33所示。

命令行提示如下：

```
命令：_3dalign
选择对象：找到 1 个
选择对象：
 指定源平面和方向 ...
指定基点或 [复制(C)]：<打开对象捕捉>  （指定源平面上 A 点）
指定第二个点或 [继续(C)] <C>：  （指定源平面上 B 点）
指定第三个点或 [继续(C)] <C>：  （指定源平面上 C 点）
```

指定目标平面和方向 ...
指定第一个目标点：（指定目标平面上第1点）
指定第二个目标点或 [退出(X)] <X>：（指定目标平面上第2点）
指定第三个目标点或 [退出(X)] <X>：（指定目标平面上第3点）

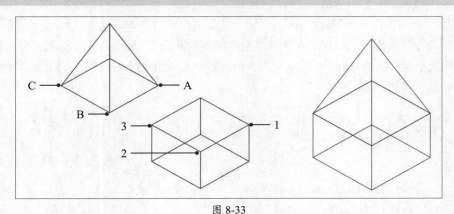

图 8-33

4. 三维镜像

三维镜像是将选中的三维实体沿指定的平面进行镜像。镜像平面可以是已经创建的面，也可以通过三点创建一个镜像平面。通过以下方式调用"三维镜像"命令。

● 在菜单栏执行"修改"|"三维操作"|"三维镜像"命令。

● 在"常用"选项卡"修改"面板中单击"三维镜像"按钮。

执行"三维镜像"命令后，选中所需模型，指定镜像面上的三个点，按回车键即可完成三维镜像操作，如图8-34所示。

命令行提示如下：

命令：_mirror3d
选择对象：指定对角点：找到 2 个（选择要镜像的模型，按回车键）
选择对象：
指定镜像平面（三点）的第一个点或
 [对象(O)/最近的(L)/Z 轴(Z)/视图(V)/XY 平面(XY)/YZ 平面(YZ)/ZX 平面(ZX)/三点(3)]
<三点>：（选择镜像平面上的三个点）
是否删除源对象？ [是(Y)/否(N)] <否>：（按回车键完成操作）

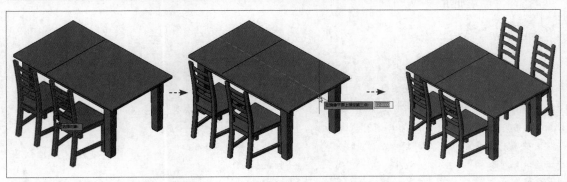

图 8-34

5. 三维阵列

在三维建模工作空间中，三维阵列分为矩形阵列和环形阵列两种。用户可在菜单栏中执行"修改"|"三维操作"|"三维阵列"命令，进行三维实体的阵列操作。

（1）矩形阵列

三维矩形阵列是在行（X轴）、列（Y轴）和层（Z轴）中复制对象。执行"三维阵列"命令后，根据命令行的提示，选择要阵列的对象，按回车键选择"矩形阵列"类型，然后根据命令行提示，依次指定阵列的行数、列数、层数、行间距、列间距及层间距即可，如图8-35所示。

命令行提示内容如下：

```
命令：3darray
选择对象：指定对角点：找到 1 个（选择圆球，按回车键）
选择对象：
输入阵列类型 [矩形(R)/环形(P)] <矩形>：（默认"矩形"，按回车键）
输入行数 (---) <1>:3 （输入阵列的行数）
输入列数 (|||) <1>:2 （输入阵列的列数）
输入层数 (...) <1>:2 （输入阵列的层数）
指定行间距 (---):300 （输入行间距值）
指定列间距 (|||):300 （输入列间距值）
指定层间距 (...):300 （输入层间距值）
```

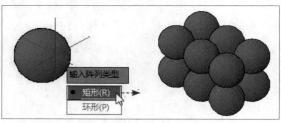

图 8-35

（2）环形阵列

环形阵列是将三维实体按照指定的阵列角度进行环形阵列。在执行"三维阵列"命令后，选择"环形"选项，然后根据命令行提示，指定阵列的项目个数和填充角度，确认是否要进行自身旋转后，指定阵列的中心点及旋转轴上的第2点，即可完成环形阵列操作，如图8-36所示。

命令行提示如下：

```
命令：_3darray
选择对象：找到 1 个
选择对象：找到 1 个，总计 2 个
选择对象：（选择模型，按回车键）
输入阵列类型 [矩形(R)/环形(P)] <矩形">":P （选择"环形"类型）
输入阵列中的项目数目：6（输入阵列数量，按回车键）
指定要填充的角度 (+=逆时针，-=顺时针) <"360">：（按回车键）
旋转阵列对象？[是(Y)/否(N)] <Y">": Y （按回车键）
指定阵列的中心点：（指定中心线的起点和端点）
```

图 8-36

8.3.6 编辑三维实体

为了使创建的实体模型更符合设计需求，除了使用以上介绍的方法外，还可以借助三维编辑功能来创建模型。

1. 圆角边与倒角边

"圆角边"与"倒角边"命令与二维"圆角"和"倒角"命令类似，只不过二维"圆角"与"倒角"命令是对二维图形进行圆角和倒角处理。"圆角边"和"倒角边"命令则是对三维实体的边进行圆角或倒角处理。通过以下几种方式调用"圆角边"或"倒角边"命令。

- 在菜单栏执行"修改"|"实体编辑"|"圆角边"或"倒角边"命令。
- 在"实体"选项卡"实体编辑"面板中单击"圆角边"按钮📎，或"倒角边"按钮📎。

执行"圆角边"命令，根据提示选择三维实体上的边，按回车键后选择"半径"选项，并输入指定半径值，再按两次回车键即可完成圆角边的操作，如图8-37所示。

命令行提示如下：

```
命令：_FILLETEDGE
半径 = 1.0000
选择边或 [链(C)/环(L)/半径(R)]: r (选择"半径"选项，按回车键)
输入圆角半径或 [表达式(E)] <1.0000>: 20 (设置圆角半径值，按回车键)
选择边或 [链(C)/环(L)/半径(R)]: (选择所需实体边，按两次回车键)
选择边或 [链(C)/环(L)/半径(R)]:
已选定 1 个边用于圆角。
按 Enter 键接受圆角或 [半径(R)]:
```

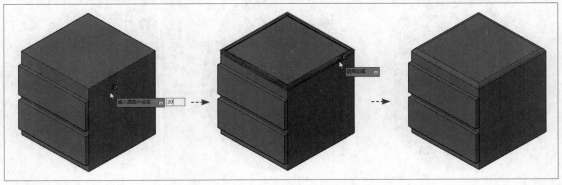

图 8-37

执行"倒角边"命令，根据提示选择三维实体上的边，按回车键后选择"距离"选项，指定基面倒角距离和其他基面倒角距离，再按两次回车键即可完成倒角边的操作，如图8-38所示。

命令行提示如下：

```
命令：_CHAMFEREDGE 距离 1 = 1.0000，距离 2 = 1.0000
选择一条边或 [环(L)/距离(D)]：d（选择"距离"选项，按回车键）
指定距离 1 或 [表达式(E)]<1.0000>：50（输入两条倒角参数，按回车键）
指定距离 2 或 [表达式(E)]<1.0000>：50
选择一条边或 [环(L)/距离(D)]：（选择所需实体边，按两次回车键）
选择同一个面上的其他边或 [环(L)/距离(D)]：
按 Enter 键接受倒角或 [距离(D)]::
```

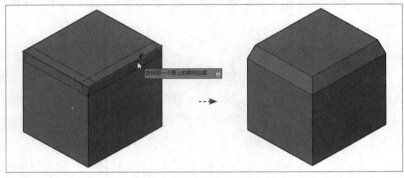

图 8-38

2. 剖切

剖切就是使用假想的一个与对象相交的平面或曲面，将三维实体切为两半。被切开的实体两部分可以保留一侧，也可以都保留。通过以下方法调用"剖切"命令。

● 在菜单栏执行"修改"|"三维操作"|"剖切"命令。

● 在"常用"选项卡的"实体编辑"面板中单击"剖切"按钮 ▦。

● 在"实体"选项卡的"实体编辑"面板中单击"剖切"按钮 ▦。

执行"剖切"命令后，根据命令行的提示选取要剖切的对象，按回车键，指定剖切平面，并根据需要保留切开实体的一侧或两侧，即可完成剖切操作，如图8-39所示。

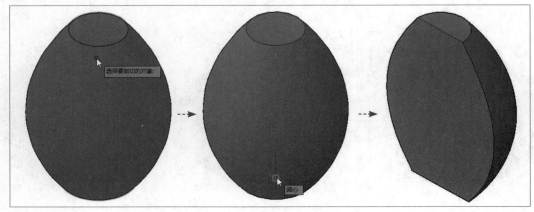

图 8-39

命令行提示如下：

```
命令：_slice
选择要剖切的对象：找到 1 个
选择要剖切的对象：（选择剖切模型，按回车键）
指定切面的起点或 [平面对象(O)/曲面(S)/z 轴(Z)/视图(V)/xy(XY)/yz(YZ)/zx(ZX)/三点(3)]
<三点>：YZ（选择剖切平面）
指定 YZ 平面上的点 <0,0,0>：（选择剖切平面上的起点和终点）
在所需的侧面上指定点或 [保留两个侧面(B)] <保留两个侧面>：（指定要保留的剖切面）
```

3. 抽壳

使用抽壳命令可以将三维实体转换为中空薄壁或壳体，其厚度用户可自行指定。通过以下方式调用"抽壳"命令。

- 在菜单栏执行"修改"|"实体编辑"|"抽壳"命令。
- 在"常用"选项卡的"实体编辑"面板中单击"抽壳"按钮 。
- 在"实体"选项卡的"实体编辑"面板中单击"抽壳"按钮 。

执行"抽壳"命令，根据命令行提示先选择实体模型，然后选择要操作的实体面，按回车键确认，根据提示输入抽壳距离，再按回车键确认即可完成操作。

命令行提示如下：

```
命令：_solidedit
实体编辑自动检查： SOLIDCHECK=1
输入实体编辑选项 [面(F)/边(E)/体(B)/放弃(U)/退出(X)] <退出>：_body
输入体编辑选项
[压印(I)/分割实体(P)/抽壳(S)/清除(L)/检查(C)/放弃(U)/退出(X)] <退出>：_shell
选择三维实体：（选择所需三维模型）
删除面或 [放弃(U)/添加(A)/全部(ALL)]：找到一个面，已删除 1 个。
删除面或 [放弃(U)/添加(A)/全部(ALL)]：（选择要删除的面）
输入抽壳偏移距离：20（输入壳体厚度值，按回车键）
已开始实体校验。
已完成实体校验。
```

动手练 绘制抽屉三维模型

下面使用抽壳命令绘制抽屉模型。

步骤01 执行"长方体"命令，绘制长为400mm、宽为400mm、高为150mm的长方体，作为抽屉实体模型，如图8-40所示。

步骤02 再次执行"长方体"命令，绘制长为440mm、宽为20mm、高为200mm的长方体，作为抽屉面板，调整面板的位置，如图8-41所示。

步骤03 执行"球体"命令，绘制半径为10mm的球体，作为抽屉拉手，放置在面板中心位置，如图8-42所示。

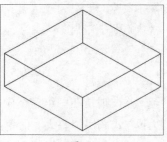

图 8-40

步骤04 执行"抽壳"命令，将抽屉进行抽壳操作，抽壳偏移距离为20mm，将视觉样式设置为"隐藏"样式，查看结果，如图8-43所示。

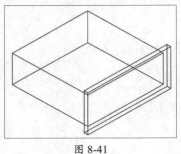

图 8-41

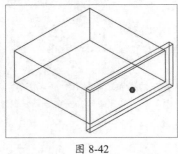

图 8-42

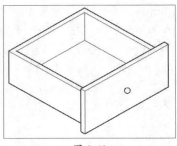

图 8-43

4. 布尔运算

利用布尔运算可以将两个或两个以上的实体通过加减的方式生成新的实体。

（1）并集

并集运算命令可对所选的两个或两个以上的面域或实体进行合并运算。用户可以通过以下方式调用"并集"命令。

- 在菜单栏执行"修改"|"实体编辑"|"并集"命令。
- 在"常用"选项卡"实体编辑"面板中单击"并集"按钮。
- 在"实体"选项卡"布尔值"面板中单击"并集"按钮。

执行"并集"命令，根据命令行中的提示，依次选中需要合并的实体，按回车键后即可完成并集操作，如图8-44所示。

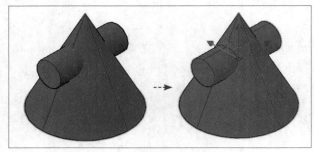

图 8-44

命令行提示信息如下：

```
命令：_union
选择对象：找到 1 个
选择对象：找到 1 个，总计 2 个（选择所有要合并的实体，按回车键）
选择对象：
```

（2）差集

差集则是在一组实体中减去另一组实体相重叠的部分，从而生成一个新的三维实体。通过以下方式调用"差集"命令。

- 在菜单栏执行"修改"|"实体编辑"|"差集"命令。

- 在"常用"选项卡"实体编辑"面板中单击"差集"按钮 。
- 在"实体"选项卡"布尔值"面板中单击"差集"按钮。

执行"差集"命令，根据命令行的提示，选择主实体，按回车键后再选择要删除的实体，再按回车键即可完成差集运算，如图8-45所示。

命令行提示如下：

```
命令：_subtract 选择要从中减去的实体、曲面和面域…
选择对象：找到 1 个（选择正方体，按回车键）
选择对象：
选择要减去的实体、曲面和面域…
选择对象：找到 1 个（选择球体，按回车键）
选择对象：
```

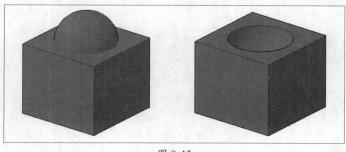

图 8-45

（3）交集

交集是将多个面域或实体之间的公共部分生成新实体。通过以下方式调用"交集"命令。

- 在菜单栏执行"修改"|"实体编辑"|"交集"命令。
- 在"常用"选项卡"实体编辑"面板中单击"交集"按钮。
- 在"实体"选项卡"布尔值"面板中单击"交集"按钮。

执行"交集"命令，根据命令行的提示，选择相交的实体，按回车键确认，此时系统会保留实体重叠部分，其他部分将被去除，如图8-46所示。

命令行提示如下：

```
命令：_intersect
选择对象：指定对角点：找到 2 个（选择所有实体，按回车键）
选择对象：
```

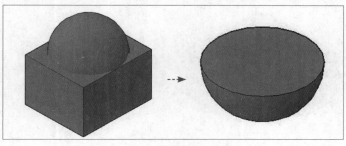

图 8-46

案例实战：创建洗菜池模型

下面根据本章所学的知识内容，绘制洗菜池三维模型。在绘制的过程中主要运用到三维命令有拉伸、差集、并集、圆角边、倒角边、三维镜像、扫掠等。

步骤 01 打开"二维洗菜池"素材文件。执行"矩形"命令，绘制1000mm×600mm的矩形作为橱柜台面，对齐洗菜池图形中心点，如图8-47所示。

步骤 02 复制三个平面图形以备用。将视图设置为西南视图，执行"拉伸"命令，将洗菜池内两个圆角矩形向上拉伸280mm，如图8-48所示。

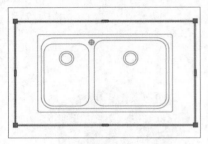
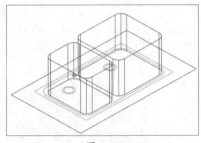

图 8-47　　　　　　　　　　　　　　图 8-48

步骤 03 执行"拉伸"命令，拉伸外侧圆角矩形，将其向上拉伸290mm，如图8-49所示。

步骤 04 执行"三维移动"命令，将拉伸280mm的两个圆角长方体向Z轴方向移动10mm，将其与大圆角长方体平齐，如图8-50所示。

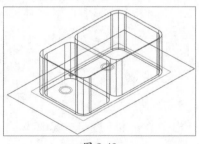
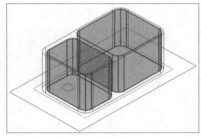

图 8-49　　　　　　　　　　　　　　图 8-50

步骤 05 执行"差集"命令，将内侧两个圆角长方体从大长方体中减去，完成水池轮廓的创建，如图8-51所示。

步骤 06 执行"拉伸"命令，将复制的第二个平面图形中两个圆角矩形向Z轴方向拉伸295mm，如图8-52所示。

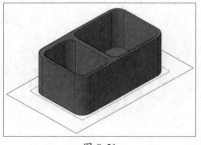
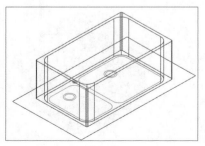

图 8-51　　　　　　　　　　　　　　图 8-52

步骤 07 执行"差集"命令，对复制的模型进行差集操作，结果如图8-53所示。

步骤 08 将复制的模型对齐到主模型中，如图8-54所示。

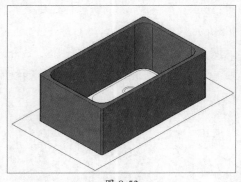

图 8-53

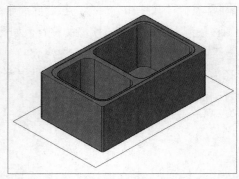

图 8-54

步骤 09 执行"并集"命令，将两组模型进行合并。执行"圆角边"命令，将洗菜池表面的棱角边进行圆角处理，圆角半径为5mm，如图8-55所示。

步骤 10 执行"拉伸"命令，将复制的第三个平面图的两个矩形轮廓向上拉伸20mm，如图8-56所示。

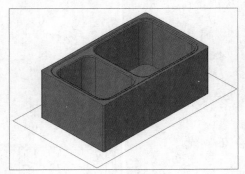

图 8-55

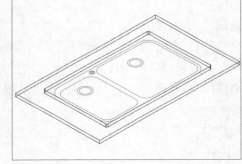

图 8-56

步骤 11 执行"差集"命令，对刚拉伸的两个长方体进行差集操作，并将其对齐到主体模型中。然后将它向Z轴方向移动280mm，与水池表面平齐，如图8-57所示。

步骤 12 执行"圆柱体"和"圆锥体"命令，分别创建底面半径为20mm、高度为60mm的圆柱体和底面半径为20mm、顶面半径为15mm、高度为15mm的圆锥体，如图8-58所示。

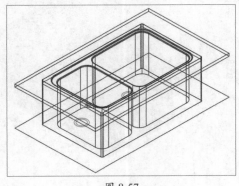

图 8-57

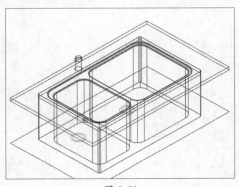

图 8-58

步骤13 在命令行中输入UCS，按回车键，分别指定X轴和Y轴的方向，设置用户坐标，如图8-59所示。

步骤14 执行"圆柱体"命令，绘制底面半径为15mm、高为50mm的圆柱体，将其放置在刚绘制的圆柱模型上，调整好该模型的位置，如图8-60所示。

步骤15 在命令行中输入UCS，按两侧回车键，恢复用户坐标。执行"圆柱体"命令，绘制底面半径为4mm、高为60mm的圆柱体。将其放置在主体模型中，完成龙头开关模型的绘制，调整其位置，如图8-61所示。

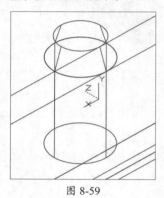
图 8-59

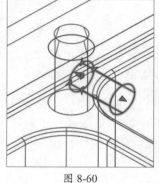
图 8-60

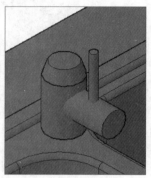
图 8-61

步骤16 切换到左视图。使用"直线"和"弧线"命令绘制如图8-62所示的图形。执行"编辑多段线"命令，将这两条线段合并为一条多段线。

步骤17 切换到西南视图，捕捉图形，绘制半径为15mm的圆，如图8-63所示。

步骤18 执行"扫掠"命令，将该二维图形拉伸成圆管模型，如图8-64所示。

步骤19 执行"并集"命令，将所有模型进行合并操作。至此完成洗菜池模型的绘制，如图8-65所示。

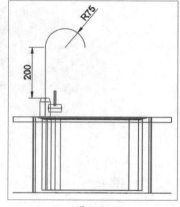
图 8-62

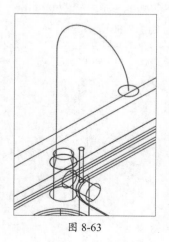
图 8-63

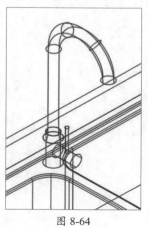
图 8-64

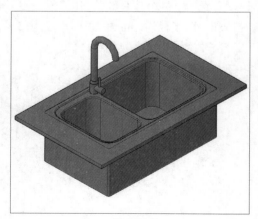
图 8-65

拓展练习

本章介绍了三维建模基础功能的使用方法。下面通过两个小练习来对所学知识点进行巩固。

1. 创建落地灯模型

使用矩形、圆柱体、拉伸、三维阵列和并集命令，绘制出落地灯模型，效果如图8-66所示。

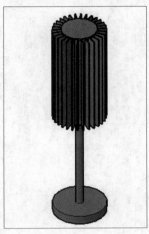

图 8-66

操作提示

步骤01 执行"圆柱体"命令，绘制出灯杆和灯柱。执行"矩形"命令，绘制灯罩横截面。

步骤02 执行"拉伸"命令将横截面拉伸成实体。执行"三维阵列"命令，将拉伸后的实体以灯柱中心为旋转轴，进行三维环形阵列设计。完成灯罩模型的绘制。

2. 创建酒杯模型

使用三维旋转命令，将酒杯截面图形拉伸成三维实体模型，结果如图8-67所示。

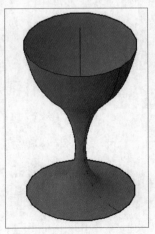

图 8-67

操作提示

步骤01 切换到左视图，绘制酒杯截面图形。

步骤02 执行"三维旋转"命令，将酒杯截面拉伸成三维实体模型。

AutoCAD

第 9 章

跃层空间设计
方案图

跃层住宅（又称楼中楼）通常是指上下两层，并带有楼梯的户型空间，这类户型很常见。本章将综合之前所学的绘图工具来绘制跃层空间设计相关图纸，包括原始平面图、平面布置图、地面布置图、顶棚布置图以及相关立面图和剖面图。

9.1 跃层设计概述

跃层住宅作为一种非传统的居住空间，正逐渐成为都市人居住选择的一种新趋势。它是一种具有两层或者两层以上空间的复式住宅，这种结构通常由内部楼梯连接不同层级的生活空间。在户型设计中，跃层住宅能够有效地将垂直空间利用起来，丰富了室内的功能区域和视觉层次感，如图9-1所示。

图 9-1

9.1.1 设计的基本原则

跃层住宅作为现代建筑设计中的一种流行形式，受到了许多人的喜爱。它打破了传统单层住宅的格局，通过垂直空间的有效利用，为居住者提供了更多的生活可能性。然而，在设计跃层住宅时，需要遵循一些基本的设计原则，以确保既有的功能性，又具备良好的居住体验。

1. 合理化布局空间

空间的合理布局是跃层空间设计的核心原则。设计师需要在满足功能性要求的前提下，合理规划各功能区的位置和大小，确保业主在日常生活中的活动流线通畅无阻。一般来说，公共区域如客厅、餐厅、厨房应安排在下层，而私密区域如卧室、书房可以安排在上层，以此分隔动、静区域，增加空间的私密性和适用性，如图9-2所示。

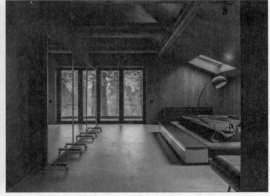

图 9-2

2. 具备采光和通风条件

良好的采光和通风条件是跃层空间设计的关键要素。由于跃层空间具有多层结构，需要注意保证每一层的自然光照和空气对流。设计师可以通过设置大面积的窗户、采用通高设计和设置天窗等方式来优化居室的光感和空气流动，如图9-3所示。

图 9-3

3. 具有较高安全性

跃层空间的安全性是必须要重视的问题。多层结构意味着更多的楼梯和阶梯，因此楼梯设计不仅需要美观，更要考虑到安全性，包括楼梯的宽度、坡度、扶手的设置等方面。此外，对于有老人或小孩的家庭来说，楼梯间安装防护栏杆或门锁以预防跌落是非常必要的安全措施。

4. 符合业主生活习惯和需求

不同家庭对于空间功能的需求各有差异，设计师应尽可能地了解目标用户的生活方式，为他们量身定制最适合的跃层布局方案。无论是孩子的娱乐空间，还是成人的工作区域，抑或是家庭集体活动的休闲场所，均应在设计之初予以细致考虑。

9.1.2　跃层住宅设计欣赏

跃层住宅又称为跃式住宅或复式住宅，它打破了传统单层住宅的空间布局，利用两层或多层空间构建一个立体的居住环境，让居住空间更为丰富和灵动。以下是设计名师梁志天为某开发商设计的一套600m²跃层豪宅作品，供用户欣赏借鉴，如图9-4所示。

图 9-4

9.2 跃层公寓平面图

平面图的种类有很多，常见的平面图有原始户型图、平面布置图、顶棚布置图、地面铺装图等。下面分别对这些平面图的绘制方法进行介绍。

9.2.1 绘制原始户型图

原始户型图一般开发商会提供给业主。为了保证图纸的准确性，用户需到现场进行量房，并绘制出精确的户型尺寸，以便后期设计更符合实际需求。

步骤 01 新建"轴线"图层，并设置好图层的颜色，如图9-5所示。

步骤 02 单击"新建图层"按钮，依次创建出"墙体""门窗""文字注释"图层，并设置图层参数。将"轴线"图层设置为当前层，如图9-6所示。

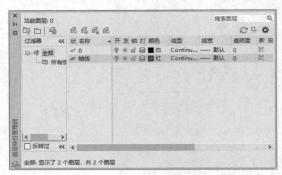
图 9-5

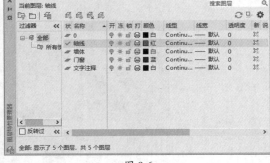
图 9-6

步骤 03 执行"直线"和"偏移"命令，根据现场测量的实际尺寸绘制出墙体轴线，如图9-7所示。

步骤 04 将"墙体"层设置为当前层。执行"多段线"命令，沿轴线绘制出墙体轮廓，如图9-8所示。

步骤 05 关闭"轴线"图层。执行"偏移"命令，将多段线分别向两侧偏移120mm，删除中间的线段，如图9-9所示。

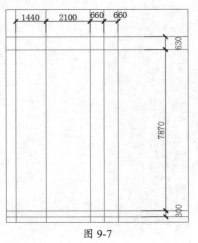
图 9-7

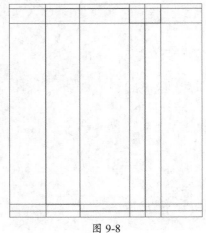
图 9-8

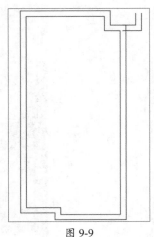
图 9-9

步骤06 执行"分解""直线""倒角"命令，对墙体进行修改，结果如图9-10所示。

步骤07 执行"矩形"和"图案填充"命令，绘制出墙柱位置，具体尺寸如图9-11所示。

步骤08 执行"偏移"和"修剪"命令，绘制120mm的墙体，结果如图9-12所示。

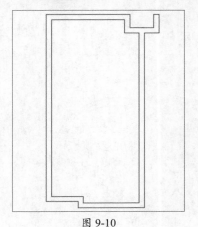
图 9-10

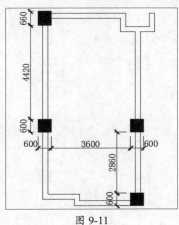
图 9-11

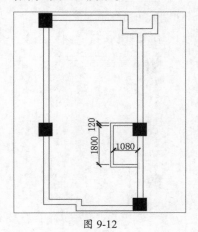
图 9-12

步骤09 执行"偏移"和"直线"命令，绘制下水管及隔断，尺寸如图9-13所示。

步骤10 执行"偏移"和"修剪"命令，绘制玻璃墙，尺寸如图9-14所示。

步骤11 执行"直线""偏移"命令，绘制厨房排水管，尺寸及位置如图9-15所示。

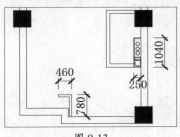
图 9-13

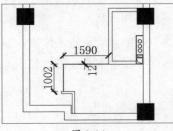
图 9-14

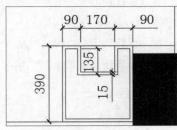
图 9-15

步骤12 执行"偏移"命令，绘制空调外机位置，尺寸如图9-16所示。

步骤13 执行"直线"和"偏移"命令，绘制门洞和窗洞位置，尺寸如图9-17所示。

步骤14 执行"修剪"命令，修剪出门洞窗洞位置，结果如图9-18所示。

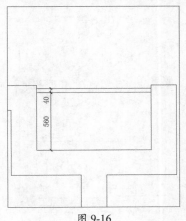
图 9-16

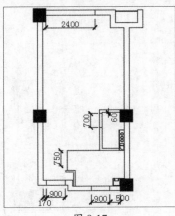
图 9-17

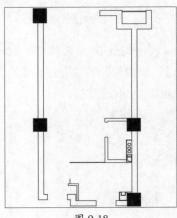
图 9-18

步骤15 将"门窗"图层设置为当前图层。执行"直线"命令，在窗洞位置绘制直线，执行"偏移"命令，偏移距离为80mm，如图9-19所示。

步骤16 执行"矩形""圆""复制""旋转"命令，绘制门图形，并将其放置在合适位置，如图9-20所示。

步骤17 执行"圆"命令，绘制同心圆，具体尺寸如图9-21所示。

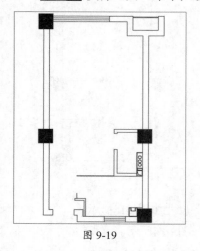 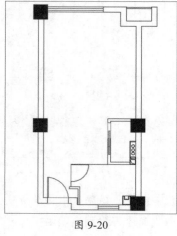 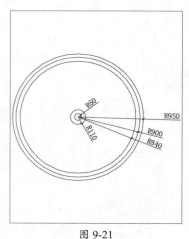

图 9-19　　　　　　　　　　　　图 9-20　　　　　　　　　　　　图 9-21

步骤18 执行"定数等分"和"直线"命令，将外侧的圆等分为17份，连接圆心与点，绘制等分线，如图9-22所示。

步骤19 执行"圆弧"和"直线"命令，绘制扶手位置，如图9-23所示。

步骤20 执行"修剪"命令，修剪掉扶手多余线段，如图9-24所示。

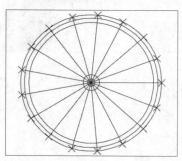 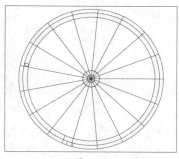 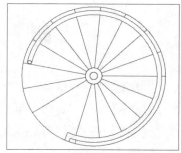

图 9-22　　　　　　　　　　　　图 9-23　　　　　　　　　　　　图 9-24

步骤21 执行"移动"命令，将楼梯移动至合适位置，如图9-25所示。

步骤22 执行"多段线"命令，绘制方向箭头，如图9-26所示。

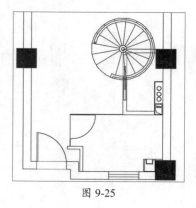 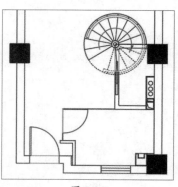

图 9-25　　　　　　　　　　　　图 9-26

步骤23 执行"复制"命令，复制一层户型图，并删除楼梯、门及多余的墙体图形，如图9-27所示。

步骤24 执行"偏移"和"修剪"命令，调整好二层墙体和窗图形，如图9-28所示。

步骤25 执行"直线""圆"和"偏移"命令，绘制120mm的墙体，具体尺寸如图9-29所示。

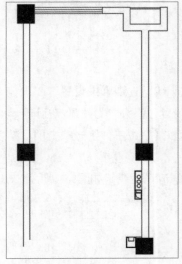

图 9-27

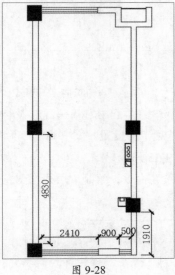

图 9-28

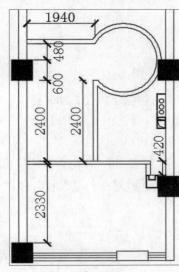

图 9-29

步骤26 执行"直线""偏移"命令，确定门洞位置，如图9-30所示。

步骤27 执行"修剪"命令，修剪出门洞位置，如图9-31所示。

步骤28 执行"复制"和"旋转"命令，复制门图形，并将其进行旋转，放置在墙体合适位置，如图9-32所示。

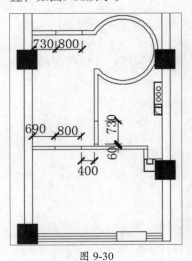

图 9-30

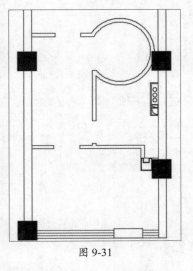

图 9-31

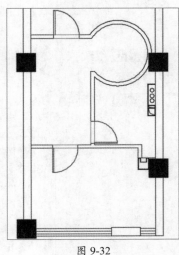

图 9-32

步骤29 执行"复制"命令，复制圆形楼梯，如图9-33所示。

步骤30 执行"直线""偏移"和"修剪"命令，调整复制的圆形楼梯，如图9-34所示。

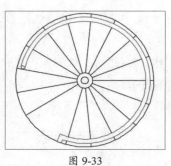

图 9-33

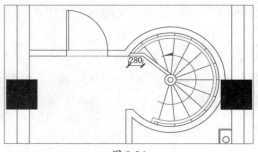

图 9-34

步骤31 执行"标注样式"命令，新建"平面标注"样式，在"线"选项卡中设置"起点偏移量"为200、"超出尺寸线"为100。在"符号和箭头"选项卡中设置"箭头"为"建筑标记"、"箭头大小"为200。在"文字"选项卡中设置"文字高度"为300。将"主单位"选项卡的"精度"设置为0，其他为默认，如图9-35所示。

步骤32 执行"线性"和"连续"命令，绘制一层户型图左侧两道尺寸线，如图9-36所示。

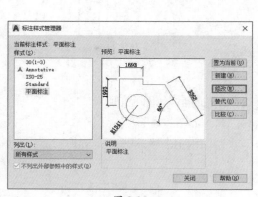

图 9-35

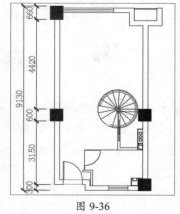

图 9-36

步骤33 继续执行"线性"和"连续"标注命令，完成一层户型图其他尺寸线的绘制，如图9-37所示。

步骤34 按照同样的方法，完成二层户型图尺寸线的绘制，如图9-38所示。

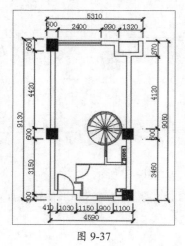

图 9-37

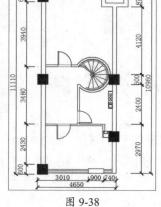

图 9-38

步骤35 将"文字注释"图层设置为当前层。执行"单行文字"命令,将"文字高度"设置为280,添加一层客厅区域的文字内容,如图9-39所示。

步骤36 执行"复制"命令,复制文字至其他区域,并双击文字修改其内容,如图9-40所示。

步骤37 按照同样的方法,为二层户型图添加相应的文字内容,如图9-41所示。

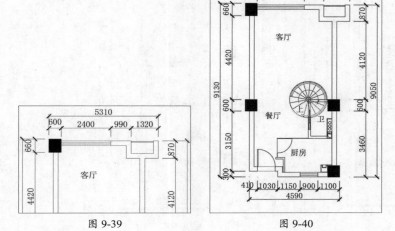
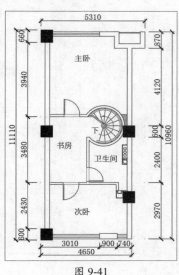

图 9-39　　　　　图 9-40　　　　　图 9-41

步骤38 执行"直线"命令,绘制标高图形。执行"单行文字"命令,输入一层标高值,如图9-42所示。

步骤39 复制该标高至二层合适位置。双击标高值,对其进行修改,如图9-43所示。

步骤40 执行"多段线"命令,在户型图下方绘制一条多段线,并将线宽设置为80,如图9-44所示。

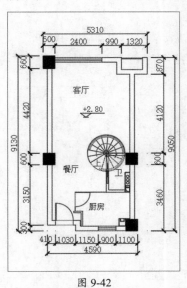
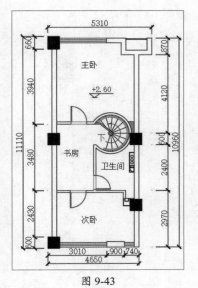
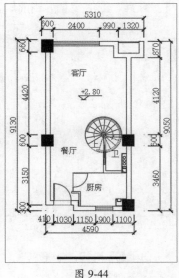

图 9-42　　　　　图 9-43　　　　　图 9-44

步骤41 执行"单行文字"命令,输入图纸名称及比例值,如图9-45所示。

步骤 42 复制该图名至二层图形下方，并修改其图纸名称，如图9-46所示。至此跃层公寓户型图绘制完成。

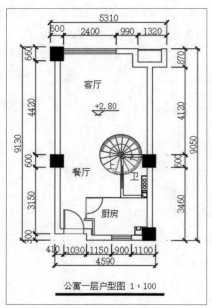

公寓一层户型图 1：100

图 9-45

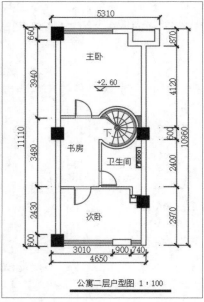

公寓二层户型图 1：100

图 9-46

9.2.2 绘制平面布置图

平面布置图是所有图纸设计的基础，它能够清楚地表示出空间布局是否合理、室内动线是否流畅等。下面根据原始户型图来绘制一、二层平面布置图。

步骤 01 复制原始结构图。打开"图层特性管理器"对话框，新建图层并设置好图层属性。将"家具"图层设置为当前层，如图9-47所示。

步骤 02 执行"矩形"和"直线"命令，在入门位置绘制电视柜，具体尺寸如图9-48所示。

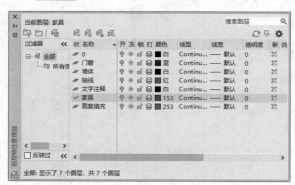

图 9-47

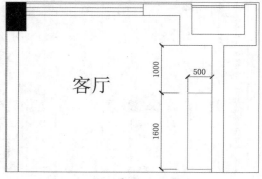

图 9-48

步骤 03 执行"矩形"和"直线"命令，绘制客厅旁边的矮柜，如图9-49所示。

步骤 04 执行"偏移"和"直线"命令，绘制鞋柜，如图9-50所示。

步骤 05 执行"直线""偏移""矩形"和"修剪"命令，绘制橱柜及餐桌图形，具体尺寸如图9-51所示。

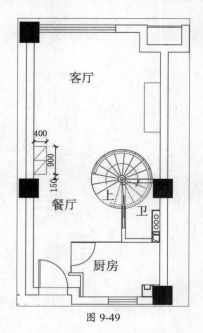

图 9-49

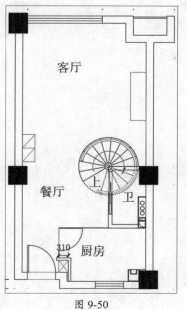

图 9-50

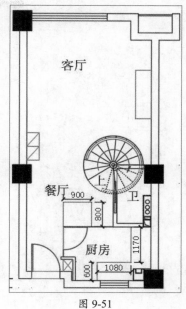

图 9-51

步骤06 将家具图块插入平面布置图相应的位置，如图9-52所示。

步骤07 执行"偏移"和"修剪"命令，绘制电视背景墙部分，如图9-53所示。

步骤08 将"图案填充"图层设置为当前层。执行"图案填充"命令，将"图案"设置为ANSI31，将"填充比例"设置为8，填充背景墙图形，如图9-54所示。

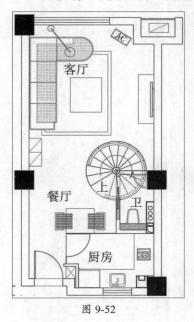

图 9-52

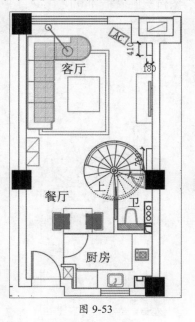

图 9-53

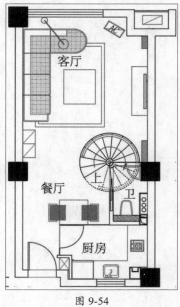

图 9-54

步骤09 执行"偏移""直线""修剪"命令，绘制二层主卧衣柜及电视柜，尺寸如图9-55所示。

步骤10 将双人床、衣柜、电视等图块插入主卧室合适位置，如图9-56所示。

步骤11 执行"偏移"和"修剪"命令，绘制书房的书桌和书柜，尺寸如图9-57所示。

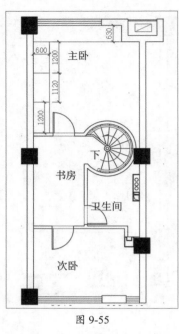
图 9-55

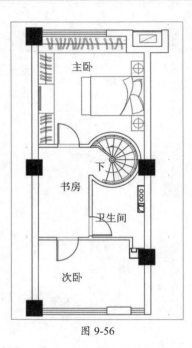
图 9-56

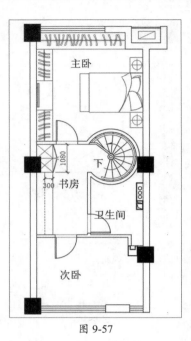
图 9-57

步骤12 执行"直线""偏移""修剪""图案填充"命令，填充卫生间部分并绘制置物柜，如图9-58所示。

步骤13 将卫生洁具图块插入卫生间合适位置，如图9-59所示。

步骤14 执行"直线"命令，绘制次卧衣柜和电视柜，如图9-60所示。

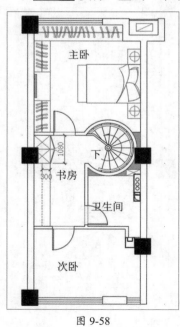
图 9-58

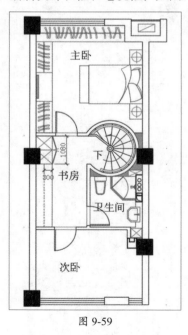
图 9-59

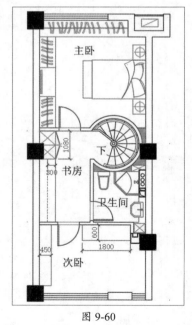
图 9-60

步骤15 将床、电视机图块插入次卧室合适位置，如图9-61所示。

步骤16 复制户型图图名至平面图下方，双击图名，对其名称进行更改。至此公寓平面布置图绘制完成，结果如图9-62所示。

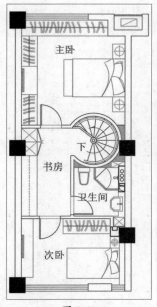

图 9-61

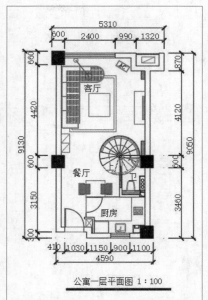

公寓一层平面图 1：100

图 9-62

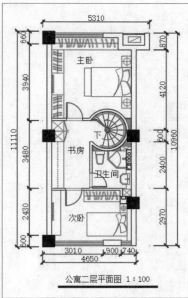

公寓二层平面图 1：100

9.2.3 绘制顶棚布置图

顶棚位置图主要表现室内顶面造型及灯具安装位置，在绘制时应根据平面图的布局来设计，其风格要与整体风格统一。

步骤 01 复制一层平面布置图，删除家具及文字标注，如图9-63所示。

步骤 02 执行"直线"命令，示意楼梯部分，如图9-64所示。

步骤 03 新建"吊顶造型"图层，将颜色设置为灰色（252号），其他为默认。将该图层设置为当前层。执行"偏移""多段线"和"修剪"命令，在一层客厅位置绘制吊顶线，尺寸如图9-65所示。

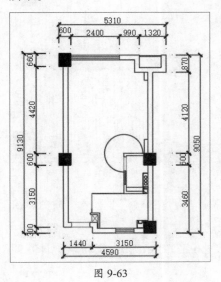

图 9-63

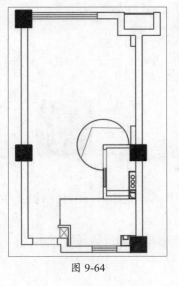

图 9-64

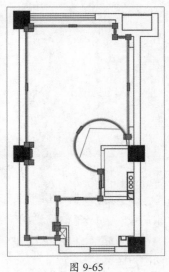

图 9-65

步骤 04 将灯具、射灯及窗帘图块插入客厅和餐厅顶面合适位置，如图9-66所示。

步骤 05 执行"直线""偏移"和"修剪"命令，绘制背景墙灯槽及灯带图形，如图9-67所示。

步骤 06 在餐厅位置上方插入灯具图块。按照同样的方法，插入一层其他区域的灯具图块，如图9-68所示。

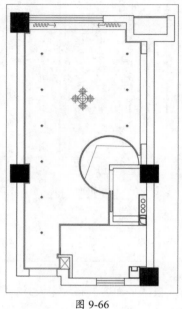
图 9-66

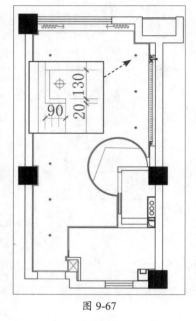
图 9-67

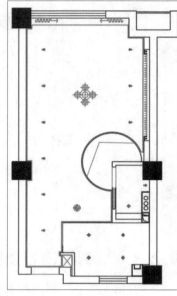
图 9-68

步骤 07 执行"矩形"和"直线"命令，绘制厨房吊柜，尺寸如图9-69所示。

步骤 08 执行"图案填充"命令，将"图案"设置为ANSI31，"填充角度"设置为45，"填充比例"设置为25，对厨房、卫生间顶面进行填充，如图9-70所示。

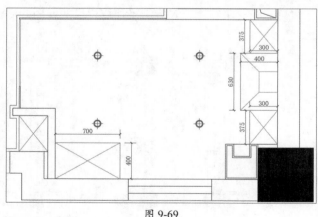

图 9-69

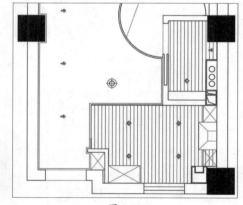
图 9-70

步骤 09 复制二层平面布置图，删除所有家具图块及注释。执行"偏移""直线"命令，绘制房梁，封闭各空间，如图9-71所示。

步骤 10 执行"多段线""偏移"和"修剪"命令，在次卧位置绘制吊顶及窗帘盒，尺寸如图9-72所示。

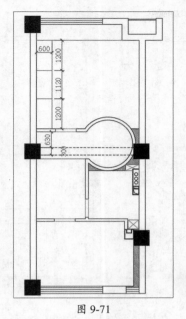
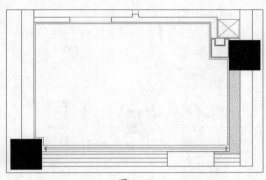

图 9-71   图 9-72

步骤11 将灯具及窗帘图块插入次卧室顶棚中。按照同样的方法，将二层其他区域插入相应的灯具、灯带及窗帘图块，如图9-73所示。

步骤12 执行"偏移""圆""修剪"命令，绘制主卧过道和楼梯的吊顶造型，并在楼梯间插入灯具图块，如图9-74所示。

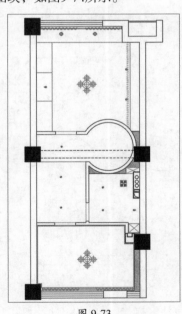
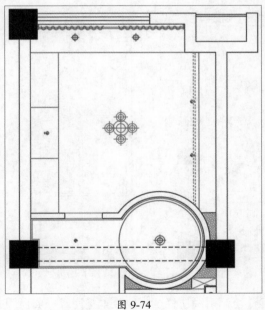

图 9-73   图 9-74

步骤13 执行"图案填充"命令，将"图案"设置为AR-RROOF，"填充角度"设置为45，"填充比例"设置为25，填充楼梯间顶面区域，如图9-75所示。

步骤14 继续执行"图案填充"命令，将"图案"设置为ANSI31，其他保持不变，对二层卫生间进行吊顶，如图9-76所示。

步骤**15** 复制标高图形至一层客厅合适位置，如图9-77所示。

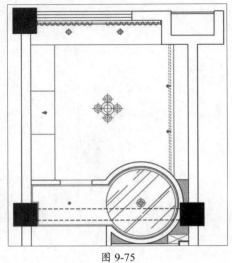

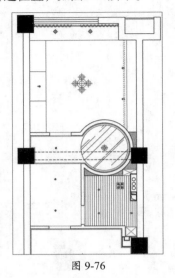

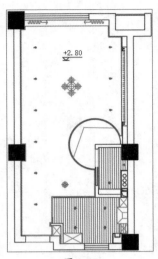

图 9-75 　　　　　　　　　　　图 9-76 　　　　　　　　　　　图 9-77

步骤**16** 复制标高图形至一层吊顶其他位置，并对其标高值进行修改，如图9-78所示。

步骤**17** 继续复制标高图形，完成二层顶棚标高的绘制操作，如图9-79所示。

步骤**18** 执行"多重引线样式"命令，打开"多重引线样式管理器"对话框，新建"平面标注"多重引线样式，并设置"箭头大小"为200、"字体大小"为250。执行"多重引线"命令，指定箭头及引线位置，输入注释文字，如图9-80所示。

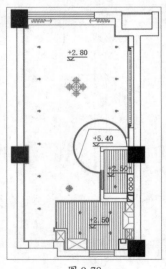

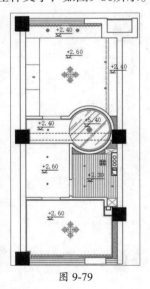

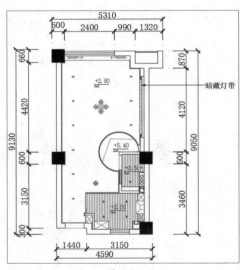

图 9-78 　　　　　　　　　　　图 9-79 　　　　　　　　　　　图 9-80

步骤**19** 复制引线注释至其他位置，完成一层顶棚文字注释操作，如图9-81所示。

步骤**20** 按照同样的方法，完成二层顶棚文字注释操作，如图9-82所示。

步骤**21** 复制图纸图名至顶棚图下方，双击图名，修改图纸名称，如图9-83所示。至此，公寓顶棚布置图绘制完成。

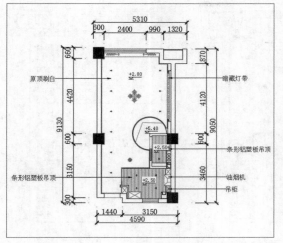

图 9-81

图 9-82

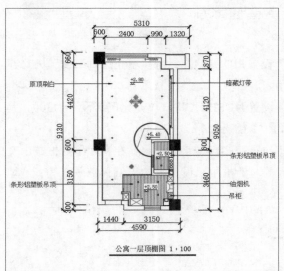

公寓一层顶棚图 1：100

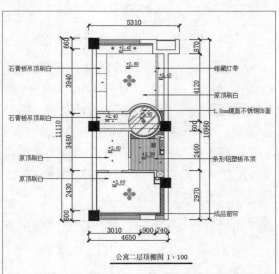

公寓二层顶棚图 1：100

图 9-83

9.2.4 绘制地面铺装图

地面铺装图能够反映住宅地面材质及造型的效果。下面绘制公寓两层地面图。

步骤 01 复制一、二层平面布置图，删除所有家具，保留文字注释。将"图案填充"图层设置为当前层。执行"图案填充"命令，将"图案"设置为USER，将"填充比例"设置为600，将"填充角度"设置为0，选择一层客厅及餐厅区域，对其进行填充，如图9-84所示。

步骤 02 执行"图案填充"命令，填充图案不变，将"填充角度"设置为90，再次选择一层客厅区域，进行叠加填充，如图9-85所示。

步骤 03 按照同样的操作，填充一层卫生间及厨房地面。图案及填充角度不变，将"填充比例"设置为300，进行填充，如图9-86所示。

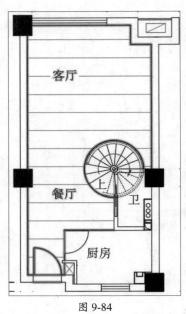

图 9-84

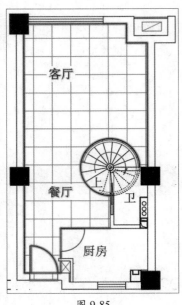

图 9-85

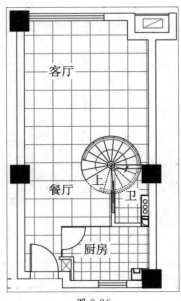

图 9-86

步骤 04 执行"图案填充"命令，将"图案"设置为DOLMIT，将"填充比例"设置为25，填充二层卧室、书房和次卧室地面，如图9-87所示。

步骤 05 执行"图案填充"命令，将"图案"设置为USER，将"填充比例"设置为300，其他为默认，对二层卫生间地面进行叠加填充，如图9-88所示。

步骤 06 将"文字注释"图层设置为当前层。执行"多行文字"命令，在客厅位置框选出文字输入范围后，单击"背景遮罩"按钮，在打开的对话框中，设置"边界偏移因子"为1、"填充颜色"为白色，如图9-89所示。

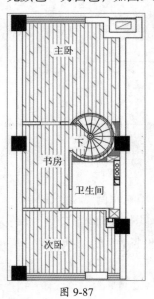

图 9-87

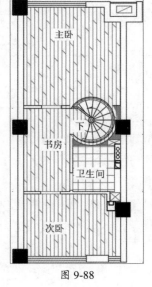

图 9-88

图 9-89

步骤 07 单击"确定"按钮，为一层客厅地面添加材质注释文字，结果如图9-90所示。

步骤 08 按照同样的方法，对卫生间、厨房以及二层地面材质进行标注，结果如图9-91所示。

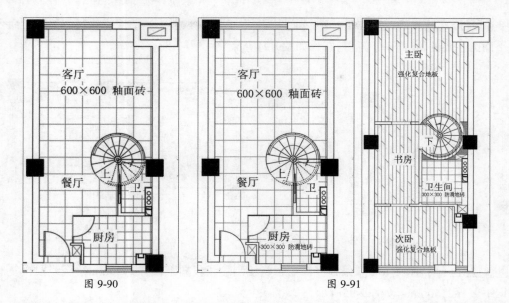

图 9-90　　　　　　　　　　　　　　　　　　　　图 9-91

步骤 09 双击图名，分别修改图纸名称内容，如图9-92所示。至此，公寓地面铺装图绘制完成。

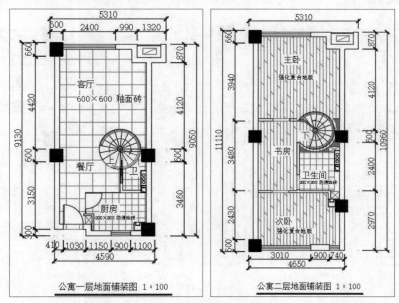

图 9-92

9.3　跃层公寓立面图

公寓平面布置图绘制完成后，接下来可根据相关的平面图绘制空间立面效果。下面绘制客餐厅立面图、主卧立面图和楼梯立面图。

9.3.1　绘制客餐厅立面图

下面绘制客餐厅A立面图，具体绘制方法如下。

步骤 01 复制一层平面图，插入立面索引符号至平面图中，如图9-93所示。

步骤02 新建"轮廓线"图层，图层属性为默认，将其设置为当前层。执行"射线"命令，捕捉平面图主要的轮廓位置绘制射线，如图9-94所示。

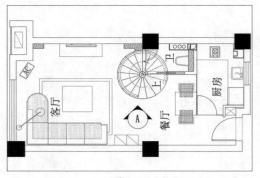

图 9-93

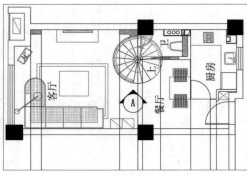

图 9-94

步骤03 执行"直线"和"偏移"命令，将绘制的线段向下偏移2800mm绘制线段，复制线段并向下偏移2550mm，如图9-95所示。

步骤04 执行"修剪"命令，修剪掉多余的射线，如图9-96所示。

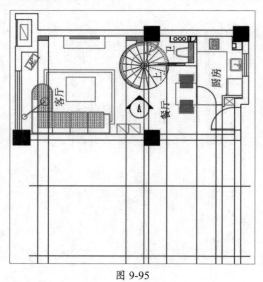

图 9-95

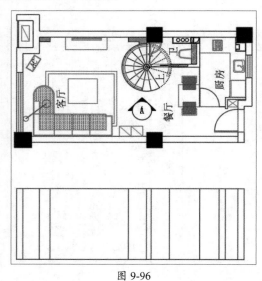

图 9-96

步骤05 执行"偏移"命令，将地平线向上偏移60mm，作为踢脚线，如图9-97所示。

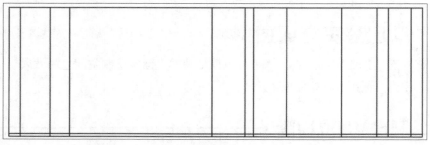

图 9-97

步骤06 执行"偏移"命令，将地平线向上偏移2200mm，如图9-98所示。

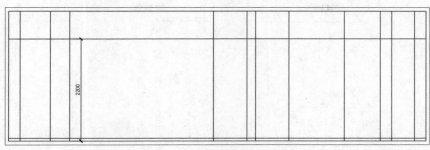

图 9-98

步骤07 执行"修剪"命令,对偏移的线段进行修剪,修剪出电视背景墙及门洞区域,如图9-99所示。

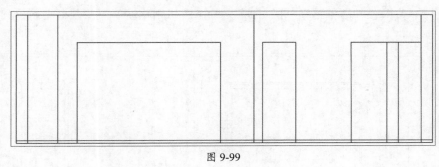

图 9-99

步骤08 执行"偏移"命令,对电视背景墙、门图形进行偏移,具体尺寸如图9-100所示。

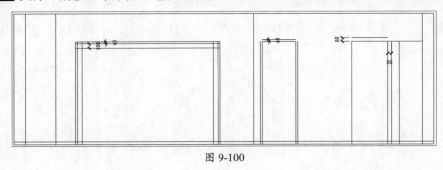

图 9-100

步骤09 执行"修剪"和"倒角"命令,修剪出电视背景墙和门的轮廓,如图9-101所示。

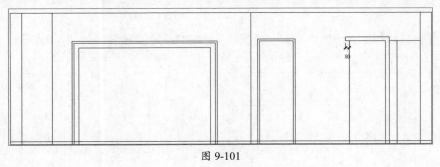

图 9-101

步骤10 执行"偏移"和"修剪"命令,绘制电视柜立面图,如图9-102所示。

步骤11 执行"偏移"和"修剪"命令,根据平面图餐桌尺寸绘制餐桌立面,如图9-103所示。

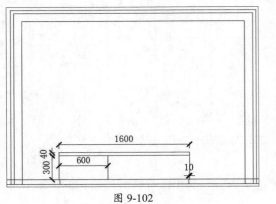

图 9-102

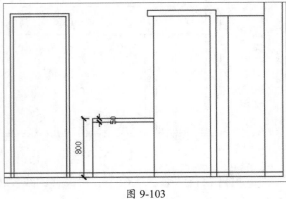

图 9-103

步骤12 执行"直线""偏移""圆"命令，绘制厨房钢化玻璃门及鞋柜立面，具体尺寸如图9-104所示。

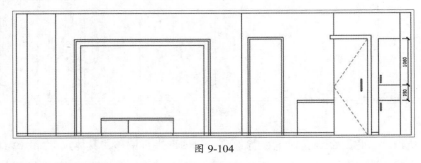

图 9-104

步骤13 执行"图案填充"和"多段线"命令，对钢化玻璃门和鞋柜门进行图案填充，填充结果如图9-105所示。

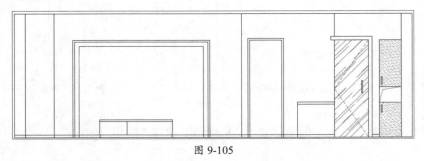

图 9-105

步骤14 将旋转楼梯立面图块插入立面图中，调整好大小及位置，如图9-106所示。

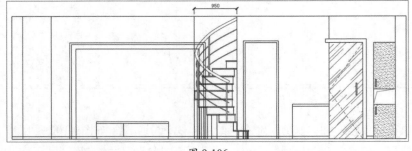

图 9-106

步骤15 执行"修剪"命令，对电视背景墙进行修剪。将电视机、窗帘及吊灯图块插入立面图合适位置，如图9-107所示。

图 9-107

步骤16 修改背景墙上的两条灯带线的线型，完成灯带图形的绘制，如图9-108所示。

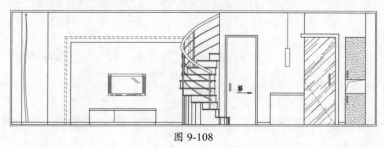

图 9-108

步骤17 执行"图案填充"命令，对背景墙和墙体图形进行填充，如图9-109所示。

图 9-109

步骤18 执行"文字样式"命令，新建"文字标注"样式。设置"字体"为"宋体"、"高度"为120，将其置为当前，如图9-110所示。

步骤19 执行"多重引线样式"命令，新建"立面标注"样式。设置"箭头大小"为50、"高度"为120，将其置为当前，如图9-111所示。

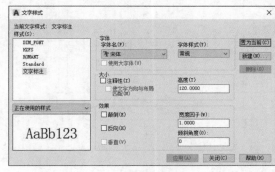

图 9-110

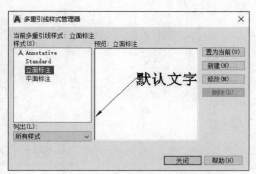

图 9-111

步骤20 执行"标注样式"命令，新建"立面标注"样式。设置"超出尺寸线"为20、"起点偏移量"为50、"箭头"为"建筑标记"、"大小"为80、文字"高度"为80、"主单位精度"为0。执行"线性"和"连续"命令，为立面图进行尺寸标注，如图9-112所示。

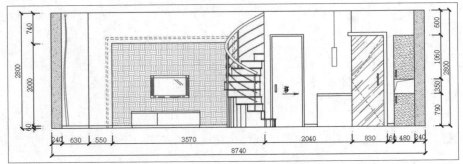

图 9-112

步骤21 执行"多重引线"命令，为该立面图添加材料注释，如图9-113所示。

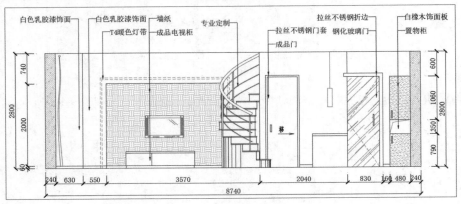

图 9-113

步骤22 执行"多段线"和"单行文字"命令，绘制该立面图的图名，如图9-114所示。至此，客餐厅A立面图绘制完成。

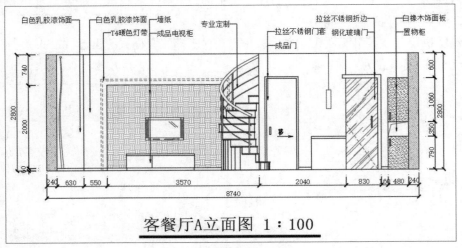

图 9-114

9.3.2 绘制二层卧室立面图

下面绘制主卧B和C立面图,具体绘制过程如下。

1. 绘制主卧 B 立面图

步骤01 复制主卧平面图,插入立面索引符号,如图9-115所示。

步骤02 执行"射线"命令,捕捉平面图主要的轮廓位置绘制射线,如图9-116所示。

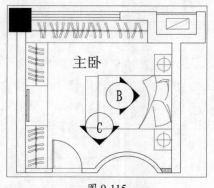

图 9-115

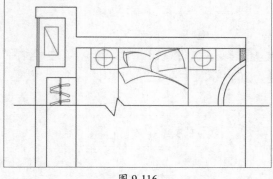

图 9-116

步骤03 执行"直线"和"偏移"命令,绘制线段,将线段向下偏移2600mm,如图9-117所示。

步骤04 执行"修剪"命令,修剪出立面轮廓,如图9-118所示。

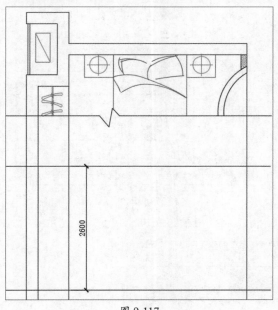

图 9-117

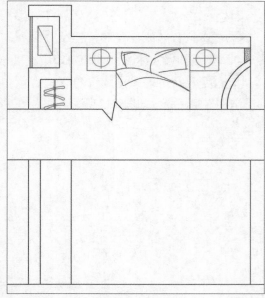

图 9-118

步骤05 执行"偏移""修剪""定数等分"和"直线"命令,绘制床头背景墙轮廓,如图9-119所示。

步骤06 执行"偏移"命令,将等分线分别进行上、下偏移,偏移距离为3mm。执行"直线"和"圆"命令,绘制衣柜中的吊衣架图形,如图9-120所示。

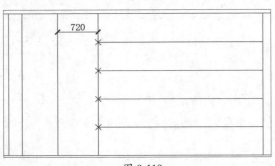
图 9-119

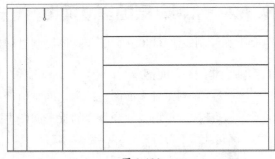
图 9-120

步骤 07 执行"图案填充"命令，对墙体、镜面及背景软包进行填充，如图9-121所示。

步骤 08 将床图块插入立面图中，并执行"修剪"命令，对遮挡住的线段进行修剪，如图9-122所示。

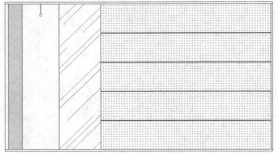
图 9-121

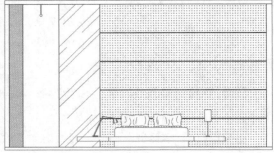
图 9-122

步骤 09 执行"线性"和"连续"命令，为该立面图添加尺寸标注，如图9-123所示。

步骤 10 执行"多重引线"命令，为该立面图添加材料注释，如图9-124所示。

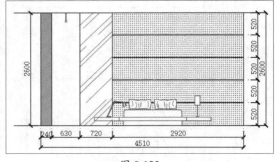
图 9-123

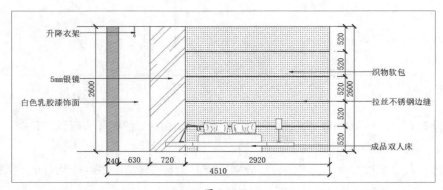
图 9-124

2. 绘制主卧 C 立面图

步骤 01 执行"射线"命令，捕捉平面图主要的轮廓位置绘制射线，如图9-125所示。

步骤 02 执行"直线""偏移""修剪"命令，绘制一条线段，并将线段向下偏移2600mm，修剪掉多余线段，绘制C立面轮廓，如图9-126所示。

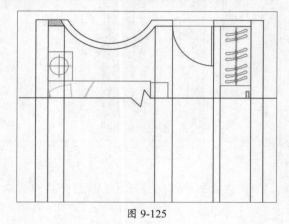

图 9-125

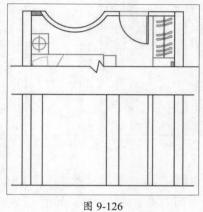

图 9-126

步骤 03 执行"偏移"命令，将顶面线向下偏移200mm，如图9-127所示。

步骤 04 执行"修剪"命令，对偏移的线段进行修剪，绘制出顶面造型，如图9-128所示。

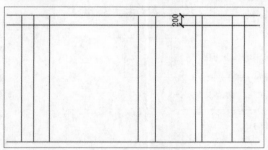

图 9-127

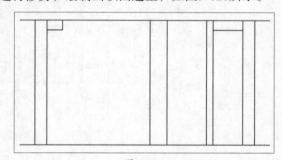

图 9-128

步骤 05 执行"偏移"和"修剪"命令，绘制出房门图形。执行"直线"和"矩形"命令，绘制门锁及开门标识线，如图9-129所示。

步骤 06 执行"矩形"命令，绘制长为140mm、宽为140mm的矩形，放置在图形合适位置。执行"矩形阵列"命令，将该矩形进行阵列，"行数"为13，"列数"为9，"介于"均为200，效果如图9-130所示。

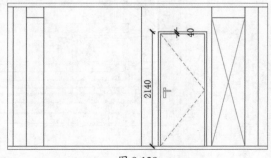

图 9-129

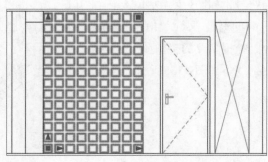

图 9-130

步骤 **07** 执行"偏移""圆弧"命令，绘制墙线，并绘制弧线，示意出圆弧墙体，如图9-131所示。

步骤 **08** 执行"图案填充"命令，填充墙体及吊顶区域，如图9-132所示。

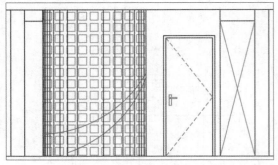

图 9-131

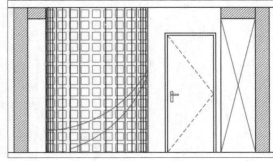

图 9-132

步骤 **09** 执行"线性"和"连续"命令，为该立面图添加尺寸标注。执行"多重引线"命令，为立面图添加材料注释，如图9-133所示。

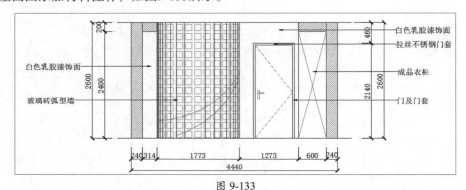

图 9-133

✥ 9.4 楼梯剖面图的绘制

当立面结构比较复杂时，用户可单独为其绘制剖面图。下面介绍楼梯剖面图的绘制方法。

步骤 **01** 执行"多段线""圆"和"单行文字"命令，在楼梯立面图合适位置绘制剖面符号，如图9-134所示。

步骤 **02** 执行"射线"命令，捕捉主要的楼梯节点，绘制射线，如图9-135所示。

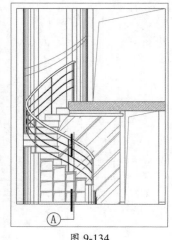

图 9-134

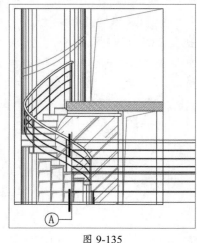

图 9-135

[步骤 03] 执行"直线""偏移""修剪"命令，根据立面尺寸绘制剖面轮廓，如图9-136所示。

[步骤 04] 执行"修剪"命令，修剪掉多余线段，如图9-137所示。

[步骤 05] 执行"偏移"命令，偏移隔板线段，如图9-138所示。

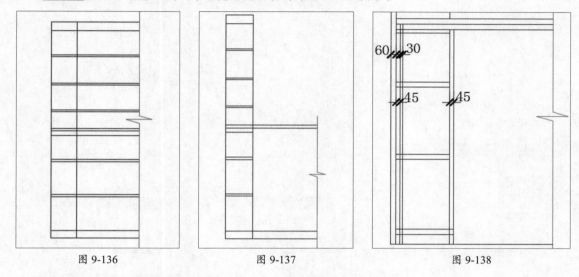

图 9-136   图 9-137   图 9-138

[步骤 06] 执行"修剪"命令，修剪掉多余线段，如图9-139所示。

[步骤 07] 执行"偏移"和"修剪"命令，偏移夹板及木工板，如图9-140所示。

[步骤 08] 执行"直线""复制"命令，绘制木工板细节，如图9-141所示。

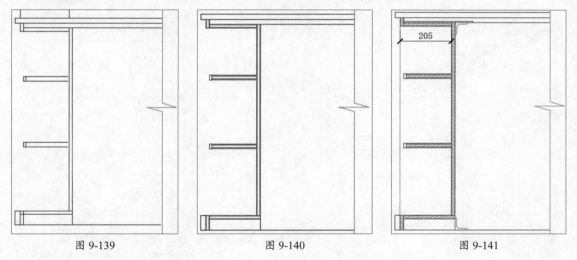

图 9-139   图 9-140   图 9-141

[步骤 09] 执行"图案填充"命令，填充踏板及水泥部分，如图9-142所示。

[步骤 10] 执行"偏移""修剪"命令，绘制栏杆、扶手部分，如图9-143所示。

[步骤 11] 执行"圆"命令，绘制扶手及栏杆连接部分，如图9-144所示。

[步骤 12] 执行"图案填充"命令，填充扶手部分。执行"多重引线"命令，添加材质说明，如图9-145所示。

步骤13 执行"标注样式"命令，新建"剖面标注"样式。设置"超出尺寸线"为20、"起点偏移量"为50、"箭头"为"建筑标记"、"大小"为60。执行"线性"和"连续"命令，为该剖面图进行尺寸标注，如图9-146所示。至此，楼梯剖面图绘制完成。

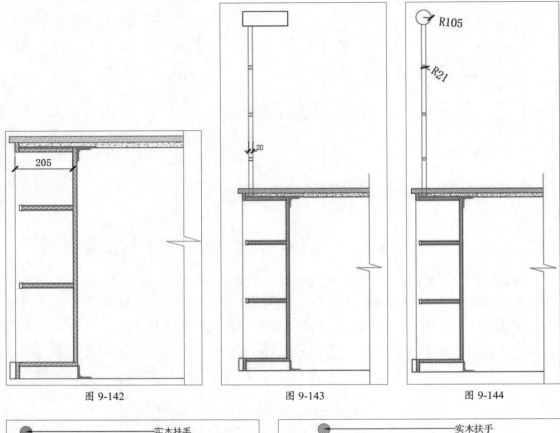

图 9-142

图 9-143

图 9-144

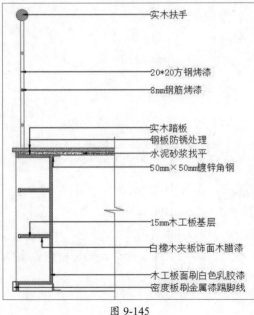

图 9-145

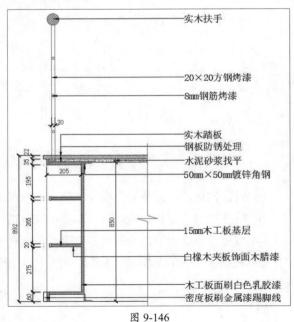

图 9-146

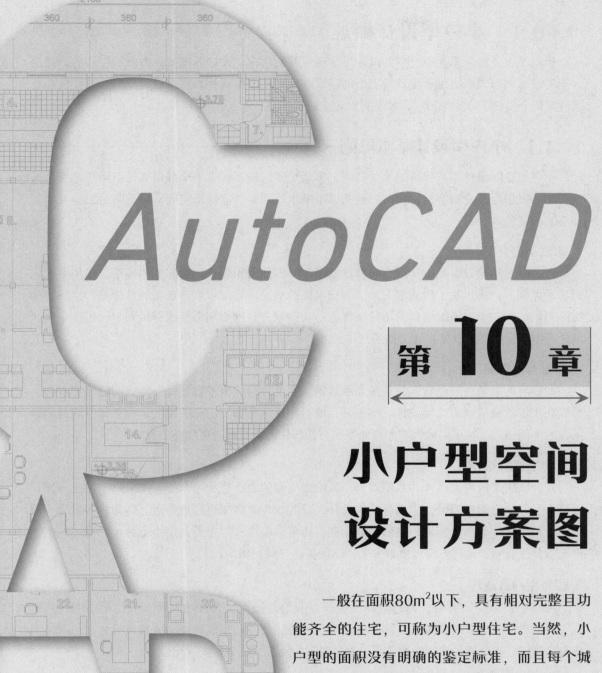

AutoCAD

第 10 章

小户型空间
设计方案图

　　一般在面积80m^{2}以下，具有相对完整且功能齐全的住宅，可称为小户型住宅。当然，小户型的面积没有明确的鉴定标准，而且每个城市的面积标准也不同。本章将以SOHO公寓户型为例，介绍商住两用小户型的设计方法及绘图技巧。

✛10.1 小户型设计概述

相对于大户型来说，小户型的设计更注重空间使用率。设计者需要在有限的空间内，通过合理的设计和布局来满足业主日常生活的需求和使用。下面将从小户型设计原则、设计技巧、名师案例欣赏三个方面来对小户型的设计理念进行阐述。

10.1.1 小户型设计基本原则

小户型空间设计因其独特的尺寸限制，需要更多的创意和规划来确保每寸空间都达到最高效利用。在进行小户型空间设计时，遵循以下基本原则，既能保证空间的舒适与美感，又能实现功能的完善。

1. 明确功能分区

有明确的功能分区是小户型空间设计的根本。即便面积较小，也需要明确哪里是用餐区，哪里是休闲区，哪里是工作或学习区。划分明确的功能区可以带来心理上的秩序感和空间上的实际利用。用户可以通过家具的巧妙布置进行功能划分，例如用书架或屏风划分，可让一个区域进行多任务运作，既是客厅又成了工作区。

2. 用好存储空间

在有限的空间内，储物往往是最大的难题。在设计时应该考虑到每一寸空间的储物潜力。可以利用墙面做成嵌入式储藏柜、吊柜等，或者利用带有储物功能的家具，将存储空间与家具结合起来使用。这样可以大大增加存储空间，使居住环境看起来更加整洁有序。

3. 加强空间通透性

充分利用室内外自然光的照明效果，以增强空间的通透感和明亮感。如果户型采光不好，可减少空间与空间的阻隔，采用开放式设计，让光线在室内能更好地穿透。例如将客餐厅、厨餐厅、阳台客厅等两个相近的空间打通相连，还可以根据实际布局，用小吧台、沙发、矮柜等来充当分区隔断，这样不仅可改善采光，还能提高空间利用率。

4. 保证空间舒适性

虽然小户型空间有限，但仍然需要保证空间的舒适性。合理的家具布局、舒适的色彩搭配、适当的绿化等，都能提高空间的舒适度。另外，将一些零散的物品或家具整合在一起，形成一个整体，可以减少空间的凌乱感，避免过多的元素或细节影响视觉效果。

10.1.2 小户型设计技巧

小户型与其他户型在设计方面是有区别的。小户型最主要的特征就是面积小，活动空间有限，所以在设计时，提高空间使用率是关键。下面介绍几种小空间的优化技巧，以供用户参考。

1. 使用浅色

浅色能让空间看起来更大、更通透，而较深的颜色会有包围感，让空间看上去显得更局促。因此，在装饰小空间时使用较浅的颜色更明智。此外，颜色不能太多太杂，用同一种色系的两到三种颜色即可，例如，米色、白色、浅灰色等，如图10-1所示。

图 10-1

2. 最大化自然光

充足的采光是让空间感觉更大的关键，可以考虑将厚重的窗帘换成轻薄的窗帘，或者完全取消窗帘。顾虑隐私的话，可以贴上磨砂的贴膜，或者放置不显眼的遮光百叶窗，夜晚放下即可。

3. 选择轻体量家具

大的家具，虽然收纳空间越多，但人的活动范围就越小。所以小户型在选择家具时，尽量选择轻体量、质感轻盈的家具，如低矮、细腿，或者具有轻巧纤细的轮廓类家具，这类家具不挡视线、不遮阳光，会让空间更敞亮，如图10-2所示。

另外，在选择床、餐桌、沙发这类必不可少的大体量家具时，尽量选择带有多功能的。这类家具可随意组合、收纳和拆装，以节约占地空间。常见的有折叠沙发床、卡座、鞋凳鞋柜一体、可以两用的边凳等，如图10-3所示。

图 10-2

图 10-3

4. 柜体入墙

　　墙面和柜体都是比较占地方的，将两者融合，既保持了立面空间的干净、整洁，同时又增加了储物空间，如图10-4所示。

图 10-4

5. 运用镜面

　　运用镜面特有的反射效果，可以营造出更多空间和光线的错觉。这是增加空间感最有效的方法之一。镜子可以有效地改善空间小的缺陷。而且，镜子不仅能反射画面，还反射光线，这一点对于采光不足的小空间很适用。用镜面反射自然光线或者灯光来增亮空间，可以消除小空间的压迫感，从而达到小房子变大的目的，如图10-5所示。

图 10-5

10.1.3　小户型住宅案例欣赏 ←————————————————→

　　室内装饰设计风格是以不同的文化背景及不同的地域特色为依据，通过各种设计元素来营造一种特有的装饰风格。时下家装人群越来越广，人们对美的追求也不仅仅局限于原始的几个模式，更多的装修风格开始融入家居装饰中。以下是设计名师唐忠汉为一套50m²小公寓空间做的设计。该作品充分展现了小空间同样也可以很精致、很有韵味，如图10-6所示。

图 10-6

10.2　SOHO公寓平面图

SOHO公寓是一种商住合一的公寓，是专门为自由职业者准备的。这种公寓既可用作办公场所，也可用作居住场所，是一种宜居宜商的商业地产综合体。本节将绘制SOHO公寓平面图，包括平面布置图、顶面布置图以及地面铺装图。

10.2.1　绘制平面布置图

下面根据绘制好的户型图来绘制公寓平面布置图，具体操作如下。

步骤 01 打开"SOHO公寓户型"素材文件，如图10-7所示。

步骤 02 将"门窗"图层设置为当前层。执行"矩形""直线""圆弧"和"修剪"命令，绘制所有门及厨房玻璃隔断，如图10-8所示。

步骤 03 将"家具"图层设置为当前层。执行"矩形"命令，绘制1000mm×200mm的矩形，位置如图10-9所示。

步骤 04 依次执行"分解"和"偏移"命令，将矩形左边线段向右依次偏移250mm、500mm，如图10-10所示。

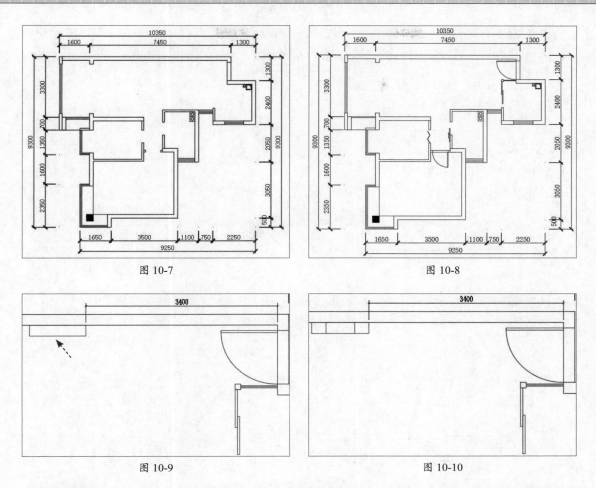

图 10-7

图 10-8

图 10-9

图 10-10

步骤 **05** 执行"直线"命令，捕捉线段端点绘制两条相交的线段，并将该线段放置在虚线层，结果如图10-11所示。

步骤 **06** 执行"直线""偏移"和"修剪"命令，绘制餐厅背景墙，尺寸如图10-12所示。

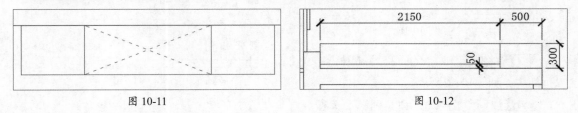

图 10-11

图 10-12

步骤 **07** 将电视机、沙发、餐桌等图块插入客餐厅区域，如图10-13所示。

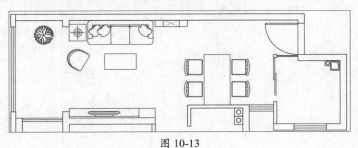

图 10-13

步骤 **08** 执行"直线"命令，绘制书房中的储物柜、书柜和写字台图形，尺寸如图10-14所示。

步骤 **09** 执行"直线"命令，绘制卧室衣柜及窗台面，尺寸如图10-15所示。

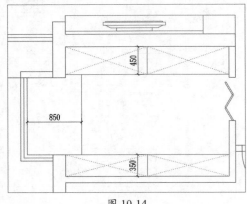

图 10-14

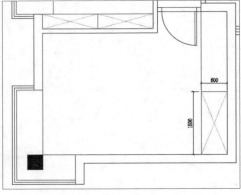

图 10-15

步骤 **10** 将双人床、衣架、座椅图块插入卧室和书房空间中，如图10-16所示。

步骤 **11** 执行"直线"命令，绘制卫生间台面及置物柜，如图10-17所示。

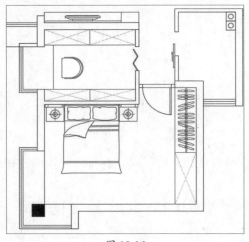

图 10-16

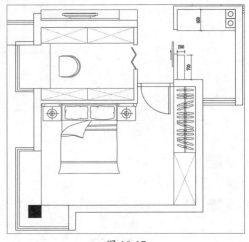

图 10-17

步骤 **12** 将洗手池、马桶及浴缸图块插入卫生间中，如图10-18所示。

步骤 **13** 执行"直线"和"偏移"命令，绘制厨房台面及吊柜，如图10-19所示。

步骤 **14** 将洗手池、燃气灶及冰箱图块插入厨房空间，如图10-20所示。

步骤 **15** 执行"直线"命令，绘制厨房吊柜区域，并将其放置于虚线层，如图10-21所示。

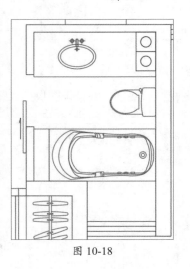

图 10-18

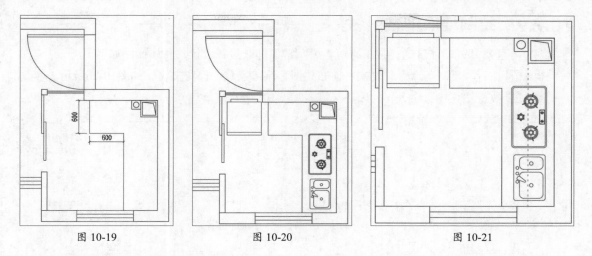

| 图 10-19 | 图 10-20 | 图 10-21 |

步骤16 执行"文字样式"命令，新建"文字说明"样式，并设置"字体"为"宋体"、"高度"为250，如图10-22所示。将"标注"图层设置为当前层。执行"单行文字"命令，为客餐厅空间添加文字注释，如图10-23所示。

图 10-22

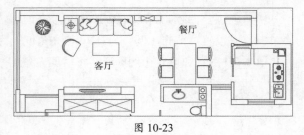

图 10-23

步骤17 将文字注释复制到其他空间区域，双击可修改文字内容，如图10-24所示。

步骤18 执行"多段线"和"单行文字"命令，在平面图下方添加图名，如图10-25所示。至此，公寓平面布置图绘制完成。

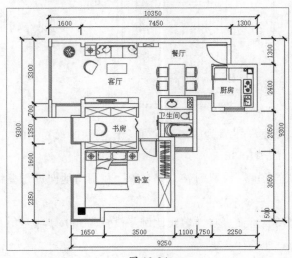

图 10-24

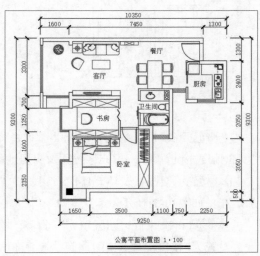

图 10-25

10.2.2 绘制地面铺装图

划分好公寓基础功能区后，接下来可对公寓地面铺装进行设置，具体操作如下。

步骤01 执行"复制"命令，复制平面布置图，删除家具，保留文字，如图10-26所示。

步骤02 执行"直线"命令，封闭各区域，如图10-27所示。

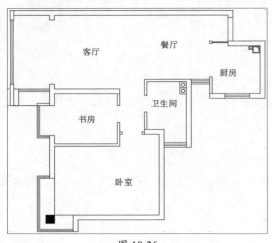
图 10-26

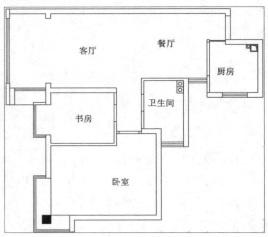
图 10-27

步骤03 将"地面填充"图层设置为当前层。执行"图案填充"命令，设置"图案"为DOLMIT，设置"填充比例"为25、"填充角度"为90，填充卧室地面，如图10-28所示。

步骤04 图案和填充比例不变，将"填充角度"设置为0，填充书房地面，如图10-29所示。

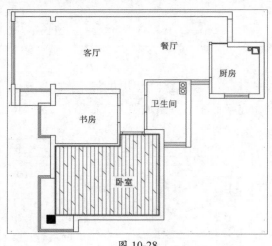
图 10-28

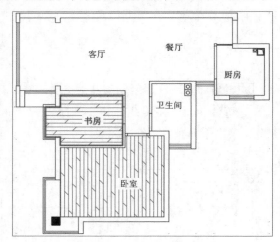
图 10-29

步骤05 继续执行"图案填充"命令，将"图案"设置为USER，"填充比例"设置为600，"填充角度"设置为0，填充客餐厅及厨房地面，如图10-30所示。

步骤06 填充图案及填充比例不变，将"填充角度"设置为90，对客餐厅和厨房地面进行叠加填充，如图10-31所示。

步骤07 再次执行"图案填充"命令，填充图案不变，将"填充比例"设置为300，"填充角度"设置为0和90，对卫生间地面进行叠加填充，如图10-32所示。

步骤 08 执行"多行文字"命令，在客餐厅区域框选出文字输入范围后，单击"遮罩"按钮，将"边界偏移因子"设置为1，填充颜色设置为白色。在方框中输入地砖规格，并将其文字大小设置为150，完成客餐厅地面材质注释的添加操作，如图10-33所示。

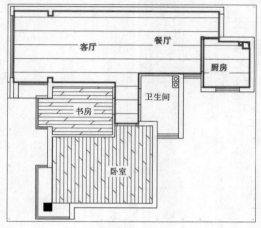

图 10-30

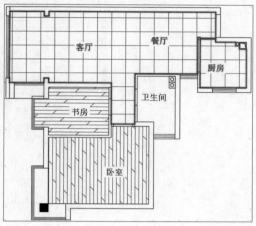

图 10-31

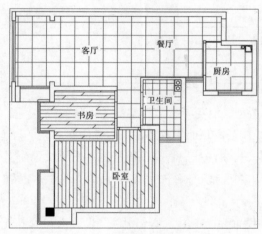

图 10-32

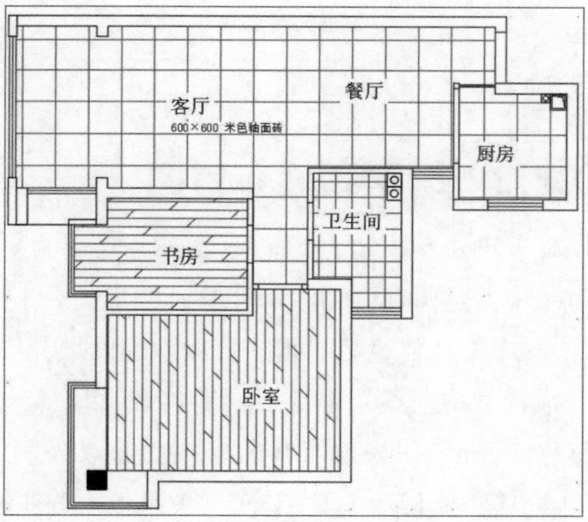

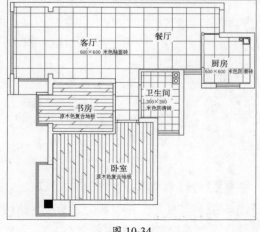

图 10-33

步骤 09 复制地面材料注释至其他区域，双击修改材料内容，如图10-34所示。

图 10-34

步骤10 复制平面图的图名，双击图名将其修改，如图10-35所示。至此，公寓地面铺装图绘制完毕。

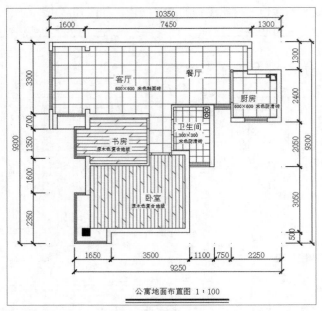

图 10-35

10.2.3 绘制顶面布置图

对于小户型来说，顶面不要有太复杂的吊顶造型，以免干扰整体空间的视觉效果。简单的顶面，哪怕是原顶刷白漆都能够延伸空间。下面绘制公寓顶面布置图，具体操作如下。

步骤01 复制地面铺装图，删除地面填充图案及材料注释。将"顶面造型"图层设置为当前层，执行"多段线"命令，沿着客餐厅墙体线绘制多段线。执行"偏移"命令，将该多段线向内偏移50mm，作为顶面石膏线，如图10-36所示。

步骤02 执行"图案填充"命令，将"图案"设置为USER，"填充比例"设置为200，"填充角度"设置为0，填充卫生间及厨房区域，作为顶面铝扣板，如图10-37所示。

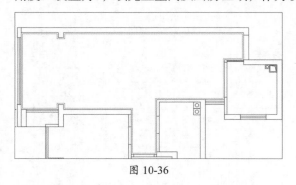

图 10-36　　　　　　　　　　　　　　　　图 10-37

步骤03 将灯具及浴霸图块分别插入顶面合适位置，如图10-38所示。

步骤04 将"标注"层设置为当前层，执行"多段线"命令，绘制标高图形。执行"单行文字"命令，输入标高值，将其放置在客餐厅合适位置，如图10-39所示。

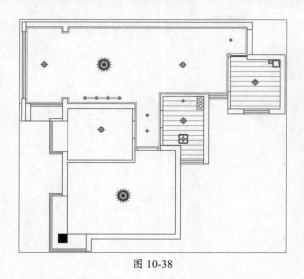

图 10-38

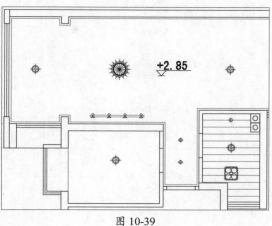

图 10-39

步骤 05 将该标高值复制到其他空间区域，双击标高值即可将其修改，如图10-40所示。

步骤 06 执行"多重引线样式"命令，在"修改多重引线样式"对话框中单击"修改"按钮，将引线"箭头大小"设置为200，其他为默认，如图10-41所示。

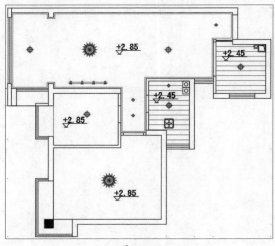

图 10-40

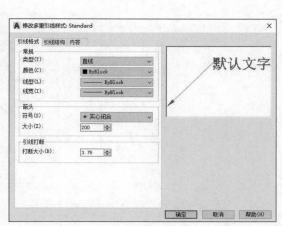

图 10-41

步骤 07 执行"多重引线"命令，在图纸中指定标注位置，并在指定引线位置后输入文字注释，单击空白处即可，如图10-42所示。

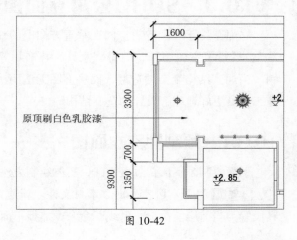

图 10-42

步骤 08 复制引线标注至其他位置，双击文字注释，对其内容进行更改，如图10-43所示。

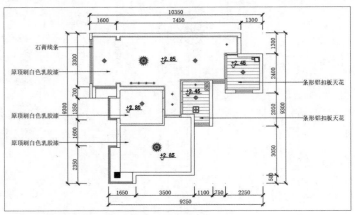

图 10-43

步骤 09 复制地面铺装图的图名，双击图名，更改标题文字，如图10-44所示。至此，公寓顶面布置图绘制完毕。

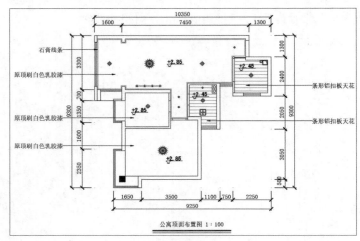

图 10-44

10.3 SOHO公寓立面图及结构详图

立面图用于展示室内空间在垂直方向上的外观和布局。它可以理解为室内空间的"墙面照片"，展示了室内墙壁、门窗、家具、装饰物等细节。室内立面图需结合平面图的布局进行绘制。当遇到结构复杂的造型，而平面图无法明确地展示出来时，就需要绘制立面详图，以帮助施工人员更好地理解设计的造型结构。

10.3.1 绘制卧室立面图 ◄──────────────────────►

下面绘制卧室床背景立面图，具体绘制方法如下。

步骤 01 打开"卧室平面"素材文件。新建"轮廓线"图层，图层特性保持为默认，双击将其设置为当前层。执行"射线"命令，捕捉平面图主要轮廓线，绘制射线，如图10-45所示。

步骤 02 执行"直线""偏移"和"修剪"命令，绘制高度为2850mm的立面轮廓，如图10-46所示。

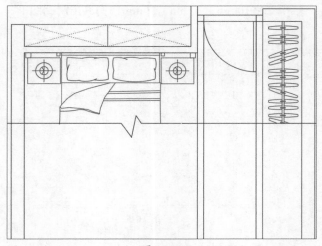

图 10-45

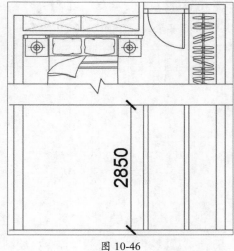

图 10-46

步骤 03 执行"偏移"命令，将地平线向上依次偏移2000mm和400mm，如图10-47所示。

步骤 04 执行"修剪"命令，修剪掉多余的线段，绘制出门洞及衣柜立面轮廓，如图10-48所示。

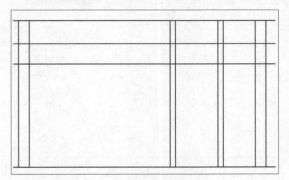

图 10-47

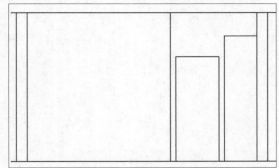

图 10-48

步骤 05 执行"偏移"命令，将顶边线向下偏移400mm。将背景墙左、右两侧边线依次向内偏移400mm和50mm，如图10-49所示。

步骤 06 执行"修剪"命令，修剪背景墙轮廓，如图10-50所示。

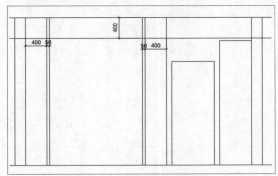

图 10-49

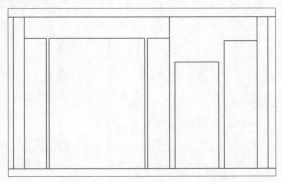

图 10-50

步骤07 执行"矩形""直线""复制"和"修剪"命令，绘制背景造型，具体尺寸如图10-51所示。

步骤08 执行"偏移"和"修剪"命令，依次偏移10mm、30mm、20mm，偏移出门套图形，并修剪掉多余线段，如图10-52所示。

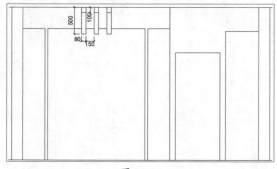

图 10-51

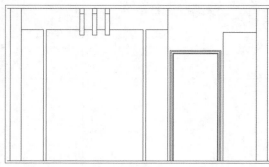

图 10-52

步骤09 执行"多段线"命令，绘制线段示意门洞，如图10-53所示。

步骤10 执行"直线"命令，在衣柜位置处绘制交叉线段。然后将线段置于虚线层，如图10-54所示。

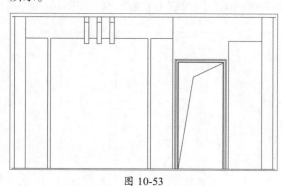

图 10-53

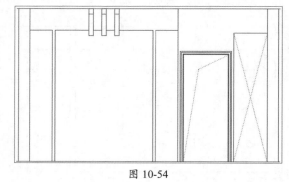

图 10-54

步骤11 将立面床、床头柜、装饰画图块插入该立面图中。执行"修剪"命令，修剪掉被遮挡的线段，如图10-55所示。

步骤12 执行"多段线"命令，沿着背景墙及床边线绘制要填充的封闭区域，如图10-56所示。

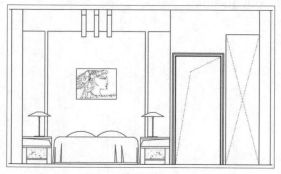

图 10-55

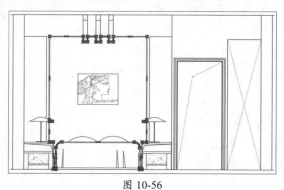

图 10-56

步骤 13 将"图案填充"图层设置为当前层。执行"图案填充"命令,将"图案"设置为USER,将"填充比例"设置为350,"填充角度"设置为0,填充背景墙区域,如图10-57所示。

步骤 14 填充图案不变,将"填充比例"设置为450,将"填充角度"设置为90,对背景墙区域进行叠加填充,如图10-58所示。

图 10-57

图 10-58

步骤 15 执行"图案填充"命令,设置填充"图案"为AR-RROOF、"填充比例"为10、"填充角度"为45,填充床头柜上方背景墙区域,如图10-59所示。

步骤 16 重复执行"图案填充"命令,设置填充"图案"为ANSI32、"填充比例"为10、"填充角度"为315,填充背景墙上方区域,如图10-60所示。

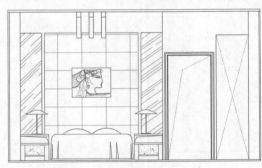

图 10-59

图 10-60

步骤 17 重复执行"图案填充"命令,设置填充"图案"为ANSI31、"填充比例"为10、"填充角度"为0,填充两侧墙体,如图10-61所示。

步骤 18 执行"文字样式"命令,新建"立面标注"样式。设置"字体"为"宋体"、"高度"为120,将其置为当前,如图10-62所示。

图 10-61

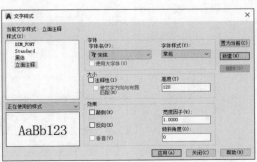

图 10-62

步骤**19** 执行"多重引线样式"命令，新建"立面引线"样式。设置"箭头大小"为50、"高度"为120，将其置为当前，如图10-63所示。

步骤**20** 执行"标注样式"命令，新建"立面标注"样式。设置"超出尺寸线"为20、"起点偏移量"为50、"箭头"为"建筑标记"、"大小"为30、文字"高度"为80，"主单位精度"为0，将该标注设置为当前使用样式，如图10-64所示。

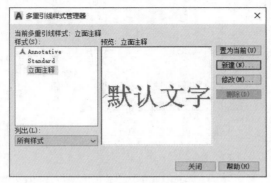
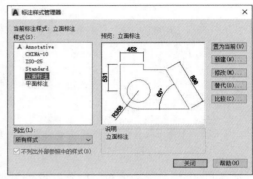

图 10-63   图 10-64

步骤**21** 执行"线性"和"连续"命令，为当前立面图进行尺寸标注，如图10-65所示。

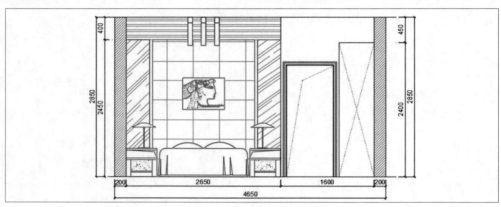

图 10-65

步骤**22** 执行"多重引线"命令，为当前立面图添加材质注释，如图10-66所示。

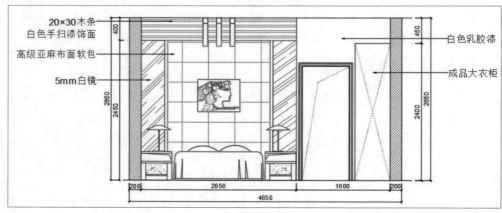

图 10-66

步骤23 执行"多段线"和"单行文字"命令，为该立面图添加图名，如图10-67所示。至此，卧室立面图绘制完成。

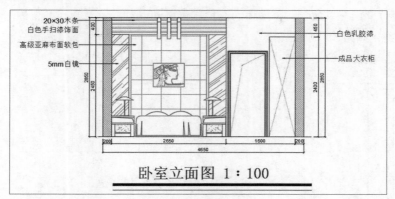

图 10-67

10.3.2 绘制卧室背景立面详图

立面详图是对立面图中未表达清楚的部分进行更详细的绘制。下面对卧室背景墙立面详细结构进行绘制，具体操作如下。

步骤01 将剖面符号插入立面图中所需的位置，如图10-68所示。

步骤02 执行"射线"命令，捕捉立面主要节点，绘制射线，如图10-69所示。

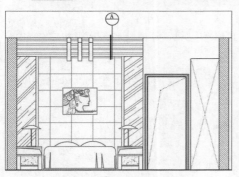

图 10-68

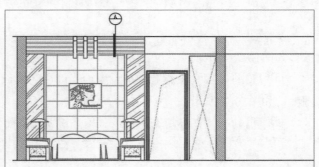

图 10-69

步骤03 执行"直线""偏移"和"修剪"命令，根据平面图尺寸绘制墙体轮廓，如图10-70所示。

步骤04 执行"直线""偏移"和"修剪"命令，绘制墙面装饰部分，修剪多余线段，如图10-71所示。

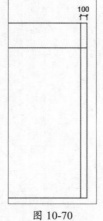

图 10-70   图 10-71

步骤 05 执行"矩形"命令，绘制20mm×30mm的矩形装饰木条。执行"矩形阵列"命令，将木条进行阵列操作，阵列数为7，木条间距为20，阵列结果如图10-72所示。

步骤 06 执行"偏移"命令，将墙体向左依次偏移9mm和5mm。执行"修剪"命令，将偏移的线段进行修剪，如图10-73所示。

步骤 07 继续执行"偏移"和"修剪"命令，细化立面造型，如图10-74所示。

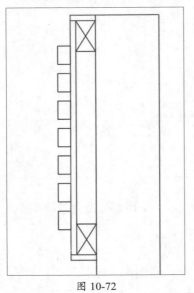
图 10-72

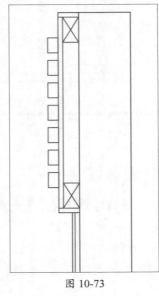
图 10-73

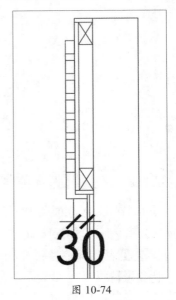
图 10-74

步骤 08 执行"多段线"命令，绘制折断线。执行"修剪"命令，修剪掉折断线之外的线段，如图10-75所示。

步骤 09 将"图案填充"图层设置为当前层。执行"圆弧"命令，在装饰木条部分绘制填充图案，如图10-76所示。

步骤 10 执行"图案填充"命令，填充墙体及镜面立面部分，结果如图10-77所示。

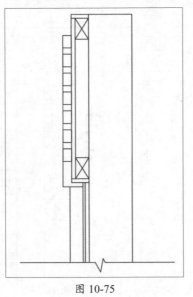
图 10-75

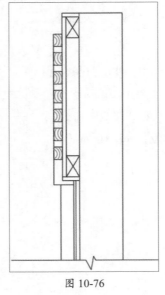
图 10-76

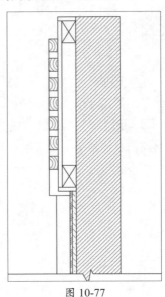
图 10-77

步骤11 执行"多重引线样式"命令，新建"详图引线"样式。设置"箭头大小"为30、"高度"为50，将其置为当前，如图10-78所示。

步骤12 执行"标注样式"命令，新建"详图标注"样式，设置"超出尺寸线"为20、"箭头"为"建筑标记"、大小为20、文字"高度"为30，将该标注设置为当前样式，如图10-79所示。

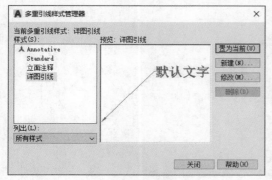

图 10-78

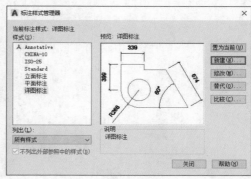

图 10-79

步骤13 将"标注"层设置为当前层。执行"线性"和"连续"命令，对详图立面进行尺寸标注，如图10-80所示。

步骤14 执行"多重引线"命令，对详图立面进行文字说明，如图10-81所示。

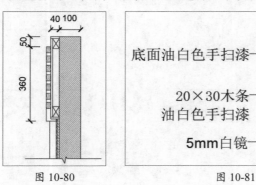

图 10-80   图 10-81

步骤15 复制立面图名，并修改其标题名称，放置在详图下方合适位置，如图10-82所示。至此，卧室背景详图绘制完毕。

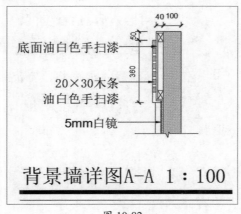

图 10-82

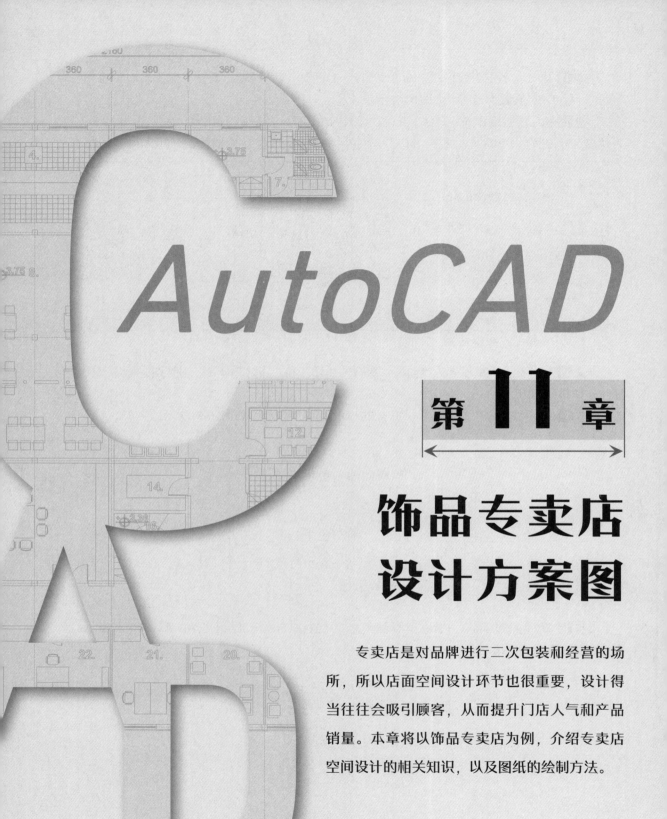

AutoCAD

第11章

饰品专卖店
设计方案图

专卖店是对品牌进行二次包装和经营的场所，所以店面空间设计环节也很重要，设计得当往往会吸引顾客，从而提升门店人气和产品销量。本章将以饰品专卖店为例，介绍专卖店空间设计的相关知识，以及图纸的绘制方法。

11.1　专卖店空间设计概述

专卖店空间设计是专卖店运营策略的重要组成部分，其目标是为顾客营造一个舒适、愉悦的购物环境，提升品牌形象，并促进销售。在设计时，需要考虑到品牌定位、目标客户、产品特点等多个因素，以确定空间的功能和布局。下面介绍专卖店空间设计的相关方法和技巧。

11.1.1　专卖店空间设计的原则

在进行商业店面空间设计时，通常需要考虑以下几点原则和要求。

1. 符合品牌形象和市场定位

专卖店需要突出品牌形象，保留和营造品牌个性。设计风格应符合品牌定位，而且能通过陈列展示和客户体验，明确展现出品牌形象。一个有品质、专业、符合店铺定位的装修，可以提升消费者对店铺的信任度和好感度，从而增加购买的可能。图11-1所示的是某咖啡品牌门店室内一角。

2. 引人注目的视觉营销

门店入口和橱窗布置的商品陈列区所带来的营销力是不容小觑的，它是吸引顾客第一视线的重要演示空间，它会通过视觉主题的展示来向消费者传递重要的信息。陈列区应布置在客流量最大处，多以入口橱窗为主。当然，有时也会出现在店铺内视觉中心点处，它是客户视线最先到达的地方。图11-2所示的是某品牌包门店入口一景。

图 11-1   图 11-2

3. 规划合理的购物动线

合理的购物动线，不仅会引导消费者去想去的地方，亦能有意识地让消费者停下脚步，减慢购物过程，实现最终消费。图11-3所示的是某品牌包专卖店内一角。

有相关研究表明，当消费者进入店内空间时，会自然地向右转，这也被称为店铺设计的右转原则。为了充分利用这一点，店主可在店铺右侧区域放置引人注目的标志物。这可自然地引导消费者沿着逆时针方向的路线进行购物，将这一技巧与前面的动线设计相结合，也可以很好地起到提升销售的作用。

4. 合理地设计和布局陈列

合理适度的陈列布局和舒适宽松的购物空间对消费者来说也是至关重要的。小件商品或单价较低的快消商品区一般人流量比较多，空间相对比较拥挤，像这类区域可适当增加陈列的商品，以激发其购买意愿。相反，中高端商品区会在设计中适度留白，方便消费者在购物时自如地行走和自由思考。因而很多注重体验的中高端店铺空间会预留出一定的空白区域，以营造店内氛围或供消费者停留休憩，提升店铺的购物品质。图11-4所示的是某艺术精品店入口设计。

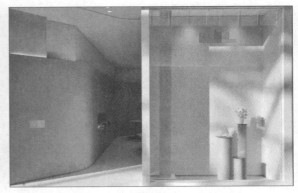

图 11-3   图 11-4

11.1.2 专卖店设计案例欣赏

专卖店的形象设计是品牌的灵魂，它直接影响品牌的传播和产品的销售，其次店面风格是给消费者入店的第一印象，也是至关重要的一环。这一部分的设计，最好结合品牌，与自己所经营的品牌相呼应。

以下是设计名师唐忠汉及他的设计团队为某灯饰旗舰店设计的作品，如图11-5所示。

图 11-5

🕂 11.2 绘制饰品店平面图

下面以饰品店空间设计为例，介绍专卖店平面图的绘制操作，包括店铺平面布置图、顶面布置图。

11.2.1 饰品店平面布置图 ←————————————————→

饰品店的墙体结构较为简单，可直接使用"直线"和"偏移"等命令绘制墙体轮廓，具体绘制方法如下。

步骤 01 执行"图层特性"命令，新建所需要的图层，并分别设置好图层特性。双击"墙体"图层，将其设置为当前层，如图11-6所示。

步骤 02 执行"矩形""分解"和"偏移"命令，绘制墙体轮廓，尺寸如图11-7所示。

步骤 03 执行"矩形"命令绘制墙柱，具体尺寸及位置如图11-8所示。

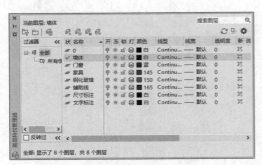

图 11-6

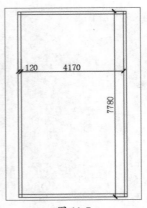

图 11-7

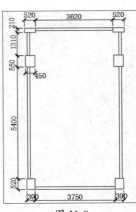

图 11-8

步骤 04 执行"图案填充"命令，填充墙柱。执行"偏移"和"修剪"命令，绘制门洞位置，尺寸如图11-9所示。

步骤 05 执行"矩形"命令，绘制长为900mm、宽为20mm的矩形作为店铺大门，放置在门洞处。执行"直线"命令绘制门框，如图11-10所示。

步骤 06 将"家具层"设置为"当前层"。执行"矩形"和"圆弧"命令，绘制展示柜，具体尺寸如图11-11所示。

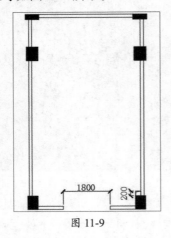

图 11-9

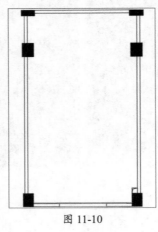

图 11-10

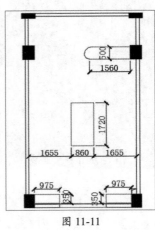

图 11-11

步骤 07 玻璃隔断展示柜具体尺寸如图11-12所示。

步骤 08 执行"矩形"和"多段线"命令，绘制细节部分，尺寸如图11-13所示。

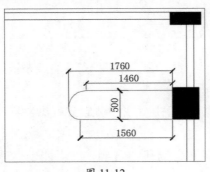

图 11-12

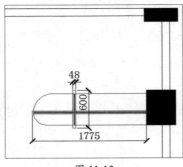

图 11-13

步骤 09 执行"矩形"命令，绘制长为1720mm、宽为860mm的矩形作为岛屿式货柜，放置在店铺合适位置，具体尺寸如图11-14所示。

步骤 10 执行"偏移""圆弧"命令绘制岛屿式货柜细节部分。将盆栽图块插入货柜中，如图11-15所示。

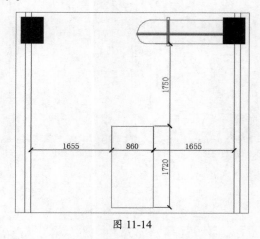

图 11-14

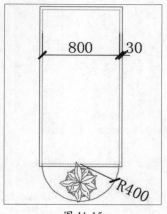

图 11-15

步骤 11 执行"直线""圆弧""偏移"和"修剪"命令，绘制收银台，具体尺寸如图11-16所示。

步骤 12 执行"多段线"命令，绘制箭头图形。将办公用品图块插入收银台中，如图11-17所示。

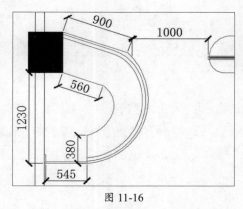

图 11-16

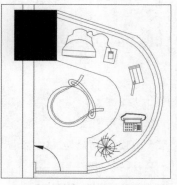

图 11-17

步骤 13 执行"偏移""圆弧"和"修剪"命令，绘制展示柜，具体尺寸如图11-18所示。

步骤 14 执行"定数等分""直线"和"多段线"命令，绘制展示柜细节部分，如图11-19所示。

步骤 15 按照同样的方法，绘制其他展示柜的细节，如图11-20所示。

步骤 16 将模特图块插入平面图中。执行"图案填充"命令，填充地面材质，如图11-21所示。

步骤 17 执行"标注样式"命令，新建"平面标注"样式，设置"起点偏移量"为150、"箭头"为"建筑标记"、"箭头大小"为100、文字"高度"为200、"主单位精度"为0，其他保持默认，如图11-22所示。

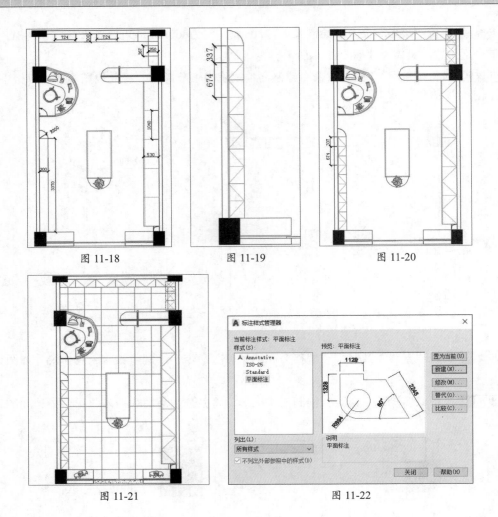

图 11-18　　　　　　　　图 11-19　　　　　　　　图 11-20

图 11-21　　　　　　　　　　　　　图 11-22

步骤18 执行"线性"和"连续"命令，对绘制的平面图进行标注，如图11-23所示。

步骤19 执行"多重引线样式"命令，新建"平面注释"多重引线样式，将"箭头大小"设置为150，文字"高度"设置为200，如图11-24所示。

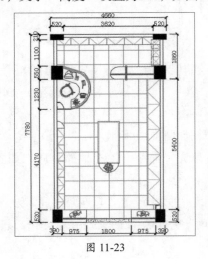

图 11-23

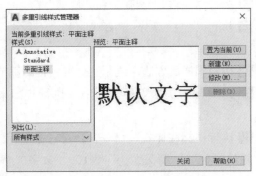

图 11-24

步骤20 执行"多重引线"命令，在图纸指定位置输入文字注释，如图11-25所示。至此，饰品店平面布置图绘制完成。

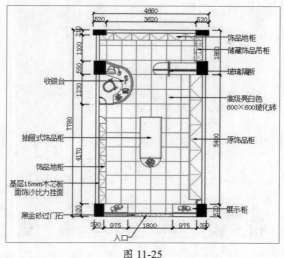

图 11-25

11.2.2 饰品店顶面布置图

下面根据饰品店平面布置图绘制其顶面布置图，具体操作如下。

步骤01 复制平面布置图，删除家具及文字注释，保留墙体，如图11-26所示。

步骤02 执行"多段线""偏移"和"修剪"命令，沿着墙体绘制石膏线条，如图11-27所示。

步骤03 执行"圆"和"偏移"命令，绘制同心圆做吊顶造型，如图11-28所示。

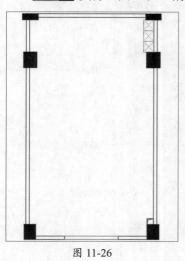

图 11-26

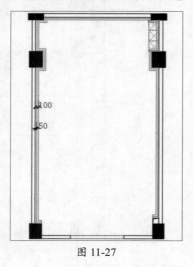

图 11-27

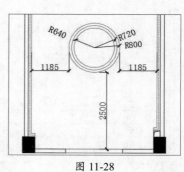

图 11-28

步骤04 将灯具图形添加至顶面布置图中，并将其等距复制，位置如图11-29所示。

步骤05 执行"图案填充"命令，设置填充"图案"为USER、"填充比例"为350、"填充角度"为0，填充顶面区域，如图11-30所示。

步骤06 继续执行"图案填充"命令，图案及填充比例不变，"填充角度"设置为90，将顶面进行叠加填充，如图11-31所示。

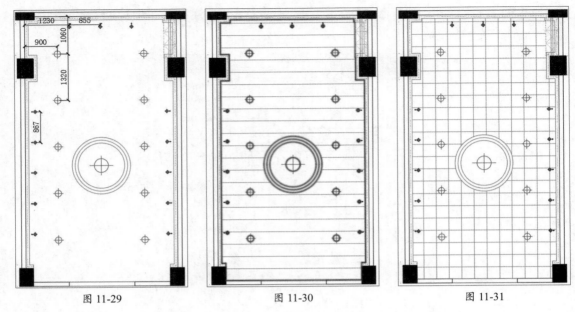

图 11-29　　　　　　　　　　图 11-30　　　　　　　　　　图 11-31

步骤07 执行"直线"和"单行文字"命令，绘制标高图形，复制标高至其他位置，双击可修改标高值，如图11-32所示。

步骤08 执行"多重引线"命令，对顶面图材质进行注释说明，如图11-33所示。至此，完成饰品店顶面布置图的绘制。

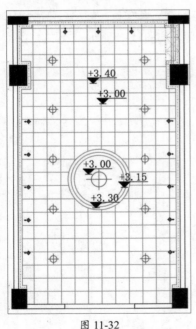

图 11-32

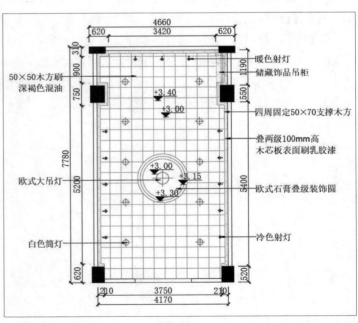

图 11-33

工程师点拨 给图纸添加文字标注时，除了使用"多重引线"功能外，用户还可以使用"快速引线"命令来操作。在命令行中输入ql，按回车键，指定引线的起点和端点，输入文字内容。

11.3　绘制饰品店立面图

本节将介绍饰品专卖店立面图的绘制方法，包括饰品店A、B、C立面图的绘制。

11.3.1　饰品店A立面图 ◄

绘制饰品店A立面图，首先根据平面布置图的相关尺寸，用直线先绘制立面轮廓线，然后再使用其他绘图和编辑命令绘制立面图的细节部分。下面介绍饰品店A立面图的绘制步骤。

步骤01 复制饰品店平面图，插入立面索引符号，如图11-34所示。

步骤02 执行"图层特性"命令，新建"轮廓线"图层，其图层特性保持为默认，双击该层，将其设置为当前层。执行"射线"命令，捕捉平面图主要的轮廓线，绘制射线，如图11-35所示。

步骤03 执行"直线""偏移"命令，绘制一条线段，将线段向下偏移3400mm，绘制A立面轮廓线，如图11-36所示。

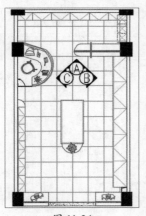

图 11-34

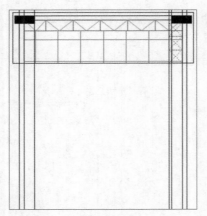

图 11-35

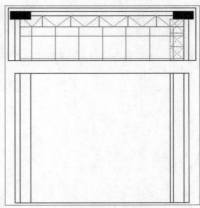

图 11-36

步骤04 执行"偏移"命令，将顶边线段依次向下偏移，具体尺寸如图11-37所示。

步骤05 执行"修剪"命令，修剪掉多余线段，结果如图11-38所示。

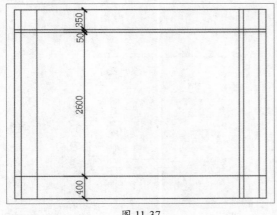

图 11-37

图 11-38

步骤06 执行"偏移""直线"和"修剪"命令，绘制吊柜部分，尺寸如图11-39所示。

步骤 07 执行"射线""修剪""矩形""复制"命令，绘制柜门，如图11-40所示。

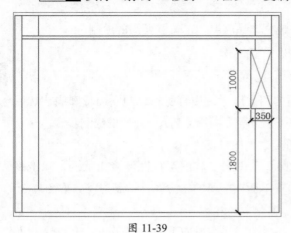

图 11-39

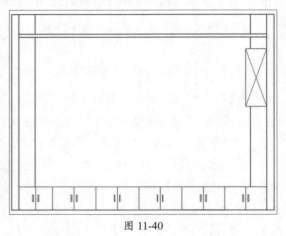

图 11-40

步骤 08 执行"偏移"和"修剪"命令，绘制展示架立面轮廓，具体尺寸如图11-41所示。

步骤 09 执行"偏移""修剪"命令，绘制隔板，如图11-42所示。

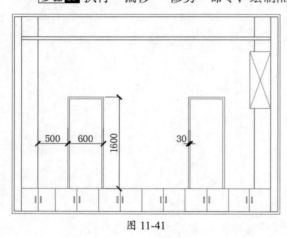

图 11-41

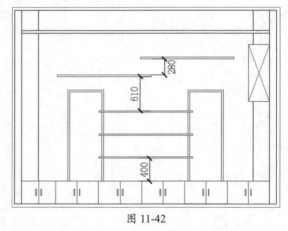

图 11-42

步骤 10 执行"圆""偏移""修剪""复制"命令，绘制展架细节部分，如图11-43所示。

步骤 11 将饰品图块添加至展架图形中，如图11-44所示。

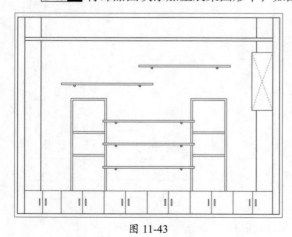

图 11-43

图 11-44

步骤12 继续将射灯图块插入立面图，如图11-45所示。

步骤13 执行"图案填充"命令，对立面墙体进行填充，如图11-46所示。

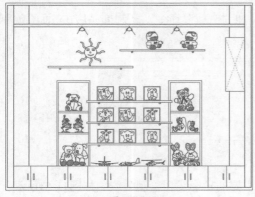

图 11-45

图 11-46

步骤14 执行"多重引线样式"命令，新建"立面注释"样式，设置"箭头大小"为80、"高度"为100，将其置为当前，如图11-47所示。

步骤15 执行"标注样式"命令，新建"立面标注"样式，设置"超出尺寸线"为20、"起点偏移量"为50、"箭头"为"建筑标记"、大小为80、文字"高度"为150、"主单位精度"为0，其他保持默认，将该样式设为当前样式，如图11-48所示。

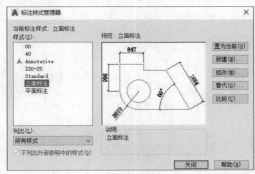

图 11-47

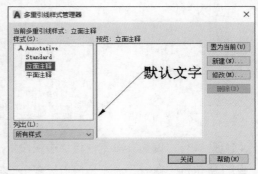

图 11-48

步骤16 执行"多重引线"命令，为该立面图的装饰材料进行文字说明，如图11-49所示。至此，完成饰品店A立面图的绘制。

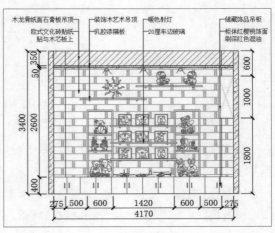

图 11-49

11.3.2 饰品店B立面图

下面介绍饰品店B立面图的绘制步骤。

步骤01 在平面布置图中执行"旋转""矩形"和"修剪"命令，复制饰品店B立面需绘制部分，如图11-50所示。

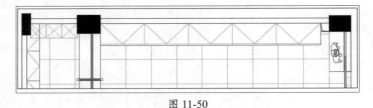

图 11-50

步骤02 执行"射线"命令，捕捉平面布置图主要的轮廓线，绘制射线，如图11-51所示。

步骤03 执行"直线""偏移"命令，绘制线段。将该线段向下偏移3400mm，如图11-52所示。

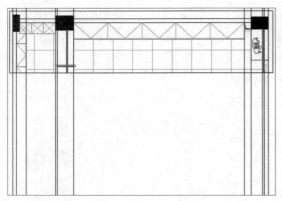

图 11-51

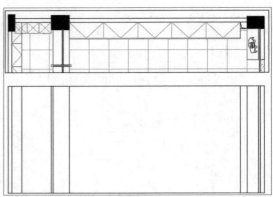

图 11-52

步骤04 执行"偏移"命令，将顶边线段依次向下偏移，具体尺寸如图11-53所示。

步骤05 执行"修剪"命令，修剪掉多余的线段，如图11-54所示。

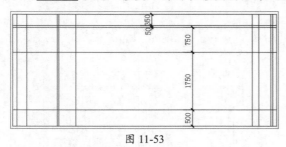

图 11-53

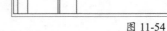

图 11-54

步骤06 执行"偏移""修剪""定数等分"命令，绘制展示柜立面及侧面轮廓，如图11-55所示。

步骤07 执行"偏移"和"修剪"命令，绘制展示柜立面细节部分，如图11-56所示。

步骤08 执行"矩形"命令绘制玻璃隔断。执行"图案填充"命令，填充展柜玻璃，如图11-57所示。

步骤 09 执行"偏移""修剪"和"图案填充"命令,绘制立面吊柜及镜面,如图11-58所示。

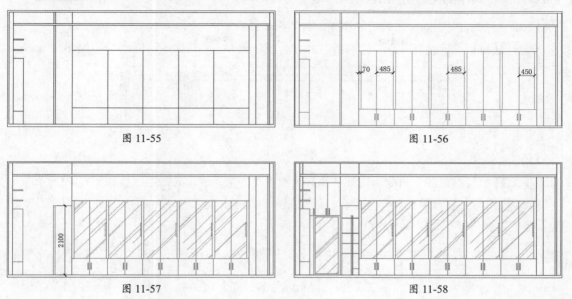

图 11-55   图 11-56

图 11-57   图 11-58

步骤 10 将模特立面图块插入该立面图中。执行"图案填充"命令,对该立面墙体进行填充,如图11-59所示。

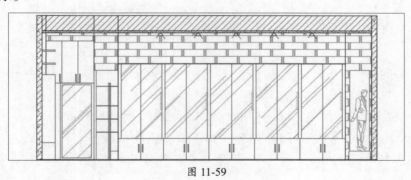

图 11-59

步骤 11 执行"多重引线"命令,对该立面的装饰材质进行文字说明,结果如图11-60所示。至此,饰品店B立面图绘制完成。

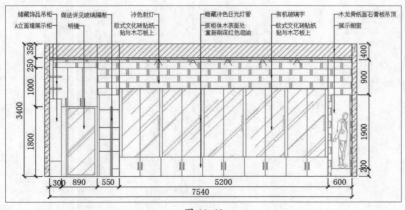

图 11-60

11.3.3 饰品店C立面图

下面介绍饰品店C立面图的绘制步骤，具体操作如下。

步骤01 执行"旋转""矩形""修剪"命令，复制饰品店C立面需绘制部分，如图11-61所示。

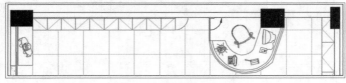

图 11-61

步骤02 执行"射线"命令，捕捉平面布置图主要的轮廓线，绘制射线，如图11-62所示。

步骤03 执行"直线""偏移"命令，绘制一条直线段，将线段向下偏移3400mm。执行"修剪"命令，保留两条线段中间的线，如图11-63所示。

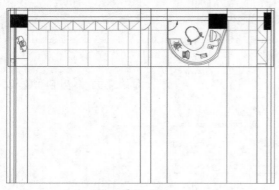

图 11-62

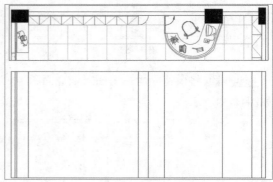

图 11-63

步骤04 执行"偏移"命令，将顶边线段依次向下偏移，具体尺寸如图11-64所示。

步骤05 执行"修剪"命令，修剪掉多余的线段，如图11-65所示。

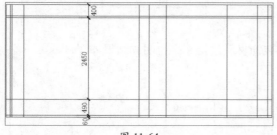

图 11-64

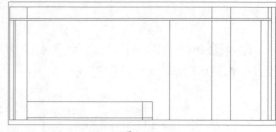

图 11-65

步骤06 执行"偏移"和"修剪"命令，确定收银台位置，尺寸如图11-66所示。

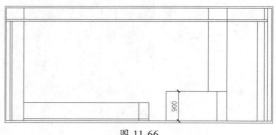

图 11-66

步骤 07 执行"定数等分"和"矩形"命令，绘制展示柜细节部分，如图11-67所示。

步骤 08 分别执行"偏移"和"复制"命令，绘制收银台细节及展示橱窗轮廓，如图11-68所示。

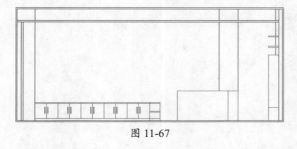

图 11-67

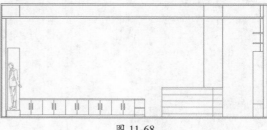

图 11-68

步骤 09 执行"图案填充"命令，对立面墙体进行填充，如图11-69所示。

步骤 10 将射灯图块插入立面图中，如图11-70所示。

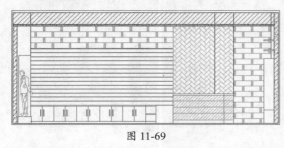

图 11-69

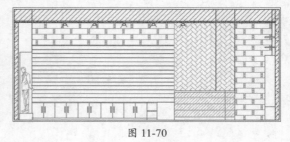

图 11-70

步骤 11 执行"多重引线"命令，对立面墙的材质进行文字说明，结果如图11-71所示。至此，完成饰品店C立面图的绘制。

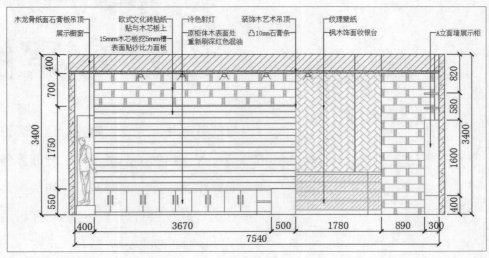

图 11-71

AutoCAD

第 12 章

新中式餐厅
设计方案图

好的就餐环境会让人感到舒适，哪怕食物的味道一般，也能给消费者带来好的体验感。本章将以中式餐厅空间为例，介绍关于餐饮空间设计的理念及绘图方法，包括餐厅平面图、立面图以及剖面图的绘制技巧。

12.1 餐饮空间设计概述

餐厅作为人们日常生活中饮食交流的场所，其空间设计是吸引消费者的重要因素之一。一个好的就餐环境不仅能提升用餐体验，还能增强餐厅整体形象，带来更多的回头客。下面将从设计原则和名师作品赏析两个方面对餐饮空间的相关设计技巧进行介绍。

12.1.1 餐饮空间设计原则

在进行餐饮空间设计时，设计师需要从以下几点原则来确保设计的实用性。

1. 舒适性

舒适性是餐饮空间设计的核心要素。座椅的选择很关键，应该选择便于坐下和站起，且坐垫柔软的椅子。同时，桌子的高度应与椅子搭配得当，确保消费者在用餐时手肘能自然放置在桌面上。此外，走道宽度需充足，以方便人们通行，避免拥挤。走道宽度最小应保持在45cm左右。

此外，室内光线设计也不容忽视。餐厅的光线需要营造出温馨舒适的氛围，可以使用柔和的光线。通过层次分明的灯光设计加以调节，如在桌面上方使用集中式照明，以突出食物的诱人色泽，而在餐厅其他区域使用扩散式照明，营造轻松的用餐环境，如图12-1所示。

图 12-1

2. 功能性

空间功能性划分也是设计中的一个关键因素。餐厅应合理规划厨房、卫生间、就餐区等不同功能区域的位置。厨房应与就餐区紧密连接，以加快上菜速度，但同时也要注意隔音，防止噪声和异味扰乱顾客用餐。卫生间的位置不宜过于显眼，应布置在便于顾客到达，又不影响就餐体验的地方，如图12-2所示。

3. 风格统一性

餐厅的整体风格应该统一。从色调、装饰品到餐具，每一个细节都应当围绕同一主题进行设计。无论是追求现代简约，还是复古怀旧，餐厅的氛围都应该让消费者一踏入餐厅就能感受的到。色彩对于营造氛围尤为关键，明亮颜色能刺激食欲，深色则能营造出高级感，如图12-3所示。

图 12-2

图 12-3

4. 灵活及安全性

在餐厅中可能需要举办各种活动，如家庭聚会、商务宴请等，因此设计时需考虑空间的可变性。例如，使用可移动隔断或者可折叠的家具来灵活划分和调整空间。此外，安全性是餐厅设计中不可忽视的要素。所有材料和家具需符合消防和安全标准，确保在紧急情况下顾客能够快速安全疏散。地面选择防滑材质以减少滑倒的风险，电线和插座应妥善安置，避免可能引发的安全事故。

12.1.2 餐饮空间设计欣赏

以下是设计名师梁志天及其团队为香港某法式餐厅设计的作品，经典的军蓝色，配上时尚精致的黄铜壁牌或壁灯，黄白相间的藤椅，营造出浪漫而又温馨的氛围，彰显了法式风格永不过时的魅力，如图12-4所示。

图 12-4

✥12.2　绘制中餐厅平面图

餐厅的设计风格有很多种，常见的有现代简约风、法式浪漫风、日式休闲风、中式唯美风等。当然，风格的选择还需根据餐厅主营的美食类型来定。下面以中式风格的餐厅为例，介绍餐厅平面布局的绘制技巧。

12.2.1　中餐厅平面布置图 ←——————————————————→

从平面布置图上就能够看出餐厅布局是否合理，所以，设计平面布置图是关键，也是所有图纸的基础和依据。

步骤 01 打开"中餐厅户型图.dwg"素材文件，如图12-5所示。

步骤 02 将"门窗"图层设置为当前层。执行"矩形"和"弧线"命令，绘制餐厅的所有门图形，如图12-6所示。

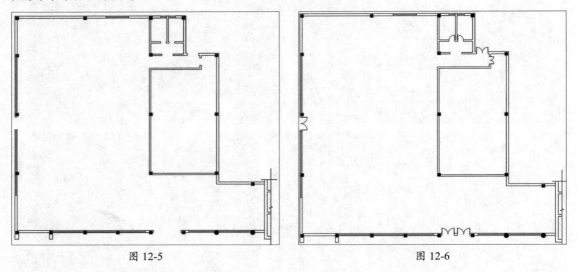

图 12-5　　　　　　　　　　　　　　　　　图 12-6

步骤 03 将"墙体"层设为当前层，执行"直线""偏移"和"修剪"命令，绘制内墙线，如图12-7所示。

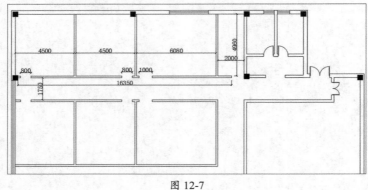

图 12-7

步骤 04 继续执行"直线""偏移"和"修剪"命令，绘制入口玄关墙体，如图12-8所示。

步骤 05 将"家具"层设置为当前层。执行"矩形""偏移"和"修剪"命令，绘制出服务台平面图形，如图12-9所示。

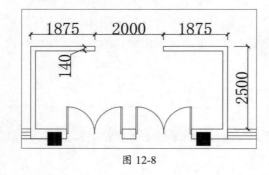
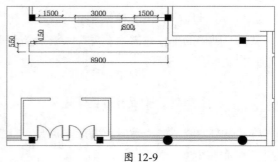

图 12-8　　　　　　　　　　　　　　　　　图 12-9

步骤06 将座椅图块插入服务台合适位置，如图12-10所示。

步骤07 执行"矩形"和"修剪"命令，布置餐厅大堂隔断造型，如图12-11所示。

步骤08 执行"直线""偏移"和"修剪"命令，绘制门厅右侧办公空间区域，如图12-12所示。

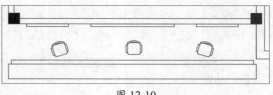

图 12-10

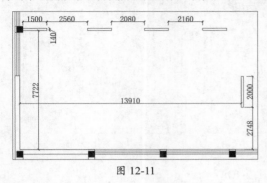

图 12-11

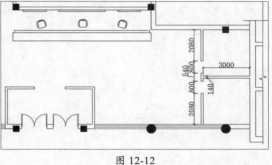

图 12-12

步骤09 将沙发、植物图块插入餐厅入口合适位置，如图12-13所示。

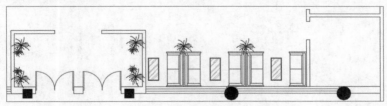

图 12-13

步骤10 将餐桌图块插入餐厅大堂中，执行"复制"命令，将其复制至合适位置，如图12-14所示。

步骤11 执行"圆弧"命令，绘制餐厅舞台区域。然后执行"偏移"命令，将弧线向外偏移200mm作为舞台台阶，如图12-15所示。

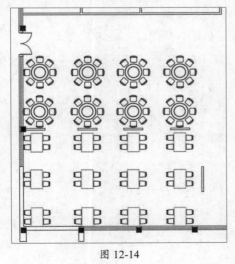

图 12-14

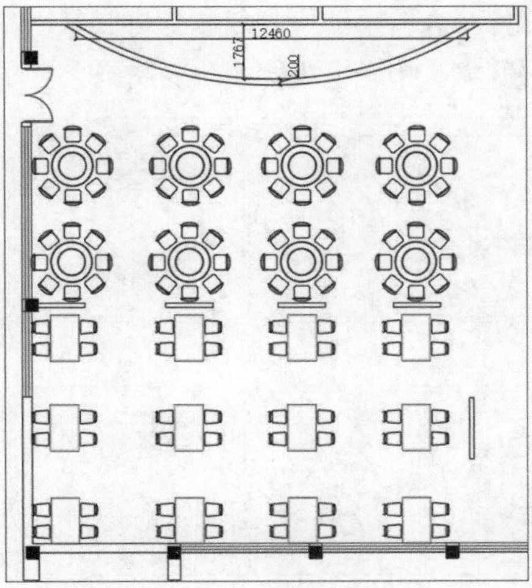

图 12-15

步骤12 将多人大餐桌图块插入包厢合适位置，如图12-16所示。

步骤13 执行"直线"命令，绘制包厢衣柜轮廓线，如图12-17所示。

步骤14 执行"偏移"和"直线"命令，绘制衣柜、衣架图形，并将其线型设置为虚线，如图12-18所示。

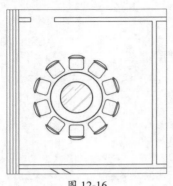　　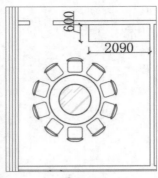　　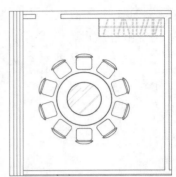

图 12-16　　　　　　　　　　图 12-17　　　　　　　　　　图 12-18

步骤15 将电视柜图块插入包厢合适位置，如图12-19所示。

步骤16 将餐桌、衣柜以及电视机等图块复制到其他包厢中，如图12-20所示。

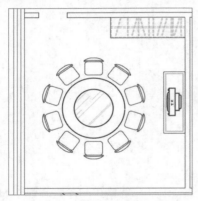　　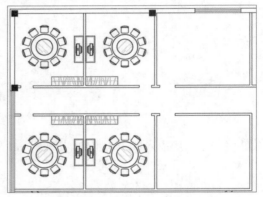

图 12-19　　　　　　　　　　　　　　图 12-20

步骤17 将大餐桌插入大包厢合适位置，并对其进行复制，如图12-21所示。

步骤18 将衣柜、电视柜图块复制到大包厢合适位置，如图12-22所示。

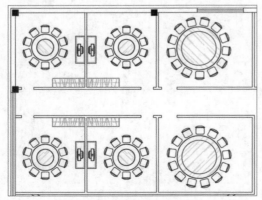　　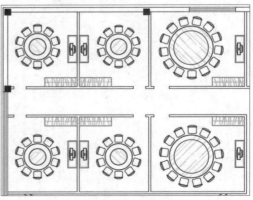

图 12-21　　　　　　　　　　　　　　图 12-22

步骤19 执行"矩形""直线"和"多段线"命令，绘制员工储物柜，如图12-23所示。

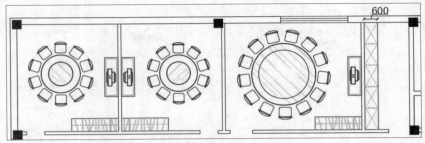

图 12-23

步骤20 执行"偏移"命令，将洗手间墙体线各向内偏移600mm，如图12-24所示。

步骤21 将洗手池图块插入图形合适位置，如图12-25所示。

步骤22 将蹲便器图块插入卫生间合适位置。执行"复制"命令，将其进行等分复制，如图12-26所示。

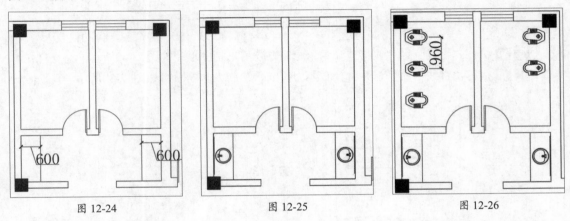

图 12-24　　　　　　　　　图 12-25　　　　　　　　　图 12-26

步骤23 执行"偏移""旋转""圆弧""修剪"和"复制"命令，绘制卫生隔间区域，如图12-27所示。

步骤24 将小便池图块插入男卫生间合适位置，如图12-28所示。

步骤25 执行"直线"命令，绘制厨房隔断，如图12-29所示。

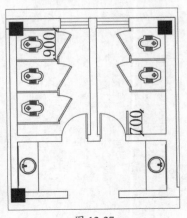
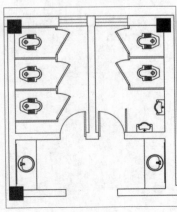
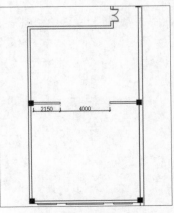

图 12-27　　　　　　　　　图 12-28　　　　　　　　　图 12-29

步骤 26 执行"偏移"命令，将厨房墙体线向内进行偏移，作为橱柜灶台，如图12-30所示。

步骤 27 执行"矩形"和"复制"命令，绘制厨房操作台图形，如图12-31所示。

步骤 28 将办公桌图块插入办公室合适位置，如图12-32所示。

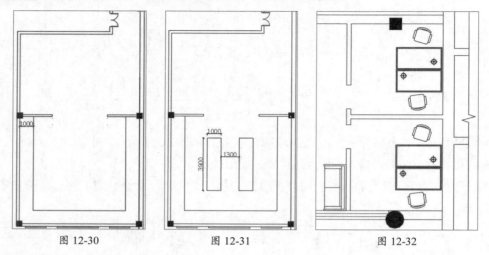

图 12-30   图 12-31   图 12-32

步骤 29 执行"直线"和"偏移"命令，绘制办公室书柜图形，如图12-33所示。

步骤 30 执行"直线"命令，并将其转换为折线，绘制大堂隔断，如图12-34所示。

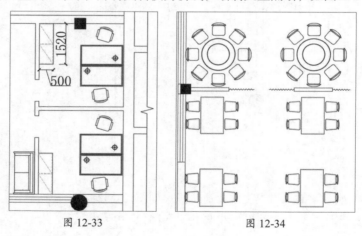

图 12-33   图 12-34

步骤 31 将立面索引符号插入餐厅入口处，如图12-35所示。

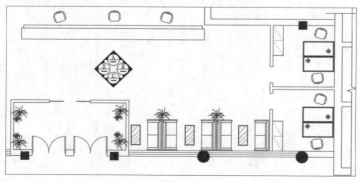

图 12-35

步骤32 复制该立面索引符号至包厢过道及散席区处。执行"单行文字"命令，将文字"高度"设置为350，其他保持默认，对餐厅各空间区域进行文字注释，如图12-36所示。

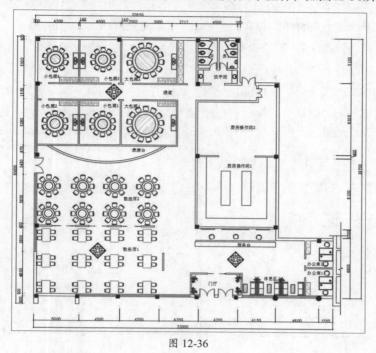

图 12-36

步骤33 执行"多段线"和"单行文字"命令，在平面图下方绘制图名，如图12-37所示。至此，餐厅平面布置图绘制完成。

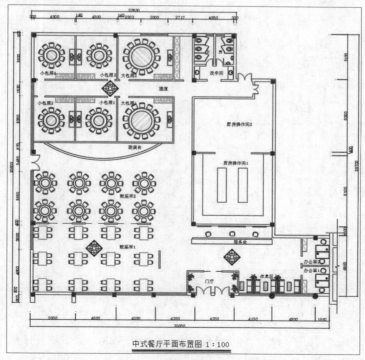

中式餐厅平面布置图 1：100

图 12-37

12.2.2 绘制餐厅地面铺装图

地面铺装图主要反映了室内各空间地面所使用的材质情况。对于餐饮店地面来说，尽量使用便于清洁和防滑的地面砖材质，以免发生意外。下面绘制餐厅地面铺装图。

步骤 01 复制平面布置图，删除所有的家具以及文字标注。执行"直线"命令将各门洞进行闭合，如图12-38所示。

步骤 02 新建"填充"层，并将其图层颜色设置为灰色（8号），其他为默认，将其设置为当前层。执行"偏移"和"修剪"命令，将过道及大堂墙线向内偏移200mm，如图12-39所示。

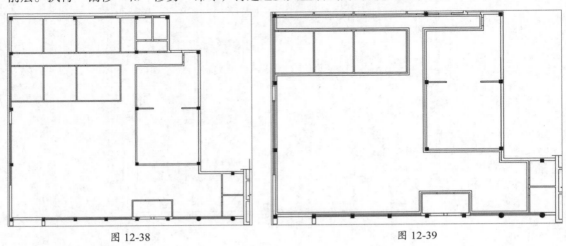

图 12-38　　　　　　　　　　　　　　　　　图 12-39

步骤 03 执行"图案填充"命令，将"图案"设置为USER，将"填充比例"设置为1000，将"填充角度"分别设置为0和90，对大堂和过道地面进行叠加填充，如图12-40所示。

步骤 04 执行"偏移"命令，将门厅两侧墙线向内偏移200mm。执行"图案填充"命令，将"图案"设置为BRSTONE，将"填充比例"设置为30，将"填充角度"设置为0，对餐厅门厅地面进行填充，如图12-41所示。

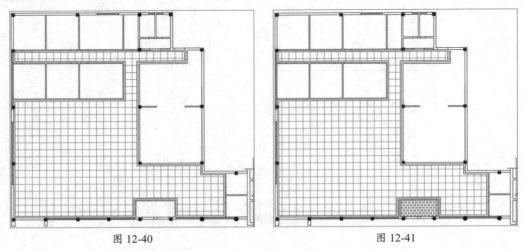

图 12-40　　　　　　　　　　　　　　　　　图 12-41

步骤 05 执行"图案填充"命令，将"图案"设置为USER，将"填充比例"设置为600，将"填充角度"分别设置为0和90，对餐厅包厢地面进行叠加填充，如图12-42所示。

步骤06 继续执行"图案填充"命令，填充图案和填充角度不变，将"填充比例"设置为300，填充餐厅卫生间、厨房及办公地面，如图12-43所示。

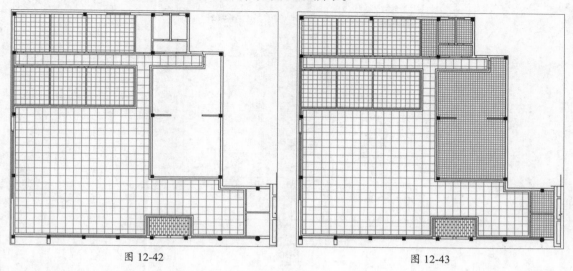

图 12-42　　　　　　　　　　　图 12-43

步骤07 将"文字"层设置为当前层。执行"多重引线样式"命令，新建"平面注释"样式，将其文字"高度"设置为500，将"箭头大小"设置为300，将该样式设置为当前使用样式。执行"多重引线"命令，对大堂地面进行材料注释，如图12-44所示。

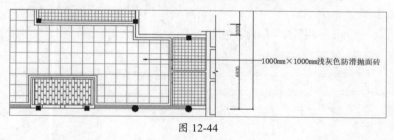

1000mm×1000mm浅灰色防滑抛面砖

图 12-44

步骤08 复制该注释至其他区域，双击修改注释内容，如图12-45所示。

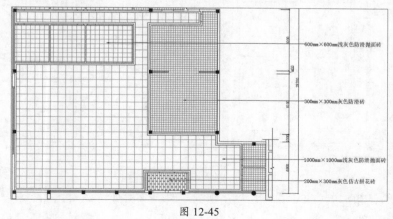

600mm×600mm浅灰色防滑抛面砖

300mm×300mm灰色防滑砖

1000mm×1000mm浅灰色防滑抛面砖

200mm×300mm灰色仿古拼花砖

图 12-45

步骤09 复制平面布置图的图名至地面铺装图下方合适位置，双击修改图纸标题，如图12-46所示。至此，餐厅地面铺装图绘制完毕。

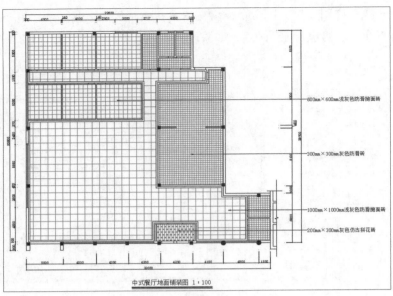

中式餐厅地面铺装图 1:100

图 12-46

12.2.3 绘制餐厅顶棚布置图

在对餐饮店顶面吊顶进行设计时，如果使用石膏板吊顶，需采用防潮石膏板。此外，在吊顶内必须设置通风管、上下水管道，以及消防喷淋管道，以备不时之需。

步骤01 复制餐厅地面铺装图，删除所有填充图案。执行"偏移"和"修剪"命令，将大堂和过道顶面进行划分，如图12-47所示。

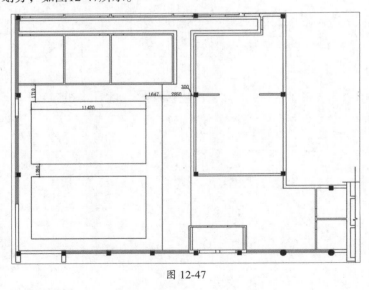

图 12-47

步骤02 执行"矩形"命令，绘制门厅吊顶线，如图12-48所示。

步骤03 执行"偏移"和"修剪"命令，绘制过道顶面造型，如图12-49所示。

步骤04 执行"偏移"和"修剪"命令，绘制大堂吊顶造型，如图12-50所示。

步骤05 执行"圆"命令，绘制包厢原顶造型，如图12-51所示。

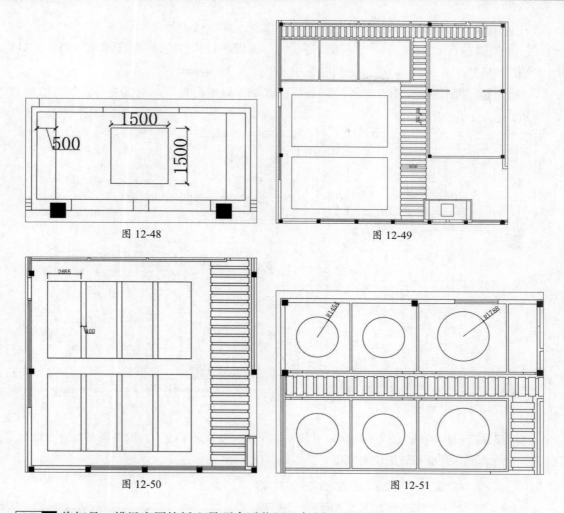

图 12-48

图 12-49

图 12-50

图 12-51

步骤 06 将灯具、排风扇图块插入吊顶合适位置，如图12-52所示。

步骤 07 执行"图案填充"命令，对木质吊顶区域进行填充。设置填充"图案"为DOLMIT、"填充比例"为50，如图12-53所示。

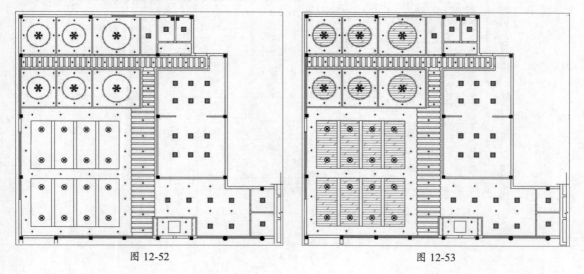

图 12-52

图 12-53

步骤08 将"福"字木雕图块放置在入口吊顶处，如图12-54所示。

步骤09 执行"直线"和"多行文字"命令，绘制出标高图块，并将其放置在餐厅入口处，如图12-55所示。

步骤10 复制该标高图形至餐厅其他吊顶区域。双击标高值，对其进行修改，如图12-56所示。

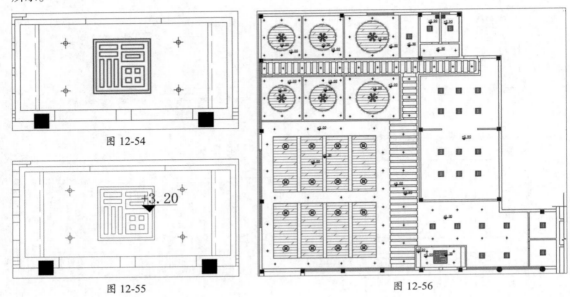

图 12-54

图 12-55

图 12-56

步骤11 执行"多重引线"命令，对餐厅吊顶材料进行文字说明。复制图名，并更改标题文字。至此，餐厅顶棚布置图绘制完毕，如图12-57所示。

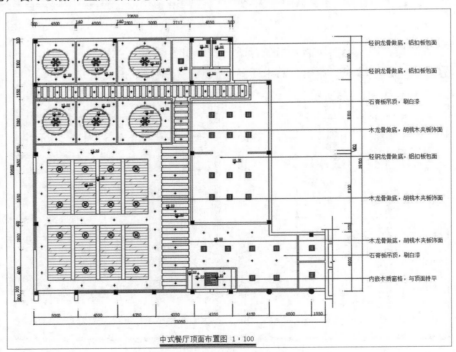

中式餐厅顶面布置图 1:100

图 12-57

◆12.3　绘制中餐厅主要立面图

平面布置图主要表达室内布局合理与否的情况，立面图则是在平面布置图的基础上，对其空间立面造型进行设计的图纸。绘制立面图时，原则上房屋4个面都要绘制，而在实际绘图中设计者只需将有设计亮点的立面绘制出来即可。下面绘制中餐厅立面图纸。

12.3.1　餐厅玄关A立面 ←

玄关是消费者出入餐厅的必经之地，是给消费者留下第一印象的重要环节。本餐馆是采用全隔断的方式，将人们视线进行阻拦，起到探其究竟的效果。

步骤01 复制其餐厅门厅平面图至空白位置。执行"射线"命令，根据玄关平面图，绘制主要轮廓线。执行"直线"和"偏移"命令，绘制立面轮廓，如图12-58所示。

步骤02 执行"偏移"命令，将顶面线段向下偏移200mm，如图12-59所示。

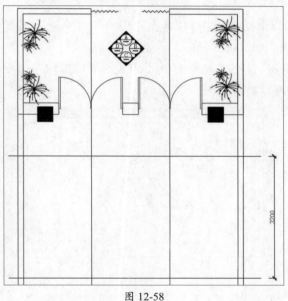

图 12-58

图 12-59

步骤03 执行"直线""偏移"和"修剪"命令，绘制出玄关顶棚立面造型，如图12-60所示。

步骤04 执行"圆弧（起点、端点、方向）"命令，绘制圆弧，如图12-61所示。

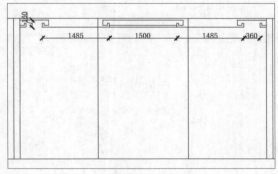

图 12-60

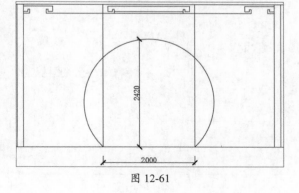

图 12-61

步骤 05 删除两条门洞线。执行"偏移"命令，将绘制完成的圆弧向外偏移200mm，如图12-62所示。

步骤 06 执行"偏移"命令，将墙体和顶面线向内偏移100mm，然后将图形进行修剪，如图12-63所示。

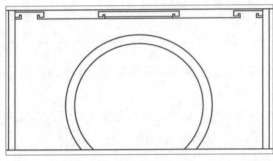

图 12-62

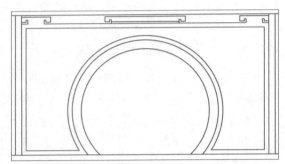

图 12-63

步骤 07 执行"偏移"命令，将玄关左侧墙线重复向右偏移100mm和50mm，绘制仿古窗格图样。执行"修剪"命令，将偏移线段进行修剪，如图12-64所示。

步骤 08 将纱帘图块插入门洞合适位置。执行"镜像"命令，将纱帘进行镜像操作。执行"图案填充"命令，将墙体和吊顶填充合适的图形，如图12-65所示。

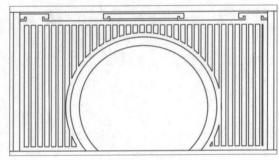

图 12-64

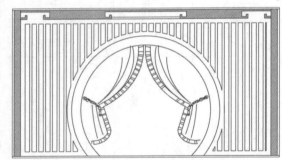

图 12-65

步骤 09 将"文字"层设置为当前层。执行"多重引线样式"命令，修改当前引线样式。将文字"高度"设置为150，将"箭头大小"设置为80，将"箭头样式"设置为"点"，如图12-66所示。

步骤 10 执行"多重引线"命令，对该立面图进行材料标注，如图12-67所示。

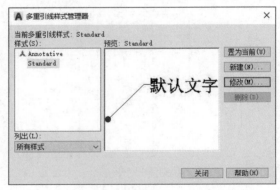

图 12-66

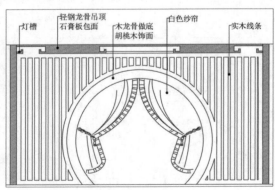

图 12-67

步骤 **11** 执行"线性"标注命令，对立面图进行尺寸标注，如图12-68所示。

步骤 **12** 复制图名，并对其标题进行修改，如图12-69所示。至此餐厅玄关A立面图绘制完成。

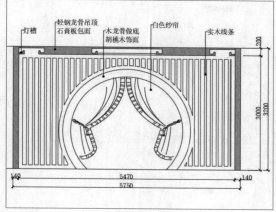

图 12-68

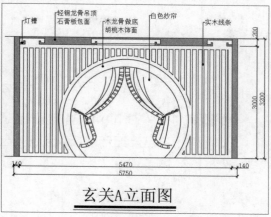

玄关A立面图

图 12-69

12.3.2　餐厅散座隔断A立面图

本案例是以中式餐厅为主，在桌椅摆放时，可通过各类玻璃、镂空花格或屏风等设施进行组合布局。这样不仅增加了装饰效果，还能更好地划分空间区域。

步骤 **01** 复制散座隔断图形。执行"直线""偏移"和"修剪"命令，绘制隔断立面轮廓，如图12-70所示。

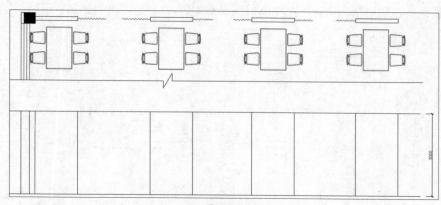

图 12-70

步骤 **02** 执行"直线"命令，绘制墙体和窗户侧立面图形，如图12-71所示。

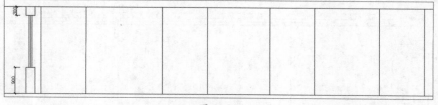

图 12-71

步骤 **03** 执行"偏移""直线"和"修剪"命令，绘制该区域顶棚造型，如图12-72所示。

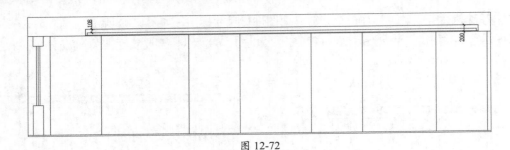

图 12-72

步骤 04 将"福"字图块调入隔断立面合适位置，如图12-73所示。

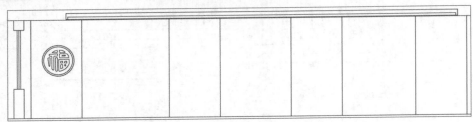

图 12-73

步骤 05 执行"偏移"命令，将隔断两侧线段向内偏移650mm，并将偏移的线段进行修剪，如图12-74所示。

步骤 06 执行"偏移"命令，将隔断上边线依次向下偏移100mm和50mm，并对偏移的线段进行修剪，如图12-75所示。

步骤 07 执行"创建块"命令，将绘制的隔断造型创建成块，如图12-76所示。

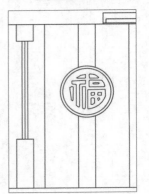

图 12-74

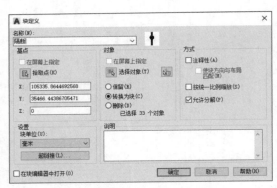

图 12-75   图 12-76

步骤 08 将绘制好的隔断造型分别复制到其他隔断墙上，如图12-77所示。

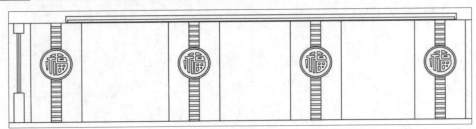

图 12-77

步骤 09 将纱帘图块调入隔断之间，如图12-78所示。

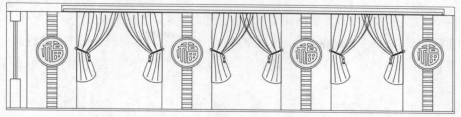

图 12-78

步骤 10 执行"多重引线"命令，为隔断立面图添加材料注释，如图12-79所示。

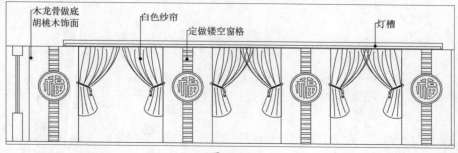

图 12-79

步骤 11 执行"线性"和"连续"命令，对该立面图进行尺寸标注，如图12-80所示。

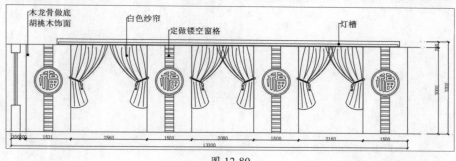

图 12-80

步骤 12 复制图名至该立面图下方，双击修改其标题，如图12-81所示。至此，散座隔断A立面图绘制完成。

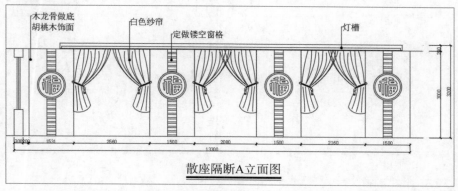

散座隔断A立面图

图 12-81

12.3.3　餐厅包厢立面图

包厢的风格需要和整个餐厅风格相统一。下面绘制大包厢D立面图。

步骤01 执行"直线"和"偏移"命令，绘制出所需包厢立面区域，如图12-82所示。

步骤02 执行"直线""偏移"和"修剪"命令，绘制出两侧墙体以及吊顶造型，如图12-83所示。

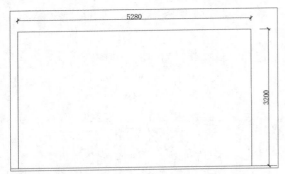
图 12-82

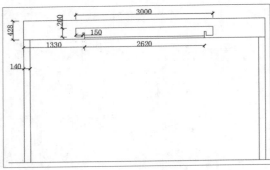
图 12-83

步骤03 执行"偏移"命令，将包厢墙体进行划分，如图12-84所示。

步骤04 将中式图块放置于该立面图中央，作为装饰，如图12-85所示。

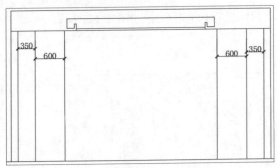
图 12-84

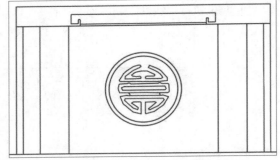
图 12-85

步骤05 执行"偏移"命令，偏移出灯带，如图12-86所示。

步骤06 执行"图案填充"命令，对立面图进行填充，如图12-87所示。

图 12-86

图 12-87

步骤07 执行"多重引线"命令，对该立面图进行材料标注，如图12-88所示。

步骤 08 执行"线性"和"连续"命令，对该立面图进行尺寸标注。复制图名，并对其标题进行修改，如图12-89所示。至此，大包厢D立面图绘制完毕。

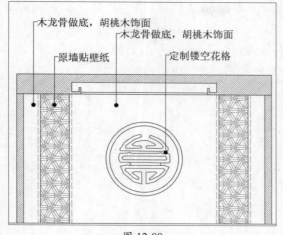

图 12-88

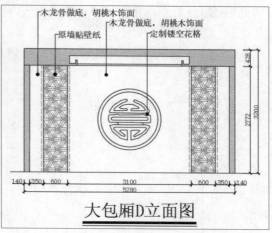

图 12-89

12.4 绘制中餐厅主要剖面图

剖面图用以表示房屋内部的结构或构造形式、分层情况和各部位的联系、材料及其高度等，是与平、立面图相互配合的不可缺少的重要图样之一。下面以中餐厅各剖面图为例，介绍其绘制方法。

12.4.1 总服务台剖面图

绘制总服务台剖面图，主要是为了表达出该服务台的施工工艺，以及所需使用的材料。在绘制剖面图时，应尽量绘制出建筑物内部构造情况，并对其进行尺寸标注和材料注明。

步骤 01 执行"多段线"命令，并将其起点和终点线宽设置为30，在总服务台平面图中绘制剖面符号，如图12-90所示。

图 12-90

步骤 02 执行"单行文字"命令，将文字"高度"设置为400，在剖面符号右侧输入剖面序号B，如图12-91所示。

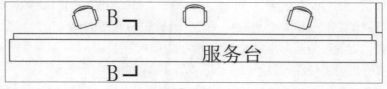

图 12-91

步骤 **03** 执行"直线""偏移"和"修剪"命令，根据总服务台立面图的尺寸，绘制出服务台侧立面轮廓，如图12-92所示。

步骤 **04** 执行"偏移"命令，将最上边线段向下偏移40mm。执行"圆角"命令，将偏移后的两条线进行连接，如图12-93所示。

步骤 **05** 将服务台最右侧线段向左依次偏移45mm、155mm和150mm，如图12-94所示。

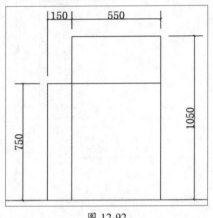

图 12-92

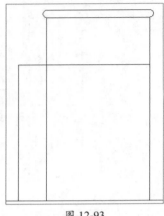

图 12-93

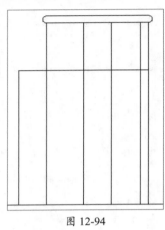

图 12-94

步骤 **06** 将地平线向上偏移120mm，如图12-95所示。

步骤 **07** 将服务台最上方线段再向下偏移177mm，如图12-96所示。

步骤 **08** 执行"修剪"命令，将偏移后的图形进行修剪，如图12-97所示。

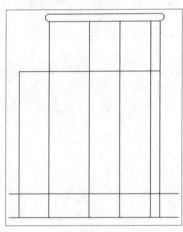

图 12-95

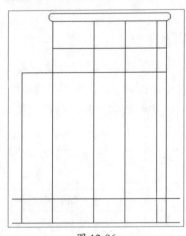

图 12-96

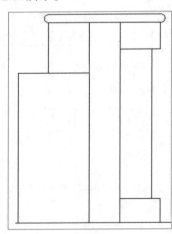

图 12-97

步骤 **09** 执行"偏移"命令，将线段L向内偏移8mm，完成服务台前装饰玻璃的绘制，如图12-98所示。

步骤 **10** 将线段L向外偏移20mm，完成镂空窗格侧立面的绘制，如图12-99所示。

步骤 **11** 执行"直线""偏移"和"修剪"命令，绘制服务台前装饰结构图，如图12-100所示。

步骤 **12** 执行"直线"命令，绘制木方，如图12-101所示。

步骤 **13** 将日光灯管图块插入服务台内合适位置，如图12-102所示。

步骤 **14** 执行"偏移"命令，将线段L1和线段L2向内偏移30mm，如图12-103所示。

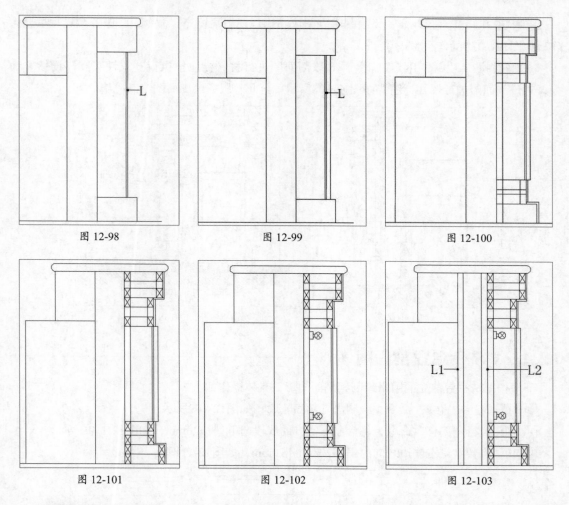

图 12-98　　　　　　　　　图 12-99　　　　　　　　　图 12-100

图 12-101　　　　　　　　　图 12-102　　　　　　　　　图 12-103

步骤 15 执行"偏移"命令，将线段L3向下偏移50mm，执行"直线"命令，绘制木方，如图12-104所示。

步骤 16 将木方进行复制，放置在图形合适位置，如图12-105所示。

步骤 17 绘制柜体轮廓。执行"偏移"命令，将线段向下偏移，如图12-106所示。

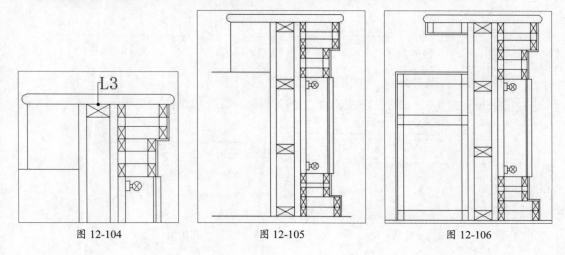

图 12-104　　　　　　　　　图 12-105　　　　　　　　　图 12-106

步骤18 执行"直线"命令，绘制木方图块。执行"图案填充"命令，将服务台进行填充操作，如图12-107所示。

步骤19 执行"多重引线"命令，对该剖面图进行材料标注。执行"线性"和"连续"命令，对该剖面图进行尺寸标注，如图12-108所示。至此总服务台剖面图绘制完毕。

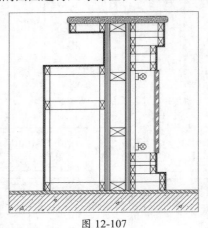

图 12-107　　　　　　　　　　　　图 12-108

12.4.2　洗手台盆剖面图

下面根据洗手台盆立面图来绘制其剖面图形，具体操作如下。

步骤01 执行"直线"命令，绘制出其剖面轮廓，如图12-109所示。

步骤02 执行"偏移"命令，将台盆最上方的线段向下偏移20mm，如图12-110所示。

步骤03 将台盆最右侧边线向内偏移20mm和20mm，如图12-111所示。

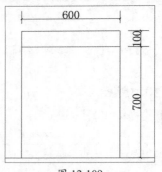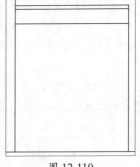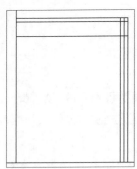

图 12-109　　　　　　　　图 12-110　　　　　　　　图 12-111

步骤04 执行"修剪"命令，将图形修剪，如图12-112所示。

步骤05 执行"圆角"命令，将洗脸台面进行倒圆角操作，如图12-113所示。

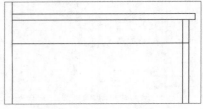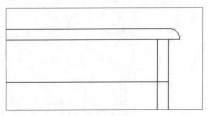

图 12-112　　　　　　　　　　　　图 12-113

步骤 06 执行"偏移"命令，将台盆最右侧边线向内偏移30mm，如图12-114所示。

步骤 07 将台盆左侧边线也向内偏移30mm，如图12-115所示。

步骤 08 执行"偏移"和"修剪"命令，完成柜体轮廓的绘制，如图12-116所示。

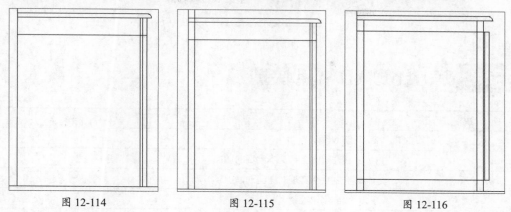

图 12-114　　　　　　　　　　　图 12-115　　　　　　　　　　　图 12-116

步骤 09 将台盆图块调入图形中。执行"偏移""直线"和"修剪"命令，完成镜面后灯槽结构的绘制，如图12-117所示。执行"直线"命令，绘制木方图形，并执行"弧线"命令，绘制出下水管，如图12-118所示。

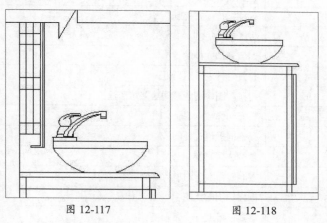

图 12-117　　　　　　　　　　　图 12-118

步骤 10 将日光灯图块调入灯槽合适位置，并执行"图案填充"命令，将图形进行填充，如图12-119所示。

步骤 11 执行"多重引线"和"线性"命令，对该剖面图进行注释，如图12-120所示。至此，完成洗手池剖面图的绘制。

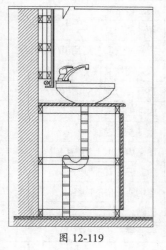

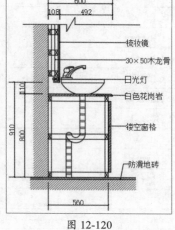

图 12-119　　　　　　　　　　　图 12-120

附 录

附录1 AutoCAD常用快捷键

快 捷 键	功 能
F1	获取帮助
F2	实现绘图区和文本窗口的切换
F3	控制是否实现对象自动捕捉
F4	数字化仪控制
F5	等轴测平面切换
F6	控制状态行上坐标的显示方式
F7	栅格显示模式控制
F8	正交模式控制
F9	栅格捕捉模式控制
F10	极轴模式控制
F11	对象追踪式控制
Ctrl+1	打开"特性"对话框
Ctrl+2	打开"图像资源管理器"对话框
Ctrl+6	打开图像数据原子
Ctrl+B	栅格捕捉模式控制
Ctrl+C	复制选择对象
Ctrl+F	控制是否实现对象自动捕捉
Ctrl+G	栅格显示模式控制
Ctrl+J	重复执行上一步命令
Ctrl+K	超级链接
Ctrl+N	新建图形文件
Ctrl+M	打开"选项"对话框
Ctrl+O	打开图像文件
Ctrl+P	打开"打印"对话框
Ctrl+S	保存图形文件
Ctrl+U	极轴模式控制
Ctrl+V	粘贴剪切板上的内容
Ctrl+W	对象追踪式控制
Ctrl+X	剪切所选择的内容
Ctrl+Y	重做
Ctrl+Z	取消前一步的操作

附录2 AutoCAD常用绘图命令

1. 绘图命令

图标	命 令	快 捷 键	命 令 说 明
╱	LINE	L	直线
╱	XLINE	XL	射线
〰	MLINE	ML	多线
⌐	PLINE	PL	多段线
⬠	POLYGON	POL	多边形
▭	RECTASG	REC	矩形
⌒	ARC	A	圆弧
◎	CIRCLE	C	圆
◎	DONUT	DO	圆环
⁓	SPLINE	SPL	样条曲线
⬭	ELLIPSE	EL	椭圆
·	POINT	PO	画点
⋏	DIVIDE	DIV	定数等分
▨	HATCH	H	图案填充
⊞	INSERT	I	插入块
⊡	BLOCK	B	编辑块
▣	REGION	REG	面域
A	MTEXT	MT,T	多行文字

2. 编辑命令

图标	命 令	快 捷 键	命 令 说 明
✎	ERASE	E	删除
⁗	COPY	CO	复制
⚖	MIRROR	MI	镜像
⊡	OFFSET	O	偏移
⚏	ARRAY	AR	阵列
✛	MOVE	M	移动
↻	ROTATE	RO	旋转
▤	SCALE	SC	比例缩放
⬚	STRECTCH	S	拉伸
╱	LENGTHEN	LEN	拉长
⊥	TRIM	TR	修剪
⊣	EXTEND	EX	延伸
⊔	BREACK	BR	打断
◹	CHAMFER	CHA	倒角
◸	FILLET	F	倒圆角

（续表）

图标	命 令	快 捷 键	命 令 说 明
	EXPLODE	X	分解
	ALIGN	AL	对齐
	PEDIT	PE	编辑多段线

3. 尺寸标注命令

图标	命 令	快 捷 键	命 令 说 明
	DIMLINEAR	DLI	线性
	DIMCONTINUE	DCO	连续
	DIMBASELINE	DBA	基线
	DIMALIGNED	DAL	对齐
	DIMRADIUS	DRA	半径
	DIMDIAMETER	DDI	直径
	DIMANGULAR	DAN	角度
	TOLERANCE	TOL	公差
	DIMCENTER	DCE	圆心标记
	QLEADER	LE	多重引线
	QDIM	QD	快速
	DIMSTYLE	D	标注设置

4. 对象特性命令

图标	命 令	快 捷 键	命 令 说 明
	SNAP	SN	捕捉栅格
	PREVIEW	PRE	打印预览
	VIEW	V	命名视图
	AREA	AA	面积
	PLOT	PRINT	打印
	WBLOCK	W	创建图块
	PAN	P	平移
	MATCHPROP	MA	特性匹配
	STYLE	ST	文字样式
	COLOR	COL	设置颜色
	LAYER	LA	图层特性
	LINETYPE	LT	线型
	LWEIGHT	LW	线宽
	QUIT	EXIT	退出

附录3　人体工程学常用图块汇总

1. 客厅空间图块

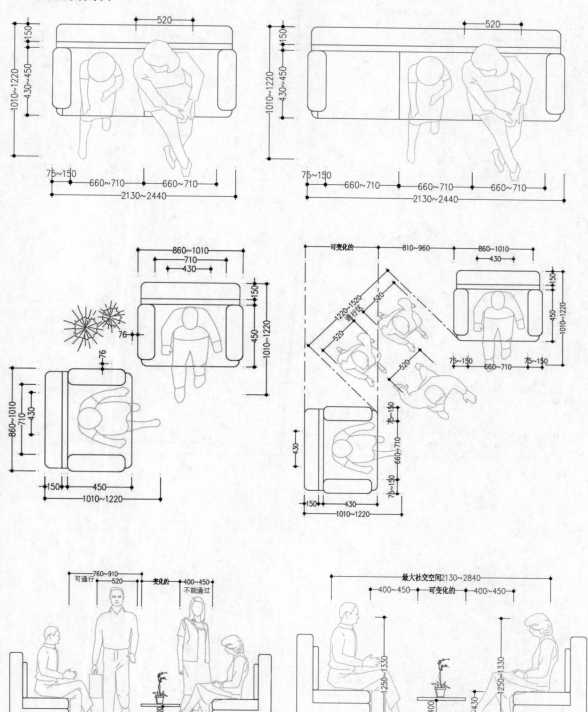

2. 餐厅空间图块

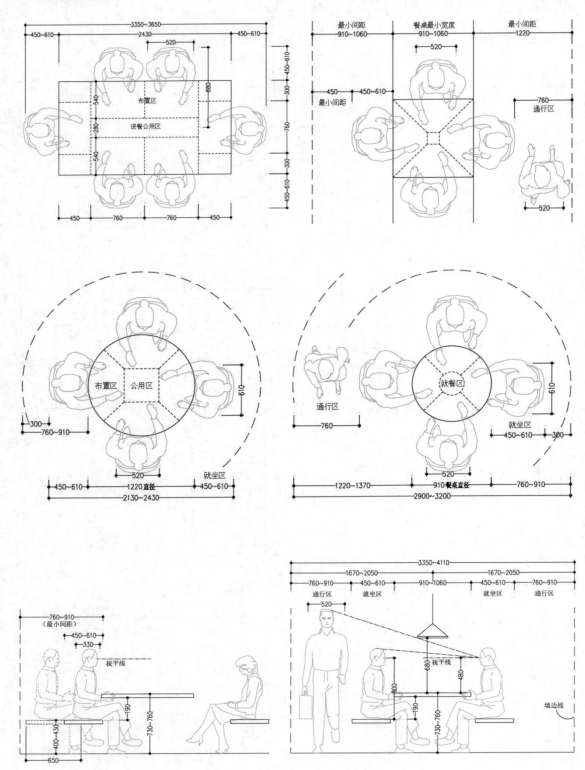

3. 卧室及衣帽间图块

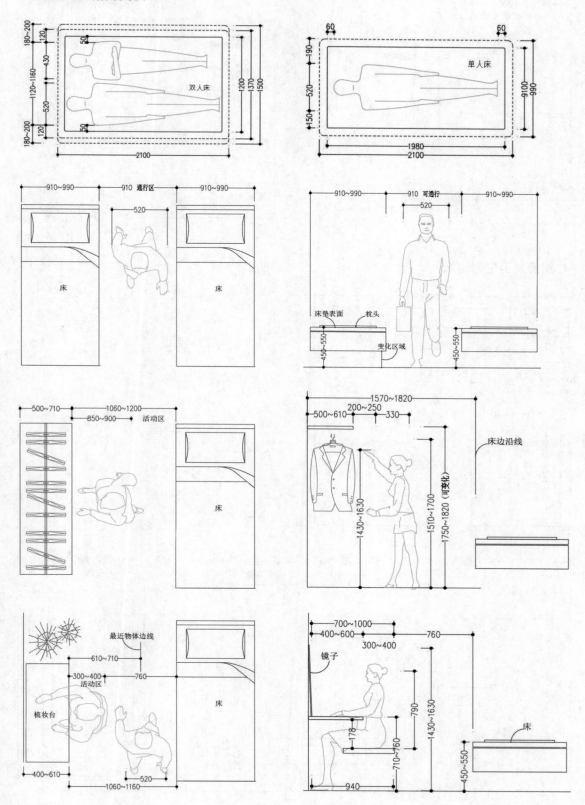

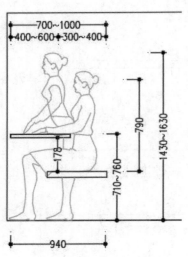

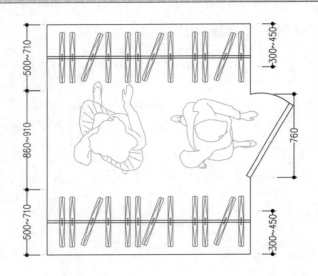

4. 厨房及卫生间图块

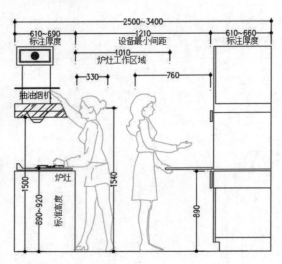

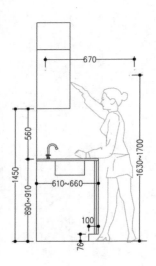

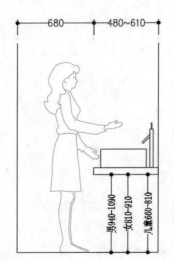

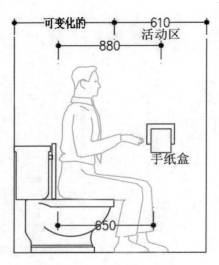

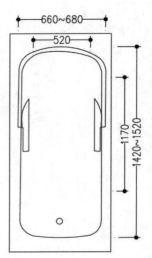